普通高等教育"十一五"国家级规划教材

"十二五"江苏省高等学校重点教材

电子科学与技术类专业精品教材

电子工程物理基础

（第 3 版）

唐洁影　宋　竞　万　能　编著

電子工業出版社

Publishing House of Electronics Industry

北京·BEIJING

内 容 简 介

本书涉及量子物理、统计物理、固体物理基础及半导体理论方面的基础知识。内容主要包括：微观粒子的物理基础和理论体系，理解单个及大量微观粒子所需要具备的知识和背景；晶体中原子和电子运动的普遍规律；半导体的基本概念和载流子运动特点；半导体结构中电流控制的原理及方法。

本书充分考虑各部分内容之间的联系，从不同视角，以基本物理量和基本方程为重点，引导读者一步步了解物理架构，获得对量子物理、统计物理基础，固体物理特例和半导体应用理论的清晰认识。编写兼顾常识性、逻辑性和启发性，在讲清知识的基础上适当添加人文色彩，注重展现物理和技术的思考意趣。书中还紧随现实发展，加入应用实例分析和新材料、新器件方面的内容，并在章后附有适量习题。

本书适合高等学校电子科学与技术、材料科学与技术等相关专业的本科生学习，也可供相关专业的工程技术人员参考。

图书在版编目(CIP)数据

电子工程物理基础/唐洁影等编著. —3 版 . —北京：电子工业出版社，2016.6
ISBN 978-7-121-29280-4

Ⅰ．①电… Ⅱ．①唐… Ⅲ．①物理学—高等学校—教材 Ⅳ．①O4

中国版本图书馆 CIP 数据核字(2016)第 152077 号

策划编辑：陈晓莉
责任编辑：陈晓莉
印　　刷：北京虎彩文化传播有限公司
装　　订：北京虎彩文化传播有限公司
出版发行：电子工业出版社
　　　　　北京市海淀区万寿路 173 信箱　邮编 100036
开　　本：787×1 092　1/16　印张：13　字数：360 千字
版　　次：2002 年 7 月第 1 版
　　　　　2016 年 6 月第 3 版
印　　次：2024 年 8 月第 13 次印刷
定　　价：42.00 元

凡所购买电子工业出版社图书有缺损问题，请向购买书店调换。若书店售缺，请与本社发行部联系。联系及邮购电话：(010)88254888，(010)88258888
质量投诉请发邮件至 zlts@phei.com.cn，盗版侵权举报请发邮件至 dbqq@phei.com.cn。
本书咨询联系方式：(010)88254540，chenxl@phei.com.cn

第 3 版前言

"电子工程物理基础"涉及量子物理、统计物理、固体物理基础以及半导体物理方面的有关内容。

量子物理、统计物理和固体物理原本是综合性大学物理系的重要理论基础课。但随着现代科学技术的发展，大量多样的新材料、新器件不断涌现，既发展了应用，也丰富了理论。新型材料、器件尺寸更小，原理更新，功能更全，与基础物理的联系更加密切。所以，多年来大多数工科院校的电子工程及有关专业类普遍开设了量子力学、统计物理、固体物理和半导体物理的课程。

编者在多年的教学实践中感到，理工科院校电子工程等专业类的培养目标、课程设置以及学生对理论基础知识需求的深度、广度，都与物理类专业存在很大差异。因此，沿用过去的模式，分门别类去讲授这几门课显得难以适应相关工科专业的特点及专业方向的发展。另一方面，这几门课本身有着内在的联系，理论物理基础是正确理解固体物理的前提，而半导体理论则是固体物理的特殊应用。基于上述原因，我们尝试着将这几门课中有关内容结合起来，作为一门课程进行系统的讲授。为此，编写了这本配套的教材《电子工程物理基础》。本教材在 2002 年出版后，经过多年使用，获得了不错的效果，并于 2006 年被正式列选普通高等教育"十一五"国家级规划教材，2014 年又被遴选为"十二五"江苏省高等学校重点教材（编号：2014-1-138）（电子科学与技术类专业精品教材）。

本教材以非物理类专业的本科生为主要读者，以培养学生离开书本后仍能独立思考，自由想象为目的，努力搭建一套符合常识，前后连贯的知识体系。在物理层面上，着重展现基础物理体系的完整架构，理性关系和逻辑顺序。在工程层面上，着重提示基础理论转向实际应用后从术语体系和关注对象上发生的变化。

为此，本次修订对内容布局进行了较大幅度调整。教材不急于巨细无遗地铺陈理论，而是以每种物理的的基本对象、基本量和基本规律为知识核心，引导读者通过常识性思考而非记忆来了解物理架构，形成简明完整的物理图景。行文中还参考了新兴的科普作品，适当增添了人文色彩，增强了阅读性。本次修订中，第 1 章做了部分调整，以粒子、波动和统计概念为基础重述了物理框架。第 2 章和第 3 章分别选取大量原子核和大量电子为观测对象，示范物理体系在固体中的主要应用。第 4 章加强叙述了半导体理论与前文物理和后文应用的逻辑关系。第 5 章增加了各种常用半导体材料及新型低维材料的相关介绍，根据发展需要，增加了"应用实例分析"章节。

考虑到不同学校不同专业对该课程的教学要求不尽相同，本教材可灵活使用。例如，以物理为侧重点，主要讲授第 1～3 章，用 32～48 学时，后两章作为前三章的应用实例自学。又如，以工程为侧重点，第 1 章自学，主要讲授第 2～5 章，用 48 学时。也可以 5 章内容全讲授，约用 64 学时。

本教材第 1 版由东南大学唐洁影、刘柯林、汪开源执笔。

第 2 版由东南大学唐洁影、宋竞对原教材进行重编。

本次由东南大学唐洁影、宋竞、万能对第 2 版进行较大篇幅的修订。

编　者

目　录

第1章　微观粒子的状态

1.1　微观粒子的力学

1.1.1　粒子、波动和统计

放眼自然界,我们可以轻易发现许许多多的运动现象。风在吹,云在飘,雨在下,水在流,人在走,鸟在飞;树叶沙沙,麦浪滚滚,山摇地动,星移斗转。在这些现象中,人们发现了三种最基本的运动形式。

第一种是粒子性的运动。保持有限范围内的固定特征而运动是它的根本特性,简称为定域实在性。定域使粒子的行动轨迹可以一个一个时刻和位置地描述,实在性使每个粒子具有独立清晰的运动特征,易于追踪和分辨(见图1-1),不会混淆。这类运动在生活中比比皆是,是非常容易被注意到的物理行为。粒子物理规律也是最早被人类发现的物理规律。

然而,当我们看到多米诺骨牌依次倒下,看到麦浪翻滚,涟漪飘逝,歌声远扬,欢乐洋溢,光阴流逝的时候,也会觉得有东西在传播、运动,如图1-2所示。这些运动的主体不是有限范围内的实在物体,而是整块区域上的某种现象。它也有两个显著的特征,一个是在整块区域上同时出现的全域性,还有一个是可以混合叠加的相容性。由于这种运动也是随处可见,而它的特征又同粒子性运动截然相反,因此人们称之为波动性,用另一套运动理论来描述它的行为。波动像是全域的精神,粒子像是定域的行者。波动常为粒子的信使、媒介和相互作用。粒子常为波动的载体、波源和约束。两者错综组合构成世界上的各种确定性现象。

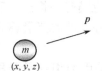

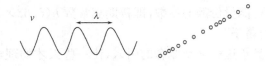

图 1-1　粒子性运动　　　　　　　　　　图 1-2　波动性运动

还有一类运动,它没有像粒子和波动那样有清晰、确定的特征,但又不是没有特征,如图1-3所示。大量偶然事件的总体都有一定的规律性。这种通过统合事物内部分布态势而总结出的现象形式和特性称为**统计性**。统计理论构成了它的量化描述。

就这样,人们从生来就有的直觉中出发,逐渐发现和整理现象中的显著规律,终于在19世纪末的时候,分别从波动、粒子和统计三个角度发展出电动力学、经典力学、热力学与统计力学的成熟理论,建立起蔚为壮观的经典物理体系,如图1-4所示。

利用这三套理论,已经可以自如地解释三个物理领域内的各种现象。这时候唯独不太好解释的就是为什么不同物理领域的现象也存在密切的联系,例如,电能产生力,光能产生热,等等。对此,当时的主流意见采用了唯能论的思想,认为能量是最基本的物理要素,它可以在不同物理领域间相互转化,无需再引入其他机制来解释能量本身,只需恪守能量守恒定律。在这

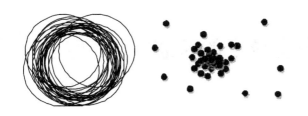 

图 1-3　统计性运动　　　　　　　　图 1-4　经典物理学的三大力学体系

种思想的影响下，人们一度认为经典物理的大厦已经落成。

1.1.2　微观粒子的发现

正是对各类交叉领域问题的研究导致了经典大厦的崩塌。这些问题最开始包括以下几方面。

（1）统计－波动方面，基于电动力学和热力学会推出不同的黑体辐射曲线，而且都不能与实验结果完全吻合。

（2）统计－波动方面，人们仍然认为光波与机械波一样，是大量粒子运动的特殊表现，但一直无法实测到光波传播的粒子媒介——以太。

（3）波动－粒子方面，人们一直无法解释为什么原子光谱由离散的谱线组成。

（4）波动－粒子方面，无法解释光生电流密度与光的频率而非强度有关。

（5）粒子－统计方面，无法解释为什么不同温度下相同固体的比热会发生变化。

（6）粒子－统计方面，发现了各类粒子射线的存在。

种种迹象提示人们，只有从更为底层的物质内部入手，从三大力学体系之间的联系入手，才有望对上述难题找出合理解释。

光量子假设

1900 年，普朗克率先解决了黑体辐射问题。他发现，如果假设电磁场能量的传递不是连续的，而是一份一份的，就能推出完全吻合实验结果的黑体辐射公式。普朗克精确地推出了表征这种能量份额的参数，即普朗克常数 h（6.63×10^{-34} J·s）。他把这种一份一份的能量称为"**（能）量子**"。

量子这一全新概念的引入，让一些天才物理学家茅塞顿开。1905 年，爱因斯坦在量子思路指导下解决了光电效应问题。他不仅支持普朗克的能量量子化假说，认为粒子以量子形式交换能量，而且还大胆地指出这种交换媒介就是粒子形式的光，"**光（量）子**"。每个光子携带的能量为：

$$E = h\nu = \hbar\omega \tag{1-1}$$

式中，$\hbar = h/(2\pi)$；ν 是光的频率，$\omega = 2\pi\nu$ 是光的角频率。按照这种说法，光就像电流一样，是光子的流动，它与外界的能量交换是通过发射和接受光子来进行的。这与之前早已深入人心的"光是能量连续的电磁波"的观念截然相反。爱因斯坦还根据它创立了狭义相对论中的质能方程：

$$E = mc^2$$

推出每个光子的动量应该为：

$$p = mc = \frac{E}{c} = h\frac{\nu}{c} = \frac{h}{\lambda}$$

需要提醒的是，光量子假设的本质，只是波动的量子化假设。光子可视为相同频率下自然界能存在的最小能量的电磁波。但因为粒子以及大量粒子和波动的统计体都是用波动来传递作用的,所以波动能量被量子化以后,整个物理世界就面临着全部都要量子化的局面。

事实也是如此。爱因斯坦很快就把相同的理念推及到其他物理领域。1907 年,爱因斯坦将能量量子化概念引入热能域,解决了固体比热随温度跳变的难题;再引入到化学领域,提出光化学第二定律。他明确地支持分子论,指出只有把物质视为由分子构成,利用大量分子的统计力学分析,才能很好地解释液体中大块微粒的布朗运动。他首先提出了用光子出现在空间的概率来解释光波幅度的物理意义。他也是最早意识到微观领域的粒子不再符合经典统计分布的学者之一。对于这样一个在所有经典物理学科领域都留下浓墨重笔的科学家,他的使命似乎就是为了唤醒世界进入前所未有的量子时代。

另一个同样天才的物理学家玻尔也搭上了物理世界量子化的早班车。1913 年,玻尔以电子轨道能级只能取特定不连续值等一系列假设,改进了原有的原子模型,解决了氢原子谱线不连续的难题。他提出电子的量子跃迁的概念,指出电子以在不连续能级间跃迁的形式,发射或吸收外界光子的能量,从而解释了光、电、磁之间的能量转化机理。这样就把本该是粒子的电子也推上量子化进程,同时也为从微观量子层面为宏观的能量守恒定律找到了合理的解释,大大提高了量子学说的生命力。历史上把这段时期称为旧量子论时期,它为量子力学的诞生打下了无法撼动的基础。

物质波假设

紧接着的问题是,为什么电子的能级是不连续的?

对于这个问题,玻尔只是人为假设如此,并猜出了能级的量子化表达式。虽然大家能够接受他的结论,但并不喜欢这种主观色彩严重的假设。有没有什么可以自然推出量子能级的方法呢?人们开始从记忆里搜索所有与离散有关的知识,希望从中找到灵感。

第一个想到的是德布罗意。德布罗意在对物理感兴趣之前曾学过历史。这种特殊的史学素养使得他从前人的工作中找到线索。他研究了光从粒子论发展为波动论,波动理论和质点力学统一为哈密顿力学,以及同时代量子论发展的各种成果,尤其是爱因斯坦的光子说,发现了波和粒子运动在形式上的对称性。既然对光波的描述需要引入粒子,为什么对粒子的描述不可以引入波呢?波动理论中限定边界条件的驻波能量只能取特定的分立值,这已经具有强烈的量子化色彩。如果电子具有波的特性,那么它的能级量子化不就顺理成章了吗(德拜首先提出了驻波说,但他没有上升到物质波的高度)?1923 年,德布罗意大胆地提出物质波假设,指出所有运动的物质粒子都具有波的特性,如果粒子的动量矢量为 p,则对应物质波的波长 λ 满足德布罗意公式:

$$p = \frac{h}{\lambda}n = \hbar k \tag{1-2}$$

式中,n 是方向矢量;k 是波矢,其数值 $2\pi/\lambda$ 是波数。波矢的矢量特征使它比波长 λ 更频繁地用来描述问题。物质波假说在 1927 年由电子晶格衍射实验得到证实。电子的衍射图案和预测的一模一样。而在此之前,无论是阴极射线的发现,还是云室中的电子轨迹实验,都指向电子是粒子的结论。

物质波假说诞生之后,立刻受到爱因斯坦的关注,他推荐正在研究气体统计力学问题的薛定谔认真考虑该假说的价值。1926 年,波粒在理论上的统一体——薛定谔方程横空出世,以其无与伦比简洁的形式,深奥的内涵和准确的描述,将经典力学升级到波动力学版本,赢得了整个物理界的赞美。有趣的是,薛定谔并不是基于严格的方法推导出这个方程的,而是用物理直觉有意把质点力学和波动理论关联起来后猜出了这个结果。我们将在下一节中详细了解这个方程。

第二个想到的是海森堡。1925年，年轻的海森堡以一种近乎哲学的视角提出了风格迥异的解决办法。他觉得，与其建立一个想象中的模型来解释观测到的量子化结果，不如基于测得的结果来建立这个模型。在能级量子化问题中，只有能级差是能被观测到的，能级本身的值无法观测，因此它没有物理意义。基于这种思路，海森堡与约尔当合作，建立了一套形式统一的方程组，每个方程分别对应一个被观测到的能级差。当海森堡把这个方法汇报给他的老师玻尔时，玻尔指出，这就是数学中的矩阵。现在我们都知道，矩阵问题和波动方程一样，都具有离散的本征值。这种用矩阵方法表示的力学理论，就是经典力学的另一个升级版本，矩阵力学。同年，狄拉克用更简单的泊松括号方法简化了矩阵力学的表达形式。

值得说明的是，矩阵力学的思路，不用假设粒子具有波动性，但需要以牺牲物理量的连续性为代价。换句话说，海森堡认为，物理量的连续性是假象，我们实际上能观测到的，只是两次观测之间物理量的差，无论位移、动量、能量，还是时间都是如此。我们会以为物理量是连续的，是因为差值太小，就像动画片相邻图片间隔太短就会造成连续的错觉一样。

1926年，薛定谔、泡利和约尔当各自证明，波动力学和矩阵力学这两个升级版本完全等价。它们基本上就构成了我们现在所说的量子力学。它沿着牛顿力学、拉格朗日力学和哈密顿力学一路发展而来。牛顿力学描述了宏观粒子的力与运动的关系，而量子力学则揭示了微观粒子的力与运动规律。随着研究对象的尺寸从微观向宏观增加，量子力学的结果将逐渐逼近直至吻合牛顿力学结果。所以说，量子力学兼容了经典力学，它并不是一种独立的物理分支，而是对原有物理体系的重新阐释。

概率波假设

方程形式虽然尘埃落定，但真正的硝烟才刚刚燃起。尽管两种力学方程被证明等价，但我们看到，它们的前提思路截然不同。波动方程是以连续的波动性为前提，而矩阵力学是以不连续性的粒子性为前提。在物质到底是波还是粒子的问题上，它们显然代表相反的观点。尽管波动方程在形式上更加优美简洁，但方程的主角，波函数的意义迟迟没有确定。从德布罗意开始，它就只是假设出来的波函数，没有人给出合理的物理解释，包括薛定谔自己。薛定谔曾经假设电子波函数是电荷密度分布函数。但如果按照这种解释，电子的质量和电荷都将不再集中在一个点上，那么它在很多问题中都将无法表现出显著的粒子特性，这与实验结果不符。

在此之前，爱因斯坦曾经对光波波幅的微观意义提出过合理的假设，认为光波幅度的模平方（即强度）反映大量光子分布空间的概率。受此启发，1926年，海森堡的另一位老师波恩做出了一个比爱因斯坦更加大胆的论断：波函数不仅可以反映了大量粒子分布的概率，而且可以反映单个粒子出现的概率，它就是单个粒子的**概率波**！其中最关键的区别在于，概率分布的大量粒子中，每个粒子仍然遵守因果规律。理论上说，我们可以不用统计方法，而用经典力学方法对每个粒子建立方程，预测每个粒子的运动轨迹，应该与统计方法计算出的结果相同。这个概率性只是我们把大量粒子行为按统计平均后打乱了时间次序的结果。然而，如果单个粒子也是以概率形式出现，那么物理事件的发生将不再遵循因果律！电子的轨迹将变得神出鬼没，你只能知道它出现在某个位置的概率，而不知道它什么时候会出现在这里。最有力的证据就是电子衍射实验。电子的光斑是一个一个随机出现在荧光屏上的，无法预测下一个电子将出现在什么位置，只能预测统计后的衍射图案。为此，人们把概率波的观点形象地比喻为"上帝掷的骰子"。

单体概率波假设的提出，把统计物理十分自然地揉入了已经渐渐被统一的波动和粒子理论中，使微观粒子成为一个兼具波动，粒子和统计特性的完备的物理对象。它就像是一个全能发展的学生，从每位老师身上习得各种经典而宝贵的能力，为日后经历更多更艰难的现实考验打足了基础。

不确定性原理

更离奇的还不止于此。1926 年，创立了矩阵力学的海森堡继续发现，如果承认矩阵力学方程是正确的，那么根据矩阵乘法的不可交换性，会导出一个奇怪的结论，那就是 $p \cdot q \neq q \cdot p$，其中 p 为动量矩阵，而 q 为位移（位置）矩阵。海森堡一贯坚持只有可测的物理量才有意义，因此，他特别关注这种不可交换性与测量之间的关系。海森堡从 p 和 q 的测量误差 Δp 和 Δq 的角度，对这个不等式进行了推演，结果发现了下面的两个推论：

$$\Delta p \cdot \Delta q > h \tag{1-3}$$

这个推论的另一个等价形式为：

$$\Delta E \cdot \Delta t > h \tag{1-4}$$

这就是**不确定性原理**。因为它是理论推导的产物，所以不是假设，而是原理。该原理说明，既无法同时准确获得动量和位置，也无法同步准确获得能量（变化）和时间（差）。推论是，经典力学量是不可能被同时准确测得的。海森堡对其物理原因做出了简单的解释：任何一种测量手段，在测量某物理量的同时，必定带来对其对应物理量的干扰，使得这一对物理量无法同时被准确测得。例如，测量某粒子的位置，需要接受它发出的光子，而发出光子必然影响其原有动量。

不确定性原理暗示了**测量**在物理诠释中的地位，解释了波动性和粒子性实验现象的矛盾起源，并且为概率波假设提供了有力的理论依据。当我们去做粒子类实验，如电子云室轨迹实验时，一旦我们测定其位置，就完全无法测准动量。动量测不准，物质波波长就不能确定，因而无法在粒子类实验中观测到对象的波动性。而在波动类实验，如电子衍射实验中，一旦我们测到电子是物质波，会衍射，就无法像阴极射线那样确定其位置，只能看到随机出现的电子光斑。总之，测准粒子就测不准波，测准波就测不准粒子。薛定谔方程中的波函数就是站在波的一面描述对象，因此对象的粒子性无法确定，粒子位置只能听从概率分布。

不确定性原理中的最小误差乘积，即普朗克常数 h，还为衡量微观和宏观问题的界限提供了理论依据。普朗克常数决定了物理上所能测量到的位置和动量的误差乘积的极限。即使采用最精良的设备，也不可能突破这个误差。在宏观领域中普朗克常数 h 的作用可以略去，但在微观领域它起着重要的作用。例如，我们将动量的不确定性改写成速度的形式，这样 $\Delta p_x \Delta x = h$ 变为 $\Delta v_x \Delta x = \dfrac{h}{m}$，只有当质量 m 很大时，右端才为零，但这只有在宏观物体上才会出现，这是说宏观时"测得准"。当 m 很小时，$\Delta v_x \Delta x \neq 0$，此时用再精良的测试方法也无法将低测量误差的乘积降为零，也就是说微观时"测不准"。如一粒微尘，$m \approx 10^{-12}$ g，若其位置不准确度 $\Delta x \approx 10^{-8}$ cm，这对宏观测量来说已是相当精确了。由不确定性原理可得 $\Delta v \approx 6.6 \times 10^{-7}$ cm/s，而实际宏观测量的误差远没有这么小，因此微尘也将表现出"精确"的轨道和速度。但如果是氢原子中的电子，按玻尔理论估计出其速度量级为 10^6 m/s，假定电子速度的不确定度与速度值的量级相仿，那么由不确定性原理可知，电子位置的不确定度为 10^{-10} m，这与氢原子的线度已经同数量级，因此电子运动轨迹的概念完全失去意义，电子以概率形式在空间出现。

互补原理

不确定性原理仅仅告诉我们，波和粒子特性无法同时测得。然而一个物质到底是粒子还是波？当海森堡将不确定性原理汇报给老师波尔后，波尔对这一段时期以来量子力学的研究成果进行了深刻地思考，于1927年提出**互补原理**，把**波粒二象性**上升到了量子力学的最高原理的高度。他的原话是这样的："一些经典概念的应用不可避免地排除另一些经典概念的应用，而这'另一些经典概念'在另一条件下又是描述现象不可或缺的；必须而且只需将所有这些既互斥又互补的概念汇集在一起，才能而且定能形成对现象的详尽无遗的描述"。这其实已经是哲学原理。

表面上看，互补原理似乎只是把不可调和的波动性和粒子性敷衍地拼凑在一起。但事实上，波尔想强调的是一种测量现象意义上的互补性。他既不认为物质同时具有波和粒子特性，即波粒的相容性，也不认为必须从波动性和粒子性中选定其一，即波粒的矛盾性。物质特性只有一个，即波粒二象性。但这个特性在每次测量中只能表现出一面，要么是波动性的那一面，要么是粒子性的那一面。

没过多久，理论上的自然发展就把这个原理推向更大的舞台。现象不只是可以呈现出波动象或粒子象，而是可以根据观测方式不同而展现出不同现象，一种观测方式对应一种观测现象。这样所有的观测现象都没有真正反映现象的本质，它们都只是事物在当前方式下的"表象"。由此生成的表象理论已经在现代物理中得到广泛应用。

尽管理论上可以随意摆弄，但这个原理有一个让人费解的现实推论，想观测哪一面，另外一面就不会表现出来。典型的例子是电子双缝干涉实验，如图1-5所示。实验本来的设置是"想观测波动性"，控制缝隙线度使波动干涉现象展现。正常做法下足够长时间后就会看到荧屏A上出现预期的干涉条纹。但如果人们想观测电子究竟经过了哪个缝，而在缝后设置荧屏B时（或是其他检测手段），那么就是"想观测粒子性"。这时荧屏B上可以观测到亮点，但在荧屏A上

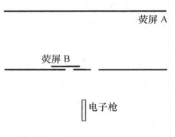

图1-5　电子双缝干涉实验

就没有干涉条纹，甚至连衍射条纹都没有。这是因为电子已经在测量中展现过了粒子性，因此无法再展现波动性。这实际上暗示着，想测到什么可以影响到发生了什么，结果可以影响原因，从而又一次违背了因果律。后来人们又设计出更多的精妙实验，把这一结论推向难以辩驳的地步。

撇开波粒二象性原理中隐藏的逻辑软肋和现实问题不谈，玻尔的这种实证主义做法，就像一件合体的紧身衣，以最简单、紧凑的方式容纳了量子物理的思维基础。它不引入任何多余的假设或理论，避免陷入无休止的循环论证，为量子理论正身立名继续前进提供了有力的支持。

坍缩

最后还剩下一个关键问题。既然每次观测只能看到对象的一面，那么这种由本质上的波粒二象性转化为观测时刻的粒子性/波动性的过程，究竟是怎样发生的？以想测到电子波动性的电子衍射实验为例，观测到电子之前，电子应该是弥漫在空间中的波动，这样它才可能具有想要观测的波动特征。但用肉眼在荧光屏上观测到单个电子位置的那一刹那，电子并不是散布在屏幕上各个位置，而是在瞬间随机选择一个位置，以100%概率出现于此。人们把这种原先弥漫在全域的波态瞬间集中于定域一点的行为称为**坍缩**。哪怕原本概率波分布的空间再

大,例如整个宇宙,在观测的一刹那,其他地方的概率都像约好了一样一起瞬间消失。按爱因斯坦的说法,这实际上暗示了一种超距作用。它们怎么能够在这么短的时间里和这么大分布空间中保持同步行动呢?

对于这一质疑,玻尔等人依旧避繁就简,从哲学而不是物理上予以回答。玻尔指出,只有被观测时物理状态才有意义,不去观测时物理状态没有意义,不存在也不必去讨论。既然不存在,那么不符合物理常识就不足为奇。我们看到,这种论断赋予了"测量"极高的物理地位,符合玻尔等人的一贯做法。但它实在有些主观,遭到了很多学者的怀疑。爱因斯坦打趣地说,很难想象你不去看月亮的时候它是不存在的,并联合其他物理学家提出 EPR 佯谬进行质疑。薛定谔也提出了家喻户晓的薛定谔猫佯谬,幽默地指出了该解释在现实中随意应用所带来的离奇结果。此后的研究者相继提出意识作用、平行宇宙、退相干等各种原理,试图回答这一难题。读者可以参阅曹天元编写的《量子力学史话——上帝掷骰子吗》,了解这些有趣的故事。

这个奇怪的话题并没有随着量子启蒙时期的结束而告终。只从理论上看,波动作为天生的全域对象本身就已经是超乎现实常识的存在,它所潜藏的超时空同步性到底只是遗漏了现实因素的理想画饼,还是像目前正在被不断展示的那样是一个可以证实、重现甚至改变寻常生活的神奇能力,这些就留给时间本身来展示。

小结

尽管概率波、不确定、互补、坍缩这一系列概念与经典的因果性、精确性和物质决定论理念是如此的格格不入,但它们合在一起,确实构成了逻辑上相对圆满的解释体系。提出这些解释的物理学家波尔、海森堡和玻恩当时都在丹麦的哥本哈根大学理论物理学研究所工作。他们相互启发,互为师友,形成了著名的哥本哈根学派。

令人感慨的是,这一套解释遭到了另外三位量子力学的奠基者,爱因斯坦、薛定谔和德布罗意的坚决反对。他们都是坚定的因果律者,不相信物理事件会以概率形式不够精确地发生。用爱因斯坦的话说,上帝不掷骰子。这两派为了哥本哈根学派解释的完备性问题进行了反复的论战,但基本都是以"哥派"的不败而告终。无论如何,哥本哈根学派的解释至少稳住了量子力学的根基,使人们得以把更多精力投入到它的应用中。后来的发展也逐渐印证了他们的合理见地。为此,人们把它称为**正统解释**,以此认可哥本哈根学派在开创和普及量子力学过程中所做出的巨大贡献。

量子物理的诞生是物理学有史以来最大的一次革命。它几乎颠覆了经典物理所有的常识。这次革命是如此的彻底,以至于玻尔曾经矛盾地说过,谁要是说他懂得量子力学,那么他实际上还没有懂。物理就是这样不可思议。而爱因斯坦却说,世界上难以理解的,就是事情是可以理解的。难道不是如此吗?

1.2 单个微观粒子的状态

物理大厦不仅没有崩塌,反而以波动,粒子和统计性兼具的微观粒子为基石,重生为更加牢靠的理性圣地。受此鼓舞,人们就像当年热切地航行驶向大洋彼岸那样,向同样陌生而神秘的微观世界发起了勇敢的征程。这其中最伟大的壮举之一,就是从固体中找到了可以导电的电子和它终日伴随的声子和光子,为它们构造出舒适的结构和精密的轨道,使其千姿百态地奔腾流动,在肉眼看不见的尺度上滋养出庞大辉煌的信息世界。这项壮举就是电子工程,我们就从单个微观粒子的运动开始来描述它。

1.2.1 微观粒子和运动方程

固体中最常见的有两类、三个微观粒子。

一类是宏观上是粒子，微观上能显现出波动特性的物理对象，主要指电子。电子衍射条纹显现的就是电子的波动象。原子核、原子核内的质子和中子也属此类，但它们的波动性不如电子明显。以费米为主的物理学家确定这类微观粒子的统计运动规律，故也称它为**费米子**。

另一类是宏观上是波动，微观上也具有粒子特征的物理对象，包括光子和声子。光子可以简单视为相同频率下最小能量的电磁波(的粒子象)。声子可以视为相同频率下最小能量的机械波，该机械波由原子核序列组成。单光子有同单电子几乎一样的衍射实验和结果，它被观测时也会坍缩在单个确定位置上展现出粒子象。以玻色为主的物理学家确定了它的统计运动规律，故也称它为**玻色子**。

这两类微观粒子的主要区别在运动方程和统计特性上，讲清全部细节需要动用较深的物理。我们跳过一些内容，只看必要的以及用常识就能理解的部分。

波动方程

大量玻色子在宏观上的有序统计结果就体现为确定的宏观波动，它的运动方程就是波动方程，以 Φ 为波幅；v 为相速度，即

$$\frac{\partial^2 \Phi}{\partial t^2} = v^2 \frac{\partial^2 \Phi}{\partial x^2} \tag{1-5}$$

根据不同的教学顺序，可能有些读者目前还不太熟悉这个方程，但我们在初中就已经了解的简谐波 $\cos(kx - \omega t + \theta)$ 及其相速度 $v = \lambda f = \omega/k$ 就是这个方程的基本解和结论。有关简谐波的各种讨论实际上也在阐述该运动方程的基本性质。在大学的数理方法和电磁波类课程中还会再深入地了解它。随着粒子种类的不同，波动方程还可以有其他变化，但光子和声子都符合上式给出的形式。

大量玻色子的无序统计运动不具有确定的波动性，而变为统计性现象，在 1.3 节将阐述玻色子的统计物理描述。

薛定谔方程

大量费米子的无序统计运动也是统计性现象，将在 1.3 节叙述费米子的统计物理描述。

大量或高能费米子在宏观上的有序统计结果就体现为确定的粒子运动，它符合牛顿定律不必多言。但反过来却不能说单个费米子在微观上也简单符合牛顿定律，因为牛顿定律中根本就找不到波函数的踪影，$x(t)$ 是定域粒子的全域轨迹，而不是像 $\Phi(x,t)$ 这样的全域波态。

正因为如此，寻找费米子波态的运动方程才成为一个物理难题，且经历了一段漫长的过程。若详细展开这段过程，会成为好几本专业教材。但如果跳过它，粒子的波动方程就显得与牛顿力学毫无联系。因此，我们权且以囫囵吞枣的速度来浏览这段历史。

在理论物理欣欣向荣的 18 世纪，物理原理的数学本质开始得到人们的理解。欧拉发明了把函数作为自变量来分析的泛函数变分法，使人们找到一直以来仅存于思想中的高级物理原理的数学语言，探索物理秘密更多成为一种数学工作。拉格朗日可谓是物理问题数学化的集大成者，他把牛顿定律以后发展的各类粒子力学和连续体力学的结论用数学方法总结在一起，形成一个能同时解释数个领域粒子性运动规律的方程，称为拉格朗日方程：

$$\frac{\mathrm{d}}{\mathrm{d}t}\left(\frac{\partial L}{\partial \dot{q}_i}\right)\hat{p} - \frac{\partial L}{\partial q_i} = 0 \quad (i = 1, 2, 3, \cdots, N) \tag{1-6}$$

式中：$L=T-V$，称为系统的拉格朗日函数，或拉格朗日量；T 为动能；V 为势能。q_i 和 $\dot{q}_i$ 分别是某自由度下的位移和速度，下角标 i 是自由度序号，N 是系统自由度总数。只取一个自由度，也即只考虑粒子的一维运动，将粒子的动能 $T=mv^2/2$ 和力与保守场势能关系 $F=-\mathrm{d}V/\mathrm{d}x$ 代入其中，它就变成我们熟知的保守场力下的牛顿力学方程 $F=m\dfrac{\mathrm{d}^2v}{\mathrm{d}t^2}$。但它的适用范围比牛顿定律大得多。

与此同时，描述波动性的光波理论和连续介质力学也在蓬勃发展，波动方程和它的各类同胞，如常用的拉普拉斯调和方程和泊松方程，也都在这一时期纷纷建立。波动迥异于粒子的各类特性也得到越来越准确的认识。

到了 19 世纪，实验物理复兴，各领域的研究相互交叉，人们开始思索各物理学科的内在联系。1834 年，在光学、天文学和理论力学方面潜心多年的哈密顿在波粒理论集成的道路上又迈出了重要的一步。哈密顿意识到速度不是一个附属量，而是一个独立的变量。而从形式上看，真正与位移 q 同等重要的那个独立变量还不是速度 $\dot{q}$ 本身，而是 $\partial L/\partial\dot{q}$，这个量就是标准定义下的动量 p：

$$p=\frac{\partial L}{\partial\dot{q}}, \quad q=\frac{\partial L}{\partial\dot{p}} \tag{1-7}$$

接下来只要想办法将原本由 q 和 $\dot{q}$ 表示的 L 换成由 q 和 p 来表示即可。这在数学中就是勒让德坐标变换问题，变换方式为：

$$H=-L+\sum_{1}^{N}p\dot{q} \tag{1-8}$$

H 就是拉格朗日量 L 变换后的形式，称为哈密顿函数，或哈密顿量。变换后就得到了完全以 H 形式表示的新方程：

$$\dot{q}=\frac{\partial H}{\partial p}, \quad \dot{p}=-\frac{\partial H}{\partial q}, \quad \frac{\partial L}{\partial t}=-\frac{\partial H}{\partial t} \tag{1-9}$$

这就是哈密顿正则方程。它与拉格朗日方程等价，但变量数增倍，微分阶数减半，方程形式更对称。原本只在 x 空间以不同速度 v 运动的粒子，现在可视为是在 x 空间和 p 空间以给定状态运动。这个由 x 和 p 正交组成的空间就称为**相空间**，或称 μ 空间。加入动量 p 空间的意义不只是在于美化方程形式，到量子时代人们就发现，波动物理中动量 p 空间的实质就是与 x 空间相对应的的波点 k 空间，它与 x 空间以傅里叶变换相关联。因此，哈密顿方程中已经埋下了波粒二象性的种子。

哈密顿方程本身并不容易看懂，但它有一个我们非常熟悉的推论。如果方程中的拉格朗日量不显含时间 t，就可以简单理解为是保守势场问题，它就能推出：

$$\mathrm{d}H/\mathrm{d}t=0 \quad H=T+V \tag{1-10}$$

这就是保守场的能量守恒定律。如果保守势能取作重力势能，它就变为机械能守恒定律。到了这一步，保守场下的牛顿定律通过多次等价变换终于上升到能量的层面，哈密顿量 H 也正式成为此类问题中能量 E 的表现形式。很多文献中都会看到 $H=T+V$ 而不是 $E=T+V$，就是源出于此。

粒子本来不能直接视为波动，但是到了普适的动量和能量层面以后，就有希望脱离现象的具体特征，统合波动和粒子理论形式。现在还欠缺的一步是，即使在相同的动量和能量下，也可能有很多种具体的波动分布或粒子路径形式，但现实中只可能呈现出其中的一种，究竟是哪一种呢？对于这个问题，物理学家也早有察觉。他们先后以费马原理、莫培督原理、最小势能原理等形式四处显现。到了哈密顿手里，又被统一成为一个简单的终极原理——哈密顿原理：

$$\delta S = 0, \qquad S = \int_{t_1}^{t_2} L \mathrm{d}t \tag{1-11}$$

式中 S 称为哈密顿主函数，或称哈密顿作用量。该原理也称最短（平稳）路径原理。它说的是，在所有可能的路径中，真实物理事件总是以最平稳（作用量关于路径变分为零）的方式发生。也可以说，最平稳方式是所有可能方式中出现概率最大的。这一原理的适用范围实际上已经超越了波动光学和粒子力学，成为所有物理在统计视角下的核心规律，是物理学最本质的规律之一。它与微观统计的不确定性原理、与宏观统计的熵增原理殊途同归，多面地展现出所有不确定性的共同根源，指明物理从不确定性走向确定性的依据。

把统计的能量和作用量也加进来以后，从粒子中找出波动的时机就真正成熟了。1925年，薛定谔假设了一个在定常势场中可能存在的平面波函数形式：

$$\phi = \mathrm{e}^{i(\boldsymbol{k}\cdot\boldsymbol{r}-\nu t)} = \mathrm{e}^{\frac{i}{\hbar}(\boldsymbol{p}\cdot\boldsymbol{r}-Et)} \tag{1-12}$$

式中 $\boldsymbol{r}$ 是位移矢量；$\boldsymbol{p}$ 和 E 分别是该粒子的动量和能量。再应用哈密顿原理的推论，得到薛定谔方程：

$$i\hbar \frac{\partial \phi}{\partial t} = -\frac{\hbar^2}{2m} \nabla^2 \phi + V\phi \tag{1-13}$$

式中 ∇ 是拉普拉斯算子。克莱因、泡利和狄拉克把它推广到电子自旋问题和相对论问题中，使其应用范围变得更加广泛。

我们对式(1-13)稍加处理，便可看明更多的物理含义。假设一个简单情况，波函数是如式(1-12)所示的一维正向平面波，那么方程(1-13)右边第一项可简化为 $-\frac{\hbar^2}{2m}\frac{\mathrm{d}^2\phi}{\mathrm{d}x} = \frac{p^2}{2m}\phi$，具有动能 T 的物理意义。牛顿力学中的力 F 项，演变为方程中的势能 V 项。方程左边则演化为 $E\phi$。整个方程变为：

$$E\phi = (T+V)\phi$$

从能量层面上它仍保留了牛顿定律的大致形式。

量子力学中最简单基本的问题就是**定常势场**问题，简称定态问题。所谓定常势场就是边界条件稳定，除边界条件以外的势场恒常不变。定态问题总可以应用分离变量法，将波函数表示为：

$$\phi(\boldsymbol{r},t) = \psi(\boldsymbol{r})f(t) \tag{1-14}$$

代入含时薛定谔方程，有：

$$\frac{i\hbar}{f(t)}\frac{\mathrm{d}f(t)}{\mathrm{d}t} = \frac{1}{\psi(\boldsymbol{r})}\left[-\frac{\hbar^2}{2m}\nabla^2\psi(\boldsymbol{r}) + V\psi(\boldsymbol{r})\right] = E$$

式中左端只含 t，右端只含 $\boldsymbol{r}$，如果要相等，只能共同等于一个常数，令其为 E，得到：

$$f(t) = C\mathrm{e}^{-\frac{i}{\hbar}Et} \tag{1-15}$$

和

$$-\frac{\hbar^2}{2m}\nabla^2\psi(\boldsymbol{r}) + V\psi(\boldsymbol{r}) = E\psi(\boldsymbol{r}) \tag{1-16}$$

此式称为**定态薛定谔方程**。与之相对，薛定谔方程的完整形式[式(1-13)]常称为**含时薛定谔方程**。解出 $\psi(\boldsymbol{r})$，即可得到定态波函数 $\phi(\boldsymbol{r},t) = \psi(\boldsymbol{r})\mathrm{e}^{-\frac{i}{\hbar}Et}$，整个问题得解。

因为 $T+V$ 具有哈密顿量 H 的含义,所以也常把它们合写作哈密顿量的形式,即

$$\left(-\frac{\hbar^2}{2m}\nabla^2+V\right)\psi=\hat{H}\psi=E\psi \tag{1-17}$$

式中 $\hat{H}$ 是哈密顿量 H 的算符形式。有关算符问题在下一节继续介绍。在数学上,该方程是一个典型的 $\hat{H}$ 算符的本征值问题。E 是算符 $\hat{H}$ 的本征值,ψ 是对应的本征函数。定态薛定谔方程就是在求解粒子波可以取何种本征值能量。我们将各本征值对应的能量用能级 $E_n(n=1,2,3,\cdots)$ 表示,对应本征函数用 $\varphi_n(n=1,2,3,\cdots)$ 表示,n 称为**量子数**。将这些函数描述的状态称为**本征态**。特别将最低的能级 E_1 对应的状态称为**基态**,其余称为**激发态**。在大多数常见问题中,本征值都是离散的,所以粒子波只能取特定能量值。也就是说,能量是量子化的。

有了定态本征函数解集,理论上就可以求解时变薛定谔方程[式(1-13)]。可以证明,定态本征函数构成了给定边界条件(如果有)下连续函数空间的线性正交完备集,那么满足边界条件的任何一个连续函数都可以表示成已有定态本征函数的线性组合。如果函数还随时间变化,就可以表示为已有本征函数的含时线性组合:

$$\phi(\mathbf{r},t)=\sum_i C_i(t)\psi_i(\mathbf{r}) \tag{1-18}$$

将其代入含时薛定谔方程[(1-13)],理论上说即可得到时变解。

找到能量层面的意义后,再回过头来看波动方程,它立刻也变得清晰起来。用波动函数[式(1-12)]代入波动方程[式(1-5)],得到

$$E^2\Phi=p^2v^2\Phi$$

说明如果能把波动视为一个粒子,这个粒子的能量 E 和动量 p 之间将满足上述关系,于是波动方程可视为在描述一个玻色子的力学运动规律。甚至连这个方程的解法也同薛定谔方程高度相似。给定边界下它同样也构成本征值问题,也是用分离变量法,只在 $T(t)$ 部分略有不同。

波动方程与薛定谔方程的主要区别就是时间项的次数不同。波动方程式是二次,而薛定谔方程是一次。就是这么一点区别,导致了两者波动解在物理意义和根本性质上的许多差异,产生微观粒子玻色子和费米子的区别。简单地说,一次时间项的方程总体上更能反映常识中的单序时间演进过程,而二次时间项的方程不可避免地隐含了时间和能量的正负顺序问题,使波动从本质上异于粒子,包含种种非现实运动的可能。但在大多数限定观测位置和次序的问题中,玻色子和费米子的行为仍然有很多相似性。因为本书主要关注费米子电子,而波动方程和光子在光学和电磁学课程中都有大量的专述,所以下文都以薛定谔方程和费米子为例,阐述玻色子和费米子通用的理论和理解方式,只在两者出现显著分歧时候加以提示。

1.2.2　波态和物理量

概率密度和位置

有了方程,再看怎么理解波函数。它为何既是粒子又是波? 与第一节的量子力学基本原理有什么关系?

首先介绍正统解释:认为波函数具有概率波含义,波函数在空间某点的强度(波幅模平方)与粒子在该点出现的概率成比例。为了保证波函数在整个空间出现的总概率为1,必须先进行归一化处理,即

$$\int|\phi|^2\mathrm{d}\tau=1 \tag{1-19}$$

归一化之后的波函数就能用来求各位置上的概率密度 w:

$$w = \phi\phi^* = |\phi|^2 \tag{1-20}$$

以下如不特别说明,波函数均已归一化。波函数在归一化后也不是完全确定的,它可以包含任意一个相位因子 $e^{i\delta}$,但这不影响概率分布结果。为使解有现实意义,波函数还应满足三个条件:有限性、连续性和单值性。这三个条件称为波函数的**标准条件**,求解时经常要用到。

再来看不同波态的物理意义;先以一个 L 长度范围内的平面电子波为例,把式(1-12)代入式(1-20)得到:

$$w = L^{1/2} \tag{1-21}$$

式(1-21)说明它在 L 范围内每点出现的概率都相同,而不是像粒子那样一次只能出现在一个特定位置上,也印证了"想测波就测不到粒子"的不确定性原理。可一旦人们设置荧光屏在$r=$ $\boldsymbol{r}_0$ 处测到它时,它就瞬间坍缩为该处的一个冲激函数:

$$\phi = \delta(r - \boldsymbol{r}_0)$$

按冲激函数性质它在 $r=\boldsymbol{r}_0$ 上的概率密度无限大,概率为 100%。应用时一频变换知识,知道冲激函数在波数 $\boldsymbol{k}$(动量 $\boldsymbol{p}$)空间可展开为所有波动的等密度叠加。这正好就是上述情况的相倒模式,意味着对应于每种波长的波幅趋于零,几乎测不到波的特性,这也印证了"测到粒子就测不到波"。

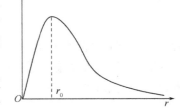

图 1-6　一种可能的概率密度形貌

其他波态介于这两者之间。从概率幅波形和概率密度波形上,可以看出各种与粒子性有关的位置信息。例如,对于图 1-6 所示的概率密度形貌,如果把该对象看作一个粒子,那它经常会出现在 r_0 位置附近,粒子性在这里体现得最强烈。

但从总体上看,粒子的质心却不在这里,而是在平均观测位置:

$$\bar{r} = \int r w \mathrm{d}\tau \tag{1-22}$$

还可以得到反映粒子偏离中心程度的均方根位置:

$$\overline{r^2} = \int r^2 w \mathrm{d}\tau \tag{1-23}$$

【例 1.1】　一维运动的粒子,描写其状态的波函数如下:

$$\phi(x,t) = \begin{cases} 0 & x \leqslant 0\ \ x \geqslant a \\ A e^{-\frac{i}{\hbar}Et} \sin\dfrac{\pi}{a}x & 0 < x < a \end{cases},$$

其中,E 和 a 是确定的常数;A 是任意常数,求:(1)归一化波函数;(2)概率分布函数(概率密度);(3)$\bar{x}$ 和 $\overline{x^2}$。

解:(1)由归一化条件 $\displaystyle\int_{-\infty}^{+\infty} |\phi(x,t)|^2 \mathrm{d}x = 1$,得到:

$$|A|^2 \int_0^a \sin^2\frac{\pi}{a}x \mathrm{d}x = 1 \Rightarrow |A|^2 = \frac{2}{a}$$

取 $A = \sqrt{2/a}$。归一化波函数为:

$$\phi(x,t) = \begin{cases} 0 & x \leqslant 0\ \ x \geqslant 0 \\ \sqrt{\dfrac{2}{a}}\, e^{-\frac{i}{\hbar}Et} \sin\dfrac{\pi}{a}x & 0 < x < a \end{cases}$$

(2)粒子概率分布函数为:

$$w(x) = \begin{cases} 0 & x \leqslant 0, x \geqslant a \\ \dfrac{2}{a}\sin^2\dfrac{\pi}{a}x & 0 < x < a \end{cases}$$

对上式求极值，令 $\dfrac{\mathrm{d}}{\mathrm{d}x}\left[\dfrac{2}{a}\sin^2\dfrac{\pi}{a}x\right]=0$，可知在 $x=a/2$ 处发现粒子的概率最大。

(3) $\overline{x}$ 和 $\overline{x^2}$ 求解：

$$\overline{x} = \int_{-\infty}^{+\infty} x\mid\phi(x)\mid^2\mathrm{d}x = \frac{2}{a}\int_0^a x\sin^2\frac{\pi}{a}x\,\mathrm{d}x = \frac{a}{2}$$

$$\overline{x^2} = \int_{-\infty}^{+\infty} x^2\mid\phi(x)\mid^2\mathrm{d}x = \frac{2}{a}\int_0^a x^2\sin^2\frac{\pi}{a}x\,\mathrm{d}x = \frac{a^2}{3} - \frac{a^2}{2\pi^2}$$

因为实际观测到的都是概率密度 w 而不是波函数 ϕ，所以实用中薛定谔方程也常常改写成以概率密度 w 表示的形式。定态问题中波函数 $T(t)=Ce^{\mathrm{i}Et/\hbar}$ 部分的模方始终为 1，使概率密度 w 不随时间变化。因此，只需要讨论含时问题。以不含势场项的含时薛定谔方程为例，把方程中的波函数按概率密度定义取模方，简单推演后得到：

$$\frac{\partial w}{\partial t} + \nabla \cdot J = 0 \tag{1-24}$$

其中 J 为概率流密度：

$$J = -\frac{\mathrm{i}\hbar}{2m}(\phi^*\nabla\phi - \phi\nabla\phi^*) \tag{1-25}$$

这就是概率粒密度的**连续性方程**。它反映出单个粒子出现概率在空间中的消长规律。没有其他粒子注入时，它就是粒密度守恒定律。在式(1-25)两边同乘以质量 m 即得到质量守恒定律。同乘以电荷 q 即得到电荷守恒定律。

物理量和算符

以上都只是与位置 x 有关的物理信息。用同样的方法可以得到其他的物理量，是速度 v 和力 F 吗？不行。首先，薛定谔方程中就没有 v 和 F 这些经典物理量。其次，概率波给出的只是关于位置 x 的分布概率，也不是这些物理量的分布概率，所以不能用位置的概率去计算其他量的平均值。但问题是，量子力学在宏观状态下是应该能兼容经典力学的。那么这些经典的量跑到哪里去了？它们的值又是多少？

这个问题在哈密顿力学中已有提示。哈密顿力学把位置 q 和动量 p 视为力学问题的基本量。量子力学沿袭了这一做法，把位置 r 和动量 p 视为最基本的物理量，其他经典量退化为其衍生量。但时间 t 作为基本维度量维持不变，各类属性量，如质量 m，电荷 q 也没有改变。当薛定谔猜出粒子的波动方程，答案就变得更加清楚。从波动方程的能量写法上看，因为物理对象从定域的粒子变成全域的波动，所以物理量也不再以单值的符号量形式出现，而是表现为作用在波函数上的算符，常以对应物理量符号顶上加上尖括号来表示。

位置算符最简单，它的作用形式就是直接乘上波函数：

$$\hat{r} = r \tag{1-26}$$

一维时它就写作 x。

动量算符的作用形式是对波函数按位置求导：

$$\hat{p} = -\mathrm{i}\hbar\nabla \tag{1-27}$$

一维时它是 $-\mathrm{i}\hbar\partial/\partial x$。这并不是严格推导的结果，而是用薛定谔方程的物理意义反推出来的形式。有了这两个算符,就可以按照经典力学的物理关系衍生出其他物理量算符的形式。常见衍生的算符如下。

势能算符,作用形式同位置算符:

$$\hat{V} = V \tag{1-28}$$

角动量算符:

$$\hat{L} = r \times p \tag{1-29}$$

动能算符:

$$\hat{T} = \frac{p^2}{2m} \tag{1-30}$$

粒子的能量算符,即哈密顿量算符:

$$\hat{H} = -\frac{p^2}{2m} + V \tag{1-31}$$

力算符:

$$\hat{F} = -\nabla V \tag{1-32}$$

速度算符:

$$\hat{v} = \frac{p}{m} \tag{1-33}$$

加速度算符:

$$\hat{a} = -\frac{\nabla V}{m} \tag{1-34}$$

把每个算符作用在波函数上,可以写成其对应的本征值方程,也即该算符关于该波函数的本征值方程,可以解释有关该算符的一系列物理意义。以动量算符为例,就是:

$$\hat{p}\phi = p\phi$$

使该本征值方程成立的 p 就是动量本征值,ϕ 就是动量本征态。每个动量本征态的动量就是它的动量本征值。例如,归一化后只要 x 部分是 $e^{ipx/\hbar}$ 形式的波态都是动量本征态,它的动量就是 p,也只有形如 $e^{ipx/\hbar}$ 的波态的动量为 p。无论这个波态是玻色子的态,还是费米子的态都是如此。其他算符也同理。从这个角度看,定态薛定谔方程本质上就是哈密顿算符的本征值方程,它的解是能量(哈密顿算符)的本征值和本征态。

如果一个波态由多个本征态叠加而成,那么它没有确定的瞬时观测值,但却有确定的平均观测值。对经典力学量 f,都能用其对应的算符,按如下方法获得其平均观测值:

$$\overline{f} = \int \phi^* \hat{f}\phi \ \mathrm{d}\tau \tag{1-35}$$

每种算符作用下粒子波函数的平均观测值就具有该粒子物理量值的含义。

怎么理解式(1-35)呢?简单地说,我们对 x 空间的 $\phi(x)$ 波态做了一个十分扭曲但本质(范数)不变的坐标变换,将其变换到 p 空间,该式就是像式(1-22)直观 x 空间平均 x 位置那样,在 p 空间直观到的平均 p 位置,也即 p 的平均观测值。稍加详细地说,可以证明经典物理算符的本征态集都是正交完备集,能将处于空间中的任一函数展开为它们的级数和,即

$$\psi(x) = \sum c_n \phi_n(x) \tag{1-36}$$

因为不同本征态彼此正交,把展开后的波态代入式(1-35),会发现它其实等于:

$$\overline{f} = \sum w_n f_n, \qquad w_n = |c_n^2| = \left| \int_{-a}^{a} \psi(x)\psi_n^*(x)\mathrm{d}x \right| \tag{1-37}$$

式中，f_n 就是 ψ_n 本征态对应的本征值。把该式与式(1-22)对比，就可以发现它恰好表示了该物理量在自身空间中的平均位置。举个例子，归一化 $\cos(px/\hbar)$ 由等幅 $e^{\pm ipx/\hbar}$ 叠加而成。既可以直接把它代入式(1-35)，得到它的平均动量为 0，也可以想成它在动量 p 空间是由两个系数相等、值分别是 $\pm p$ 的动量本征值构成。因为系数相等，模方后表示的显现概率还是相等，两个相等概率显现的 $\pm p$ 合在一起，就形成为平均值为 0 的动量观测值。每次观测时，动量按概率取其中一个本征值显现，一半概率看到 p，一半概率看到 $-p$，统计来看等于 0。

因为 $p/\hbar$ 出现在 $\cos(kx)$ 的 k 位置上，具有波数 k 的含义，所以在波动理论中动量 p 和波数 k 只差一个 $\hbar$，除去 $\hbar$ 后动量 p 的本征值方程就是波数 k 的本征值方程，看到波动的波数 k 就等于看到动量 p。这样我们就明白哈密顿早在这套理论发明之前就把动量看作位置同样重要的物理量是多么的明智。位置 x 是粒子性(在 x 空间)最主要的定域特征，波数 k 正是波动性(在 x 空间)最主要的全域特征，它体现在粒子的波动上就成为它的全域量动量 p。但注意这是波粒合流为量子理论后的产物，只适用于微观粒子的波态。宏观粒子没有波函数，动量仍然是用 $p=mv$ 来定义的。大量微观粒子统计表现出宏观粒子行为后，这两个不同角度定义的动量会自然重合起来。

有了这套理论后，我们又重新感受到经典物理的存在。这种从最基本(正则)粒子物理量的算符化出发，将经典粒子物理体系赋予波动性，改编成量子物理版本的做法，就被称为**正则量子化**。正则量子化不仅能重建物理体系，还具有探索未知世界的潜力。从算符角度可以自然给出不确定性原理的数学描述。如果两个算符不可对易，例如：

$$\tilde{p}\tilde{r} \neq \tilde{r}\tilde{p} \tag{1-38}$$

则这两个算符对应的物理量就遵循不确定性原理，否则就无需遵守。基于算符和本征值理论，利用已有算符特性凭空推演新算符，观察其对易性和衍生的其他性，猜测其蕴含物理意义并加以实证，是一种相当有效的物理探索手段。

1.2.3　势阱模型

薛定谔方程可以用于分析许多微观问题，下面介绍最经典的几个。

首先介绍势阱模型，它描述微观粒子处于势阱中的状态，对应粒子在局部区域受到束缚时的各类问题。无限深势阱是势阱中更有代表性的特例。

先看最简单的情况。如图 1-7 所示一维无限深势阱的势函数为：

$$V(x) = \begin{cases} 0 & |x| < a \\ \infty & |x| \geq a \end{cases}$$

这里只关注粒子在势阱中稳定后的情形，所以直接从定态薛定谔方程出发进行求解：

$$-\frac{\hbar^2}{2m}\nabla^2\psi(\boldsymbol{r}) + V\psi(\boldsymbol{r}) = E\psi(\boldsymbol{r})$$

$|x| \geq a$ 时，$V \to \infty$，对应地 $\psi(x) = 0$。

$|x| < a$ 时，$V = 0$，定态薛方程变为：

$$\frac{\hbar^2}{2m}\frac{d^2}{dx^2}\psi(x) + E\psi(x) = 0 \tag{1-39}$$

令 $k^2 = 2mE/\hbar^2$，则式(1-39)变为：

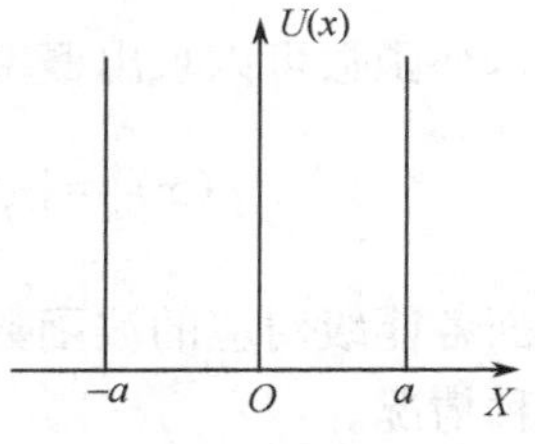

图 1-7　一维无限深势阱

$$\frac{\mathrm{d}^2\psi(x)}{\mathrm{d}x^2} + k^2\psi(x) = 0 \tag{1-40}$$

其解为：

$$\psi(x) = A\sin kx + B\cos kx$$

式中 A、B 和 k 都待定。代入 $|x|=a$ 时 $\phi(x)=0$ 的边界条件，得到：

$$-A\sin ka + B\cos ka = A\sin ka + B\cos ka = 0$$

A、B 有非零解的条件是 $A=0$ 且 $\cos ka=0$，或者 $B=0$ 且 $\sin ka=0$。

如 $A=0$ 且 $\cos ka=0$，则 $k=\frac{n\pi}{2a}$ $(n=\pm1,3,5,\cdots)$，$\psi_1(x)=B\cos\frac{n\pi}{2a}x$ $(n=\pm1,3,5,\cdots)$。

如 $B=0$ 且 $\sin ka=0$，则 $k=\frac{n\pi}{2a}$ $(n=\pm2,4,6,\cdots)$，$\psi_2(x)=A\sin\frac{n\pi}{2a}x$ $(n=\pm2,4,6,\cdots)$。

两组解可合并为一个：

$$\psi_n(x) = C\sin\frac{n\pi}{2a}(x+a) \qquad (n=\pm1,2,3,\cdots)$$

由归一化条件确定常数 C 为 $C=1/\sqrt{a}$。因此：

$$\psi_n(x) = \frac{1}{\sqrt{a}}\sin\frac{n\pi}{2a}(x+a) \qquad (n=\pm1,2,3,\cdots) \tag{1-41}$$

将式(1-41)代入式(1-39)，求出能级 E_n 为：

$$E_n = \frac{\hbar^2 k^2}{2m} = \frac{\pi^2\hbar^2}{8ma^2}n^2 \qquad (n=\pm1,2,3,\cdots) \tag{1-42}$$

到这里可以看出，k 具有波数的物理含义；$\hbar k$ 具有动量 p 的含义。能级还有另一个简单的求法。从波动角度来看，限定两端齐次边界条件后只有驻波才能在势阱内稳定存在。而形成驻波的条件为，势阱宽度是驻波波长 $\lambda/2$ 的整数倍。由此得到 $\lambda_n=4a/n$，代入德布罗意关系式和能量表达式得到：

$$E_n = \frac{\hbar^2 k^2}{2m} = \frac{\hbar^2}{2m}\left(\frac{2\pi}{\lambda_n}\right)^2 = \frac{\pi^2\hbar^2}{8ma^2}n^2$$

可见在量子化现象不必人为假定，从理论本身就可自然得出。由能级解得到每个能级对应的本征函数为：

$$\psi_n(x) = \begin{cases} 0 & |x|\geqslant a \\ \dfrac{1}{\sqrt{a}}\sin\dfrac{n\pi}{2a}(x+a)(n=\pm1,2,3\cdots) & |x|<a \end{cases}$$

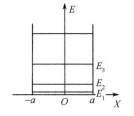

图 1-8　一维无限深势阱中
运动的粒子的能量

由本征函数可以求出概率分布为：

$$w(x) = |\psi_n(x)|^2 = \frac{1}{a}\sin^2\frac{n\pi}{2a}(x+a)\mathrm{d}x$$

前面各能级对应的波函数和概率分布如图 1-9 和图 1-10 所示。注意图 1-9 没有画 n 取负的各种情况。

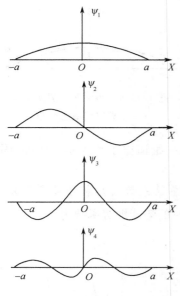

图 1-9　粒子的波函数

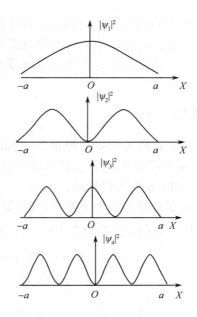

图 1-10　概率分布

这些结果和经典力学有什么联系？驻波是由幅度相同、角频率 ω 相同、波数 k 相反的波叠加而成的。波数 k 相反说明动量 p 相反。在经典图景上看，深势阱中具有动量 $p = \pm\hbar k$ 和能量 $E = (\hbar k)^2/(2m)$ 的粒子就是一个匀速运动并来回碰撞的粒子。因为匀速，它显现在阱中各处的概率是相同的。而从薛定谔方程的解上看，当 n 很大时，概率分布 w 也会趋向于一条平直线，表示各处概率密度近乎相同，符合碰壁粒子的经典图景。而且 n 很大时，$(E_{n+1} - E_n)/E_{n+1} \propto 1/n$ 很小，能级看起来很密，使粒子的能量在宏观精度上可以取连续值，也符合宏观的常识。

由此可见，能级序数 n 的大小具有分界经典和量子行为的作用。由式(1-42)可得到以下关系式：

$$| \hbar k a | = \hbar n\pi/2 \tag{1-43}$$

式中，$\hbar k$ 是动量；而 a 是位置的线度，两者乘积大小构成不确定性原理的判据。当 n 很大时，乘积远大于普朗克常数，量子效应不明显。只有 n 很小时才会出现测不准的量子效应。

多个本征态可以线性叠加成叠加态。考虑到求解复杂，这里假设已经求出一叠加态解：

$$\psi(x) = A(a + x)(a - x) \tag{1-44}$$

将其归一化，得到归一化的波函数：

$$A^2 = \frac{1}{\int_{-a}^{a}(x+a)^2(x-a)^2 \mathrm{d}x} = \frac{15}{16a^5}, \quad \psi(x) = \sqrt{\frac{15}{16a^5}}(a+x)(a-x) \tag{1-45}$$

将归一化之后的叠加态波函数和归一化基态函数画在一张图里，可以看出两者很接近。

应用本征值理论可以算出归一化基态的系数模方，也即基态在全部的波态中的比重为 $w_1 \approx 0.998$，表明基态占很大的权重。这也是图 1-11 中两者形状非常接近的原因。反过来，利用式(1-35)可以算出该叠加态对应的能量为：

$$E = \int_{-a}^{a} \psi(x) \hat{H}\psi^*(x)\mathrm{d}x = 1.0266E_1$$

注意，这仅仅是能量的平均观测值。每次观测时，能量并不一定显现此值，而是按照每个归一化本征波函数前叠加系数的模方,即它出现的概率随机显现一个能量本征值。只有在较长时间的观测中才显示这一数值。观测值不确定是叠加态和本征态的重要区别。

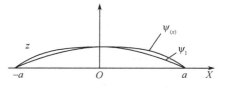

图 1-11　一维无限深势阱中非定态函数与基态函数

1.2.4　谐振子模型

谐振子是另一个十分经典的物理模型。一般说来,任何体系在平衡点附近的振动行为,都可以近似地用一维谐振子来表示。例如,固体中的原子在晶格位置附近的小幅度弹性振动。

图 1-12 所示的是抽象后的谐振子模型,其中振子的弹簧系数为 β,粒子质量为 m,振动频率为 $\omega = \sqrt{\beta/m}$。因为谐振子受的力是 $F = -\beta x$,所以它的势能即势函数为:

$$V(x) = \frac{1}{2}m\omega^2 x^2$$

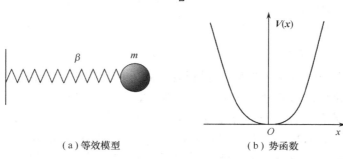

（a）等效模型　　　　　　　　（b）势函数

图 1-12　谐振子问题的等效模型和势函数

根据势函数写出谐振子的定态薛定谔方程为:

$$-\frac{\hbar^2}{2m}\frac{\mathrm{d}^2}{\mathrm{d}x^2}\psi(x) + \frac{1}{2}m\omega^2 x^2 \psi(x) = E\psi(x) \tag{1-46}$$

令 $\alpha = \sqrt{\dfrac{m\omega}{\hbar}}$,引入无量纲的变量 $\xi = \alpha x = \sqrt{\dfrac{m\omega}{\hbar}}x$ 和 $\lambda = \dfrac{2E}{\hbar\omega}$,则上式变为:

$$\frac{\mathrm{d}^2\psi}{\mathrm{d}\xi^2} + (\lambda - \xi^2)\psi = 0 \tag{1-47}$$

这是一个变系数二阶微分方程。考察 $|\xi| \to \infty$ 时 ψ 的渐近行为,该式可写为

$$\frac{\mathrm{d}^2\psi}{\mathrm{d}\xi^2} = \xi^2\psi$$

其渐近解为 $\psi \approx \mathrm{e}^{\pm\xi^2/2}$。根据波函数有限性要求,渐近解中只能取负指数的解 $\psi \sim \mathrm{e}^{-\xi^2/2}$。

因此可以把式(1-47)的解写成如下形式:

$$\psi(\xi) = \mathrm{e}^{-\xi^2/2}H(\xi) \tag{1-48}$$

式中待求的函数 $H(\xi)$ 必须保证 $\psi(\xi)$ 有限。将式(1-48)代入式(1-47),得到 $H(\xi)$ 应当满足的方程:

$$\frac{\mathrm{d}^2 H}{\mathrm{d}\xi^2} - 2\xi\frac{\mathrm{d}H}{\mathrm{d}\xi} + (\lambda - 1)H = 0 \tag{1-49}$$

这样求解定态方程就化为求解方程式(1-49)的问题。将 $H(\xi)$ 展成 ξ 的幂级数:

$$H(\xi) = \sum_{\nu=0}^{\infty} a_{\nu}\xi^{\nu}$$

代入(1-49)，比较 ξ^{ν} 的系数，得到系数间递推公式：

$$a_{\nu+2} = \frac{2\nu+1-\lambda}{(\nu+1)(\nu+2)}a_{\nu} \qquad (\nu=0,1,2,\cdots) \tag{1-50}$$

因此，系数 a_2、a_3、a_4 … 可以依次用 a_0 和 a_1 来计算。如果 $a_0=0$，这个级数只出现奇次幂；反之，若 $a_1=0$，这个级数只含偶次幂。

现在考察所得到的级数 $H(\xi)$，当 ξ 很大时，级数中起决定作用的是幂指数 ν 大的项：

$$\frac{a_{\nu+2}}{a_{\nu}} = \frac{2\nu+1-\lambda}{(\nu+1)(\nu+2)} \sim \frac{2}{\nu}$$

若将指数函数 e^{ξ^2} 展成级数就可以发现，在变数很大的区域，$H(\xi)$ 的行为与 e^{ξ^2} 相似，而波函数 $\psi = e^{-\xi^2/2}H(\xi) \approx e^{\xi^2/2}$，当 $|\xi|\to\infty$ 时 $\psi\to\infty$，波函数发散。在上面的讨论中，我们是把 $H(\xi)$ 当作无穷级数来处理的。若 $H(\xi)$ 是有限的多项式，则可保证当 $|\xi|\to\infty$ 时 $\psi\to 0$，因此：

$$\psi_n(\xi) = N_n e^{-\xi^2/2}H_n(\xi) \tag{1-51}$$

就是谐振子定态方程满足物理要求的解，其中 $H_n(\xi)$ 称为厄米多项式。若 $H_n(\xi)$ 是 ξ 的 n 次多项式，由递推公式(1-50)可知，要求 $a_{\nu+2}=0$，即 $\lambda=2n+1$。而 $\lambda=2E/\hbar\omega$，因此，只有：

$$E = \left(n+\frac{1}{2}\right)\hbar\omega \qquad (n=0,1,2,\cdots) \tag{1-52}$$

时，$H(\xi)$ 才是多项式，波函数 $\psi(\xi)$ 才满足有限性的物理要求。n 的每一个值 $0,1,2,\cdots$ 称为谐振子相应状态的量子数。特别的，$n=0$ 对应振子的基态。基态能量 $E_0 = \hbar\omega/2$ 称为零点能。零点能的存在是量子力学的一个重要结论，并为许多实验所证实。两相邻能级间的距离为：

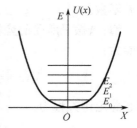

$$\Delta E_n = E_{n+1} - E_n = \hbar\omega$$

可见能级间隔是均匀的，如图 1-13 所示。谐振子在不同能级之间跃迁、吸收或辐射的能量都为 $\hbar\omega$ 的整数倍。

图 1-13　谐振子的能级图

谐振子的前几个波函数如图 1-14 所示。由于 $H_n(\xi)$ 是 x 的 n 次多项式，所以 $\psi_n(x)$ 有 n 个零点。

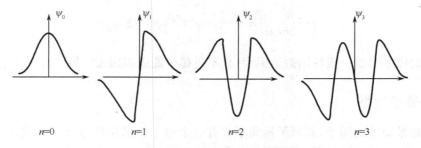

图 1-14　谐振子前几个波函数

将量子谐振子与经典谐振子的概率分布情况做对比，如图 1-15 所示。对于经典谐振子 $x=A\cos\omega t$，其能量为：

$$E = \frac{1}{2m}p^2 + \frac{1}{2}m\omega^2 x^2 = \frac{1}{2}m\omega^2 A^2$$

上式说明能量与振幅 A 有关，可以连续变化。经典谐振子在 $U(x)=E$ 处势能最大，动能为零，出现概率最大，对应图中 $x=\pm A$ 位置。粒子只限于在 $[-A,A]$ 内运动，如图中竖直虚线所示，在这区域之外不可能发现粒子。而到了量子力学，$[-A,A]$ 外，$|\psi_n(x)|^2$ 一般并不为零，不过粒子在此区域外出现的概率很快趋近于零，如图 1-15(b) 中实线表示。在前几个量子态时，量子谐振子概率分布与经典情况毫无相似之处。但当 $n=10$ 以后，量子振子的平均值与经典振子逐渐接近，差别只在于 $|\psi_n(x)|^2$ 迅速振荡而已。

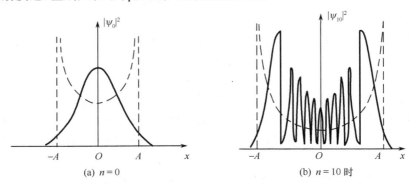

图 1-15　经典谐振子的概率密度和允许区（虚线），以及量子谐振子的概率密度（实线）

【例 1.2】　电荷为 e 的线性谐振子受恒定弱电场 ε 作用，电场沿 x 正方向，求体系的能量和波函数。

解：谐振子所受的势场除 $m\omega^2 x^2/2$ 外，还附加了电场作用，其电势能为 $-e\varepsilon x$，所以体系的势能为：

$$V(x)=\frac{1}{2}m\omega^2 x^2-e\varepsilon x=\frac{1}{2}m\omega^2\left(x-\frac{e\varepsilon}{m\omega^2}\right)^2-\frac{e^2\varepsilon^2}{2m\omega^2}$$

定态薛定谔方程为：

$$\left[-\frac{\hbar^2}{2m}\frac{\mathrm{d}^2}{\mathrm{d}x^2}+\frac{1}{2}m\omega^2\left(x-\frac{e\varepsilon}{m\omega^2}\right)^2\right]\psi=\left(E+\frac{e^2\varepsilon^2}{2m\omega^2}\right)\psi$$

令 $x'=x-\dfrac{e\varepsilon}{m\omega^2}$，$E'=E+\dfrac{e^2\varepsilon^2}{2m\omega^2}$，可将定态方程改写为：

$$\left(-\frac{\hbar^2}{2m}\frac{\mathrm{d}^2}{\mathrm{d}x'^2}+\frac{1}{2}m\omega^2 x'^2\right)\psi=E'\psi$$

可见所讨论的体系仍是一线性谐振子模型，只不过每个能级都比无电场时低 $\dfrac{e^2\varepsilon^2}{2m\omega^2}$。

1.2.5　氢原子模型

　　氢原子是最简单的原子，其原子核周围只有一个电子。薛定谔方程十分成功地解释了氢原子模型，为类比了解其他原子提供了基础。

　　需要提醒的是，文献中常说的氢原子模型，实际上是氢原子中的电子模型的简称。它没有关心原子核内部情况，和氢气中的氢原子模型也不是一回事。下文提到氢原子能级和状态这些概念时，也都是指氢原子中的电子能级和状态。

基本方程和波函数

氢原子的势场就是点电荷的库仑电势场。它显然是球对称的，适合用球坐标描述问题，如图 1-16 所示。假定氢原子中原子核静止不动，电子在原子核库仑场中的势能为：

$$V(r) = -\frac{e_s^2}{r}$$

式中 $e_s = \dfrac{e}{\sqrt{4\pi\varepsilon_0}}$ 是国际单位制中电子的电荷。

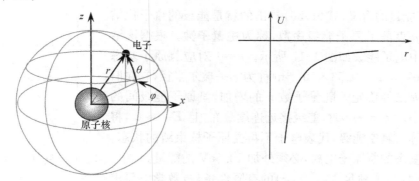

图 1-16　氢原子模型和势函数

球坐标中，氢原子的定态薛定谔方程为：

$$-\frac{\hbar^2}{2m}\left[\frac{1}{r^2}\frac{\partial}{\partial r}\left(r^2\frac{\partial\psi}{\partial r}\right)+\frac{1}{r^2\sin\theta}\frac{\partial}{\partial\theta}\left(\sin\theta\frac{\partial\psi}{\partial\theta}\right)+\frac{1}{r^2\sin^2\theta}\frac{\partial^2\psi}{\partial\varphi^2}\right]-\frac{e_s^2}{r}\psi = E\psi \tag{1-53}$$

用分离变量法求解该方程，得出波函数标准条件解为：

$$\psi_{n,l,m_l}(r,\theta,\varphi)=R_{n,l}(r)Y_{l,m_l}(\theta,\varphi) \tag{1-54}$$

其中

$$Y_{n,l,m_l}(\theta,\varphi)=AP_l^{m_l}(\cos\theta)e^{im_l\varphi} \tag{1-55}$$

式中 $P_l^{m_l}(\cos\theta)$ 是关联勒让德函数。可以看到，由于氢原子中的电子有三个自由度，因此要用三个量子数 n,l,m_l 来描写其运动状态，它们的物理意义在后面的结果中分析。$R_{n,l}(r)$ 是径向波函数，它是一个多项式。角度部分的波函数 $Y_{l,m_l}(\theta,\varphi)$ 又称为球谐函数。将式（1-54）代入式（1-53），可以相互独立的 $R_{n,l}(r)$ 和 $Y_{l,m_l}(\theta,\varphi)$ 方程。

在本问题中没有明显的边界条件，波函数的连续性、有限性和单值条件就是对解合理性的主要限制。在此基础上，波函数还必须能归一化。式（1-54）的归一化条件为：

$$\iiint \psi_{n,l,m_l}^*\psi_{n,l,m_l}\,\mathrm{d}\tau=\int R_{n,l}^2(r)r^2\,\mathrm{d}r\iint Y_{l,m_l}^*Y_{l,m_l}\sin\theta\mathrm{d}\theta\mathrm{d}\varphi=1$$

这要求波函数的径向部分和角度部分都必须归一化。径向部分归一化条件为：

$$\int R_{n,l}^2(r)r^2\,\mathrm{d}r=1$$

式中被积函数 $R_{n,l}^2r^2\mathrm{d}r$ 的意义是在 $r(-r+\mathrm{d}r)$ 的球壳内，电子出现的概率。角度部分的归一化条件为：

$$\int_0^\pi\int_0^{2\pi}|Y_{l,m_l}|^2\sin\theta\mathrm{d}\theta\mathrm{d}\varphi=\int_0^\pi\int_0^{2\pi}|Y_{l,m_l}|^2\mathrm{d}\Omega=1$$

式中被积函数 $|Y_{l,m_l}|^2\mathrm{d}\Omega$ 表示空间立体角为 $\mathrm{d}\Omega$ 的一个锥体内电子出现的概率。

量子数与简并

可以证明，为了使 $R_{n,l}(r)$ 满足有限性条件并可以归一化，数学上要求式(1-53)中的 E 只能取离散值。完整推导过程较复杂，这里略去，只给出结论为：

$$E_{n} = -\frac{me_{s}^{4}}{2\hbar^{2}} \cdot \frac{1}{n^{2}} = -\frac{e_{s}^{2}}{2a_{0}} \cdot \frac{1}{n^{2}} \quad (n = 1, 2, 3\cdots) \tag{1-56}$$

式中

$$a_{0} = \frac{\hbar^{2}}{me_{s}^{2}} \tag{1-57}$$

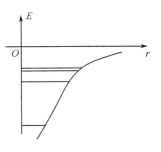

显然，E 具有能量的含义，式(1-56)导出的就是能级的量子化结果。量子数 n 表征了原子能级序数，称为**主量子数**。根据该结果将氢原子中电子能级如图1-17所示。$n=1$ 对应氢原子基态 $E_{n} = -13.6\text{eV}$。$a_{0} = 0.53 \times 10^{-10}\text{m}$ 称为第一玻尔半径，它在旧量子论时期就已经确定。随量子数 n 的增加，氢原子能级间的间隔越来越小。当 $n \to \infty$ 时，能级接近连续分布，且 $E_{\infty} \to 0$，将零能级位置称为**真空能级**，代表电子不再受原子核束缚的状态。若要使处于基态的氢原子电离，必须外加 13.6eV 的能量。

图 1-17　氢原子中电子的能级图

另可证明，为了满足 $Y_{l,m_{l}}(\theta, \varphi)$ 的有限性条件，数学上要求满足：

$$\boldsymbol{L}^{2} = l(l+1)\hbar^{2} \quad (l = 0, 1, 2, \cdots, n-1) \tag{1-58}$$

式中 $\boldsymbol{L} = \boldsymbol{r} \times \boldsymbol{p}$ 是角动量算符，已在第1.2.2节说明。因为 l 描述了角动量的量子化条件，所以将其称为**角量子数**。当主量子数 n 确定以后，角量子数 l 可以取从 $0 \sim (n-1)$ 的 n 个数值。注意到 $\boldsymbol{L}^{2}$ 具有角动量幅度的含义，所以角量子化条件在物理上意味着，电子运动的速度只能取有限值。在光谱学和化学中，习惯将 l 为 0、1、2、3… 的状态依次称为 s 态、p 态、d 态、f 态，等等。

为了满足 $Y_{l,m_{l}}(\theta, \varphi)$ 的单值性条件，数学上还要求满足：

$$\boldsymbol{L}_{z} = m_{l}\hbar \quad (m_{l} = 0, \pm 1, \pm 2, \cdots, \pm l) \tag{1-59}$$

式中 $\boldsymbol{L}_{z}$ 是角动量算符在 z 方向上的投影。当主量子数 n 和角量子数 l 确定以后，m_{l} 可以取 $-l \sim l$ 之间，共 $(2l+1)$ 个值。但在物理上这意味着什么？我们知道，电子在运动时不仅会产生电流，还可能产生磁场，特别是围绕 z 轴旋转时会产生磁矩，称为**轨道磁矩**。微观下电子绕原子核运动产生的轨道磁矩只能是有限多个。可以证明氢原子中角动量和轨道磁矩的关系为：

$$L_{z} = -2m\mu_{z}/e \tag{1-60}$$

再加上玻尔在旧量子论中定义的玻尔磁子 μ_{B}：

$$\mu_{B} = \frac{e\hbar}{2m} \tag{1-61}$$

可以将式(1-59)重新表述为：

$$\mu_{z} = -m_{l}\mu_{B} \tag{1-62}$$

这表明电子轨道磁矩只能是波尔磁子的整数倍。因此 m_{l} 具有轨道磁矩量子化的物理意义，称为**磁量子数**。

从以上讨论可以看出，即使主量子数 n 确定，能级 E_{n} 确定后，电子仍可以在半径 a_{n} 所限定的球面上以多种运动方式运行，每种方式显然对应不同的量子态。因此，这意味着一个能级可以容纳多个量子态，也就是**能级简并**。能级所能容纳的量子态数即为**简并度**。把每个主量子数下的角量子和磁量子数加起来,会发现每个电子能级上的简并度是 n^2 个。

不同的外界作用可以不同程度地解除简并状态,使简并能级分裂。从上面求解过程来看,只需引入的外界作用能破坏势场的球对称性,即能解除能级简并。电场、磁场和热都具有这样的作用。用电场解除简并的方法称为**斯塔克效应**,用磁场解除简并的方法称为**塞曼效应**。

自旋

1921 年,斯特恩和盖拉赫在实验中发现,一束银原子通过非均匀磁场后分裂为两条径迹,而不是连续偏转的痕迹。这证明了磁矩量子化的存在。然而,这个磁矩又不像是轨道磁矩。因为若按轨道磁矩量子化的推理,当 l 一定时,m_l 可以取 $2l+1$ 个值,所以分裂后应有 $2l+1$ 个不同的轨迹空间取向。$2l+1$ 是奇数,而实验观测到的是两个取向。况且实验中的银原子处于 5s 态,$n=5$,$l=0$,$m_l=0$,不应当有轨道磁矩。1925 年,乌仑贝克与高斯密特提出电子具有自旋角动量的假设,解释了上述实验以及光谱线存在精细结构的现象。

按电子具有自旋角动量的假设,每个电子都具有自旋角动量 $\boldsymbol{S}$,它的取值与轨道角动量 $L^2 = l(l+1)\hbar^2$ 相似:

$$\boldsymbol{S}^2 = s(s+1)\hbar^2 \tag{1-63}$$

s 是自旋量子数。但它与轨道角量子数 l 不同,s 只能取一个值,1/2。因此自旋角动量也只能取一个值,所以 $S^2 = 3\hbar^2/4$。自旋角动量在外磁场方向(设为 z 向)的投影也是量子化的:

$$S_z = -m_s\hbar \quad (m_s = \pm 1/2) \tag{1-64}$$

式中 m_s 是**自旋磁量子数**,其地位与轨道磁量子数 m_l 相当,不过它只能取两个数值:$\pm 1/2$。因为电子带有电荷,当它做自旋运动时必然产生一个相应的磁矩,称为**自旋磁矩**,用 $\boldsymbol{\mu}_s$ 表示。电子自旋磁矩与自旋角动量的关系是:

$$\boldsymbol{\mu}_s = -\frac{e}{m}\boldsymbol{S} \tag{1-65}$$

采用自旋磁矩在外磁场方向的投影量 μ_{sz},可将自旋磁量子化条件重新表示为:

$$\mu_{sz} = m_s\mu_B \tag{1-66}$$

考虑自旋问题后,每个本征态还会进一步简并两个自旋态。但这两个状态无法由薛定谔方程[式(1-13)]中推出。在狄拉克找到了符合相对论的费米子运动方程以后,就可以从中自然推出自旋性质,证明了电子自旋是一种相对论效应。这样,氢原子中每个电子能级上的简并度将增加到 $2n^2$ 个。

有趣的是,由于轨道磁矩和自旋磁矩本身就会相互作用,所以自旋的简并状态可以自动被这种作用解除。但由于这种作用非常细微,所以分裂后的能级非常接近,只有对原子光谱进行精度很高的观测时才会发现。通常把这种效应称为光谱的精细结构。因为精细能级间隙稳定且间隙很小,产生和控制都较方便,所以这种效应被用来制作精度极高的原子钟,规范精密实验所需的时间刻度。

小结

(1)氢原子的能量是量子化的,能级与主量子数 n 有关。

当电子从 E_n 能级跃迁到 E_m 能级时,发出或吸收辐射的频率为 $\omega = \dfrac{E_n - E_m}{\hbar}$

(2)氢原子的运动状态要用 4 个量子数来描述:

主量子数 $n = 1, 2, 3\cdots$;角量子数 $l = 0, 1, 2, \cdots, n-1$;

磁量子数 $m_l = 0, \pm 1, \pm 2, \cdots, \pm l$;自旋磁量子数 $m_s = \pm 1/2$。

无外界作用时，能级 E_n 是 $2n^2$ 度简并的。

（3）电子自旋是一种相对论效应，它只有两个量子数。

1.2.6 势垒模型

最后介绍的经典模型是势垒模型，它反映粒子碰到一定高度的势垒后的透过、吸收和反射的情况。

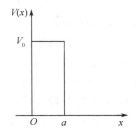

前三类势阱模型中，势阱的约束作用迫使波态只能待在有限区域，稳定后形成驻波，能量被量子化，常把它们统称为束缚态模型。而势垒模型却相反，它没有这样的约束，波动相对处于自由状态，能量可以取任意值。因为波动可以从远处来、到远处去，所以常称之为散射态。散射态模型也有很多典型行为，这里只讨论很常用的势垒隧穿效应。

设势垒的宽度为 a，粒子在图 1-18 所示的势垒势场中运动。势垒的势函数为：

图 1-18　一维有限高度势垒的势函数

$$V(x) = \begin{cases} 0 & x < 0 \\ V_0 & 0 \leqslant x \leqslant a \\ 0 & x > a \end{cases}$$

假定入射粒子的能量 $E < V_0$，在不同区域，波函数满足的定态方程是

$$\frac{d^2\psi}{dx^2} + \frac{2mE}{\hbar^2}\psi = 0 \quad (x < 0, x > a)$$

$$\frac{d^2\psi}{dx^2} - \frac{2m(V_0 - E)}{\hbar^2}\psi = 0 \quad (0 \leqslant x \leqslant a)$$

令 $k^2 = \dfrac{2mE}{\hbar^2}$，$\alpha^2 = \dfrac{2m(V_0 - E)}{\hbar^2}$，得到方程解的形式。

在 $x < 0$ 区域：

$$\psi_1 = Ae^{ikx} + A'e^{-ikx} \quad (x < 0)$$

容易看出，式中的第一项代表向 x 正方向入射的平面波，而第二项则表示向 x 负方向传播平面波，它由如入射波在 $x = 0$ 位置的反射产生。在势垒区：

$$\psi_2 = Be^{\alpha x} + B'e^{-\alpha x} \quad (0 < x < a)$$

式中第二项表示入射波在势垒内部指数衰减。第一项则应理解为入射波在 $x = a$ 处的反射，其沿 $-x$ 方向指数衰减，形式上表现为正的指数。$a1 \gg \alpha$ 时，$B \ll B'$，此时可将势垒区波函数合理简化为：

$$\psi_2 = B'e^{-\alpha x}$$

在 $x > a$ 区域：

$$\psi_3 = Ce^{ikx} + C'e^{-ikx} \quad (x > a)$$

注意到该区域中没有由右向左运动的粒子，因而只应有向右传播的透射波，不应有向左传播的波。所以有 $C' = 0$，得到：

$$\psi_3 = Ce^{ikx}$$

在 $x = a$ 处，$|\psi|^2$ 应当连续，即满足：

$$|C|^2 = |B'|^2 e^{-2\alpha a}$$

在 $x=0$ 处，$|Ae^{ikx}|^2$ 和 $|Ae^{-ikx}|^2$ 应与 $\psi_2|^2$ 有相同的量级：

$$|A|^2 \sim |B'|^2$$

由此即可估算出透射波与入射波强度之比，即透射系数 D 约为：

$$D = \frac{|Ce^{ikx}|^2}{|Ae^{ikx}|^2} = \frac{|C|^2}{|A|^2} \approx e^{-2\alpha a} = e^{-\frac{2a}{\hbar}\sqrt{2m(V_0-E)}} \tag{1-67}$$

为了对透射系数量级有较具体的概念，以电子为例进行计算。$m=9.1\times10^{-31}\,\text{kg}$，$\hbar=1.1\times10^{-34}\,\text{J·S}$，设 $V_0-E=5\text{eV}=8\times10^{-19}\,\text{J}$，当势垒宽度 $a=0.1\text{nm}$（原子线度）时，$D\approx0.1$；而当 $a=1\text{nm}$ 时，$D\approx3\times10^{-10}$。容易看出，式(1-67)指数部分在数量级上与 a/λ 相当，λ 是入射粒子波的波长。因此，若入射粒子波的波长与势垒宽度相当，或大于势垒宽度时，隧道效应将比较明显。因此原子线度下只有质量非常小的电子才能表现出隧道效应。若把电子换成质子，因为 $m_\text{p}/m_\text{e}=1840$，$a=0.1\text{nm}$ 时，$D\approx10^{-41}$，即使是原子线度也没有隧道效应，因此固体才能稳定存在。能量 E 越大，隧道效应也越明显。在电子工程里，能量高的电子可能透过薄的绝缘体导致漏电。在核聚变反应中，能量很高的质子也能发生隧穿，越过质子间的巨大的静电斥力产生的势垒而发生聚变。

1.2.7　微扰问题

以上依次介绍了薛定谔方程的几个典型模型，这些模型的势场都非常简单。如氢原子模型中，假设库仑势场完全理想，与外界电场、磁场和温度都没有任何关系。这等于就是一个真空、绝对零度和完全孤立的氢原子。实际问题当然不可能这样简单。只要出现任何热、电、磁的外界作用，势场 V 就会随之变化，就需要重新求解薛定谔方程。但大多数问题中这些作用引起的势场变化和原势场相比都很小，可以视为原来的势场叠加一个小量构成。这样就可以在原来精确解的基础上，应用近似解法得到简单合理的结论。一般将这类势场变化足够小的问题称为**微扰问题**。本小节将以势场变化与时间无关的定态微扰问题为例，介绍此类问题的基本解法。

非简并定态微扰

因为体系的哈密顿算符不显含时间 t，所以体系有确定的能量 E。假设体系的哈密顿算符 $\hat{H}$ 可以分为两部分：一部分是体系未受外界微扰时的哈密顿算符；另一部分是微扰算符；包含微扰后的定态薛定谔方程为：

$$(\hat{H}_0 + \hat{H}')\psi = E\psi \tag{1-68}$$

式中，$\hat{H}_0$ 的本征值 $E_k^{(0)}$ 和本征函数 $\psi_k^{(0)}$ 是已知的。在能级非简并时，每个波函数与能级一一对应：

$$\hat{H}_0\psi_k^{(0)} = E_k^{(0)}\psi_k^{(0)}$$

因为微扰足够小，所以对 E 和 ψ 的影响都不大，可以把微扰作用下每个新能级 E_k 视为原有 $E_k^{(0)}$ 叠加一小量 $E_k^{(1)}$ 组成，把每个新波函数 ψ_k 视为原有 $\psi_k^{(0)}$ 叠加一小量 $\psi_k^{(1)}$ 组成，即

$$(\hat{H}_0 + \hat{H}')[\psi_k^{(0)} + \psi_k^{(1)}] = [E_k^{(0)} + E_k^{(1)}][\psi_k^{(0)} + \psi_k^{(1)}] \tag{1-69}$$

展开后得到：

$$\hat{H}_0\psi_k^{(1)} + \hat{H}'\psi_k^{(0)} = E_k^{(0)}\psi_k^{(1)} + E_k^{(1)}\psi_k^{(0)}$$

由于原定态本征函数集正交完备，所以总能将 $\psi_k^{(1)}$ 表示为 $\psi_k^{(1)} = \sum_n a_n^{(1)}\psi_n^{(0)}$，代入上式得到：

$$\sum_n a_n^{(1)}E_n^{(0)}\psi_n^{(0)} + \hat{H}'\psi_k^{(0)} = E_k^{(0)}\sum_n a_n^{(1)}\psi_n^{(0)} + E_k^{(1)}\psi_k^{(0)}$$

两端左乘 $\psi_m^{(0)*}$ 并积分,利用本征函数正交归一性得到:

$$a_m^{(1)} E_m^{(0)} + H'_{mk} = E_k^{(0)} a_m^{(1)} + E_k^{(1)} \delta_{mk}$$

式中 $H'_{mk} = \int \psi_m^{(0)*} \hat{H}' \psi_k^{(0)} \,\mathrm{d}\tau$ 。取 $m=k$,即可算出 $E_k^{(1)} = H'_{kk} = \int \psi_k^{(0)*} \hat{H}' \psi_k^{(0)} \,\mathrm{d}\tau$,并发现 $a_k^{(1)}$ 可以取任意值。取 $m \neq k$,可算出 $a_m^{(1)} = \dfrac{H'_{mk}}{E_k^{(0)} - E_m^{(0)}}$ 。这样整个问题得到近似解,体系的新能级和新波函数近似为:

$$E_k = E_k^{(0)} + H'_{kk}$$
$$\psi_k = \psi_k^{(0)} + \sum_n{}' \frac{H'_{nk}}{E_k^{(0)} - E_n^{(0)}} \psi_n^{(0)} \tag{1-70}$$

式中求和号 $\sum\limits_n{}'$ 表示在求和中不包含 $n=k$ 的项。

如果觉得这样求解的精度不够高,可以重复上述过程,在得到的一级近似解基础上,再次假设叠加一个小量,得到二级近似解。这里直接给出二级近似能量解为:

$$E_k = E_k^{(0)} + H'_{kk} + \sum_n{}' \frac{\left| H'_{nk} \right|^2}{E_k^{(0)} - E_n^{(0)}} \tag{1-71}$$

一般对能量计算到二级近似解,对波函数计算到一级近似解即可满足应用要求。

微扰论适用的条件是:

$$\left| \frac{H'_{nk}}{E_k^{(0)} - E_n^{(0)}} \right| \ll 1 \qquad (E_k^{(0)} \neq E_n^{(0)}) \tag{1-72}$$

可以看出,微扰方法能否适用,不仅取决于微扰矩阵元 H'_{nk} 的大小,而且还决定于能级间的距离 $\left| E_k^{(0)} - E_n^{(0)} \right|$ 。对于原子模型而言,一般它只适用于计算低能级的情况,只有此时能级间距才足够大。

简并定态微扰

实际问题大多数是存在简并的问题。此时无法利用上述方法计算同一能级上简并态波函数的变化情况,因为这些简并态对应相同的能量,由式(1-70)看出,求和式中的分母为零,失去意义。

在微扰之前,简并能级的波函数可以是各简并态波函数的任意线性组合,但微扰之后,假设简并完全解除,所有简并能态都分裂开来,此时的状态只可能是原来某种特定的线性组合变化而成的,将其称为零级近似波函数,找到它的形式就能解决简并微扰问题。

设 $E_k^{(0)}$ 是 f 度简并,属于 $\hat{H}_0$ 的本征值 $E_k^{(0)}$ 有 f 个本征函数:$\varphi_1, \varphi_2, \cdots, \varphi_f$,并有:

$$\hat{H}_0 \varphi_i = E_k^{(0)} \varphi_i \quad (i=1,2,\cdots,f)$$

把这 f 个本征函数线性叠加起来,构成零级近似波函数

$$\psi_k^{(0)} = \sum_{i=1}^f C_i^{(0)} \varphi_i$$

正确的零级近似波函数应该能满足:

$$\hat{H}_0 \psi_k^{(1)} + \hat{H}' \psi_k^{(0)} = E_k^{(0)} \psi_k^{(1)} + E_k^{(1)} \psi_k^{(0)}$$

因此得到:

$$(\hat{H}_0 - E_k^{(0)}) \psi_k^{(1)} = E_k^{(1)} \sum_{i=1}^f C_i^{(0)} \varphi_i - \sum_{i=1}^f C_i^{(0)} \hat{H}' \varphi_i$$

以 $E_k^{(0)}$ 的某一简并态波函数 $\psi_m^{(0)*}$ 左乘上式并积分,可以证明将得到:

$$\sum_{i=1}^{f} (H'_{mi} - E_k^{(1)}\delta_{mi})C_i^{(0)} = 0 \qquad (m = 1, 2, \cdots, f)$$

式中 $H'_{mi} = \int \varphi_m^* H' \varphi_i \mathrm{d}\tau$。该式是是以系数 $C_i^{(0)}$ 为未知数的一次齐次方程组，它有非零解的条件是系数行列式为零，即

$$\begin{vmatrix} H'_{11} - E_k^{(1)} & H'_{12} & \cdots & H'_{1f} \\ H'_{21} & H'_{22} - E_k^{(1)} & \cdots & H'_{2f} \\ \vdots & \vdots & & \vdots \\ H'_{f1} & H'_{f2} & \cdots & H'_{ff} - E_k^{(1)} \end{vmatrix} = 0$$

这个方程称为**久期方程**，解此方程可以得到 f 个不同的根 $E_{kj}^{(1)}(j = 1, 2, \cdots, f)$，将这些根代回齐次方程组即得到 $C_i^{(0)}$ 解。由此得到体系微扰后每个简并态变成的新能态对应的能级为：

$$E_k^{(1)} = E_k^{(0)} + E_{kj}^{(1)}$$

如果其中有重根，说明简并只是部分解除。

【**例 1.3**】 氢原子在外电场作用下产生的谱线分裂现象，称为氢原子的斯塔克效应。其原因是氢原子能级是简并的，加入外电场后，势场的对称性被破坏，原来简并的能级发生分裂。一般外电场的强度远小于原子内部场强外电场，因此可看作微扰，对应微扰算符为：

$$H' = e\boldsymbol{\varepsilon} \cdot \boldsymbol{r} = e\varepsilon z = e\varepsilon r\cos\theta$$

这里关注外电场作用下能级 E_2 的变化情况。

属于这个能级有 4 个简并态：

$$\Phi_1 = \psi_{200} = R_{21}y_{00}$$
$$\Phi_2 = \psi_{210} = R_{21}y_{10} = R_{21}P_1$$
$$\Phi_3 = \psi_{211} = R_{21}y_{11} = R_{21}P_1^1 \mathrm{e}^{i\varphi}$$
$$\Phi_3 = \psi_{21-1} = R_{21}y_{1-1} = R_{21}P_1^1 \mathrm{e}^{-i\varphi}$$

因此，这是一个简并定态微扰问题需要求解久期方程。首先求出 H'_{mi}，得到：

$$H'_{12} = H'_{21} = \int \Phi_1^* \hat{H}' \Phi_2 \mathrm{d}\tau = -3e\varepsilon a_0$$

而其他矩阵元对角度 θ 积分后为零。代入久期方程，得到：

$$\begin{vmatrix} -E_2^{(1)} & -3e\varepsilon a_0 & 0 & 0 \\ -3e\varepsilon a_0 & -E_2^{(1)} & 0 & 0 \\ 0 & 0 & -E_2^{(1)} & 0 \\ 0 & 0 & 0 & -E_2^{(1)} \end{vmatrix} = 0$$

此方程的 4 个根是：

$$E_{21}^{(1)} = 3e\varepsilon a_0, \quad E_{22}^{(1)} = -3e\varepsilon a_0, \quad E_{23}^{(1)} = E_{24}^{(1)} = 0$$

可见，在外电场作用下，原来四度简并的能级在一级修正中分裂成三个能级，原来一条谱线分裂成三条，简并被部分消除。

1.3 大量微观粒子的状态

和宏观问题相比，微观问题的重要特征就是粒子小，数量多。因为粒子数目实在过于巨大——1 摩尔物质包含 10^{23} 量级的粒子数，常规尺度下再去关注单个微观粒子的运动已经没

有意义。大量微观粒子的有序运动构成了宏观的波动和粒子运动,仍然可交给波—粒物理解决。它们的无序运动,虽然名为无序,但在无序的程度和形式上却有确定的规律,因此交给统计物理来分析。例如,10000 个粒子以相同速度同行,就可视为一个超大的粒子,并应用牛顿定律分析;但把 10 000 个粒子随机关在一间密室里,使其自然均匀散开,就已经在显现统计规律。

1.3.1　经典统计分析原理

统计物理最初研究的是定常势场中大量气体分子热运动问题,由 19 世纪中期两位具有远见的物理学家,玻尔兹曼和麦克斯韦开创。当时微观物质结构研究尚未起步,唯能论思想盛行,人们认为能量已经是物质的基本形式,无需继续划分物质结构。玻、麦二人坚信物质由微观粒子构成,认为能量,尤其是气体的热能(内能)可以由大量气体分子的热运动形式加以理论描述。他们将数学中的概率论引入物理研究,通过对大量微观粒子的统计分析找到热力学问题的微观解释。下面我们就以此类问题为例,了解统计力学的基本思想,并将它推广到量子层面。

统计力学最简单的分析对象是运动自由、规律相同、相互独立的粒子组成的气体。这样每个粒子的变化就足够随机,适用概率原理。为了得到确定结果,同样要给系统施加约束。单看体系中每个粒子,它的具体行为都在变化,无法限制。因此只能从统计层面约束它的各类统计物理量,例如,数量 N 或自由度 F-能量 E,压强 P-体积 V,温度 T-熵 S。如果我们只想分析一些稳定常态下的普遍结论,那么后 4 个量通常都是给定的,所以问题主要变为分析充分无序运动后数量 N 和能量 E 的关系。

我们假设一个实验。把粒子比作豆子,把能级比作高低不同的盒子。然后我们一次次地把所有豆子聚齐,以相同的总能量抛洒到系统中,最后豆子们会随机地落在各个盒子中。在豆子落定之后,我们把“每个盒子依次落了哪些豆子”的每种结果称为微观态,可简称状态,把“每个盒子依次落了多少豆子”的每种结果称为宏观态,可简称分布。显然,一种状态只对应一种分布,而一种分布可能对应多个状态。统计力学认为,平衡孤立系统中,所有微观态出现的概率相同,即**等概率假设**。也就是说抛洒豆子时,不会因为抛洒方法不当,导致某种微观态更容易或更不容易出现。这样,经过足够多次抛洒,所有可能的状态和分布都将呈现出来。既然每种微观态等概率出现,那么每种分布出现的概率将正比于它对应的微观态数。必定有一种分布对应微观态数最多,出现概率最大。统计力学将这种分布称为最概然分布,并断定,最概然分布就是自然选中的分布,实际中大量微观粒子就是这么分布的。

现在我们回到物理实例上,看看为什么统计力学这样重视最概然分布。假设一个微观粒子的子系统中有三个微观谐振子。根据薛定谔方程,它们的本征能级为 $\hbar\nu/2$、$3\hbar\nu/2$、$5\hbar\nu/2$、$7\hbar\nu/2$……现在令系统总能量为 $9\hbar\nu/2$,则谐振子总共可以下表中的三种方式在能级上分布:

每能级上粒子数	$n_0(\hbar\nu/2)$	$n_1(3\hbar\nu/2)$	$n_2(5\hbar\nu/2)$	$n_3(7\hbar\nu/2)$
A	0	3	0	0
B	2	0	0	1
C	1	1	1	0

根据概率论中的排列组合原理,不难知道,每种分布对应的微观态数为:

$$W_A = \frac{N!}{\prod n_i!} = \frac{3!}{0!3!0!} = 1, \quad W_B = \frac{N!}{\prod n_i!} = \frac{3!}{2!0!0!1!} = 3,$$

$$W_C = \frac{N!}{\prod n_i!} = \frac{3!}{1!1!1!} = 6$$

式中，N 是粒子数；$\prod n_i! = n_0!n_1!n_2!\cdots\cdots$ 因此共有 10 种微观态。C 分布出现的概率最大，为 60%。它就是此问题中的最概然分布。尽管如此，我们并不能说 A 和 B 分布不可能出现。

现在我们把系统中的谐振子数扩大为 $N=25$ 个。令系统总能量为 $75\hbar\nu/2$。这时可能的分布和微观态都会显著增加。限于篇幅无法全部列出，我们只看与上表类似的三个：

每能级上粒子数	$n_0(\hbar\nu/2)$	$n_1(3\hbar\nu/2)$	$n_2(5\hbar\nu/2)$	$n_3(7\hbar\nu/2)$	$n_4(9\hbar\nu/2)$	$n_{25}(51\hbar\nu/2)$
A	0	25	0	0	0	0
B	24	0	0	0	0	1
C	12	6	4	2	0	1

可以算出每种分布对应的微观态数为：

$$W_A = \frac{N!}{\prod n_i!} = \frac{25!}{0!25!0!} = 1, \quad W_B = \frac{N!}{\prod n_i!} = \frac{25!}{24!0!0!1!} = 24,$$

$$W_C = \frac{N!}{\prod n_i!} = \frac{24!}{12!6!4!2!} = 9.4 \times 10^{11}$$

可以大致看出，随着粒子数的增加，最概然分布与其他分布出现概率的差距会显著拉大，以至于到最后几乎可以忽略其他分布。因此有理由认为，大量粒子问题中，最概然分布就是实际的分布。不难看出，这就是最平稳作用量（哈密顿）原理或熵增原理的在 $N-E$ 问题上的应用。最概然分布就是给定熵为最大（平稳）时的分布。

在此基础上，再考虑比较现实且更普遍的能级简并情况，即一个能级包含多个不同的粒子态。注意粒子态和微观态不是一个概念，粒子态说的是"每个豆子可能呈现出来"的粒子状态，微观态说的是"每个盒子依次落了哪些豆子"的体系状态。这些粒子态虽然能量相同，但是它们的总有一个物理量的状态不同，因此分析时要区别对待。氢原子有氢原子的简并法，氦原子有氦原子的简并法，每个统计体都有各自不同的简并特征，完全没有简并的统计体是最简单的统计体。我们可以把简并方式简单看作统计体的内秉属性。

如果能级 E_i 简并度为 g_i，那么分布在 E_i 上的每个粒子的可取粒子态数将增加到 g_i 个，分布 n_i 个粒子后就会使微观态数增加到 $g_i^{n_i}$ 个。其他能级依此类推，从而使系统总的微观态数目增加到原来的 $\prod g_i^{n_i}$ 倍。设有一个体积为 V，能量为 E，粒子数为 N 的大量粒子系统，每个粒子可占据能级为 $E_1, E_2, \cdots, E_i\cdots\cdots$ 每能级的简并度为 $g_0, g_1, \cdots, g_i\cdots\cdots$ 每能级分布的粒子数分别为 $n_0, n_1, \cdots, n_i\cdots\cdots$ 则每种分布对应微观态数为：

$$W_x = \frac{N!}{\prod n_i!} \prod g_i^{n_i}$$

系统总微观态数为：

$$W = \sum_x W_x = \sum_x \frac{N!}{\prod n_i!} \prod g_i^{n_i} = N! \sum_x \prod \frac{g_i^{n_i}}{n_i!} \tag{1-73}$$

如果能求出此时的最概然分布，就能知晓大量粒子的普遍分布规律。

1.3.2 麦克斯韦－玻尔兹曼分布

如何求解最概然分布 $n_0, n_1, n_2, \cdots, n_i \cdots \cdots$ 从数学上看，可归结为 W_x 的最大化问题。即在粒子数和能量守恒的前提下，

$$\sum_i n_i = N \tag{1-74}$$

$$\sum_i n_i E_i = E \tag{1-75}$$

找出一种能级分布数 $n_0, n_1, n_2, \cdots, n_i$，使 $W_x = N! \prod \dfrac{g_i^{n_i}}{n_i!}$ 取最大值。

利用数学中求条件极值的方法可以推得，只要粒子在能级上的分布满足负指数形式：

$$n_i = g_i e^{-\alpha - \beta E_i} \tag{1-76}$$

即可使 W_x 取得最大值。将该式代入条件式(1-74)，解出 α：

$$e^{-\alpha} = \frac{N}{Z}$$

其中
$$Z = \sum_i g_i e^{-\beta E_i} \tag{1-77}$$

称为粒子的**配分函数**，或**有效状态和**。这里的状态指粒子态。尽管体系中理论上有各种可能的粒子态，但算上分布因素后，高能级粒子态很少被粒子占据，所以它们对系统实际粒子态数的贡献很少。Z 就表示把各粒子态的实际贡献考虑进去后体系有效的总粒子态数。Z 是一个相当重要的物理量，利用它可以将统计力学中的微观物理量和热力学中的宏观物理量联系起来，

另一个参数 β 无法只由上述条件推出。这是因为到现在为止我们只在纯数学空间讨论问题，没有给定另外几个与时空现实相关的统计量。给定其他统计量，与时空现实情况相互印证后，可得出结果为 $\beta = 1/k_0 T$，T 为温度。因此最终的分布解为：

$$n_i = N \frac{g_i e^{\frac{E_i}{kT}}}{Z} \tag{1-78}$$

式中 k 为玻尔兹曼常数。这就是麦克斯韦-玻尔兹曼分布，简称麦-玻分布。两边同除以 N，得到粒子在能量上的分布概率 f_E 为：

$$f_E = \frac{g_i e^{\frac{E_i}{kT}}}{Z} \tag{1-79}$$

可以看出，同一温度 T 下，能级越高，粒子分布概率越小。随着温度的升高，粒子在高能级上分布概率将增加。这与经典力学领域的物理常识是一致的，而统计力学则用更简单的方法得到了定量的物理结论。

不连续能级结论可以推广到连续能级的情况。当能级分布很密集且近乎连续时，就像离散的概率在连续时用概率密度表示一样，离散的每能级 E 上简并度 g 变为连续的 $g(E) = \mathrm{d}g/\mathrm{d}E$ 函数，因为它具有粒子态在能级上有多密集的物理含义，所以常称为**态密度**。此时可用关于能量的概率密度 $f_E(E)$ 形式将麦-玻分布表示为：

$$f_E(E) = \frac{g(E)}{Z} e^{-\frac{E}{kT}} \tag{1-80}$$

粒子的配分函数为：

$$Z = \int_0^\infty g(E) e^{-\frac{E}{kT}} \mathrm{d}E \tag{1-81}$$

根据等概率假设不难理解，每个粒子简并态上的分布概率也应该是相同的。因此将上式两边除以态密度 $g(E)$，就可以得到粒子在**每个简并态上**的最概然分布概率 f：

$$f = \frac{1}{Z} e^{-\frac{E}{kT}} \tag{1-82}$$

这个分布不受态密度的影响，适用范围更广。每当我们在默认语境下讨论最概然分布规律时，常常就是指每个简并态上的最概然分布。

1.3.3 玻色-爱因斯坦分布

早在提出光（量）子假设时，爱因斯坦就已指出光波函数与大量光子概率分布之间的物理联系。1924 年，玻色将统计物理的研究方法应用于黑体辐射问题，将黑体视为大量光子组成的光子气体系统。他注意到光子和宏观粒子的区别以及它与波动的密切联系，统一了玻色子统计理论，成功解释了光子气的统计行为。后人就把这一类的微观粒子统称为**玻色子**。

从统计特性上看，作为微观粒子的玻色子首先具有宏观粒子没有的全同性。简单地说，**全同性**就是指所有（同类）微粒的内秉属性完全相同，状态无法区分。从理论上说，就是交换体系中两个微粒状态对整个体系的任何可观测物理量都不产生影响。在宏观气体中，气体分子不全同，因为气体分子的状态可以用它的轨道来分辨，只要跟踪各个分子的定域位置就会发现分子交换后的变化。但到微观粒子问题时，微观粒子本身也是全域的波动，没有轨道可言。一杯水里的两片茶叶可以交换，但把两杯水倒进一个杯子里后就无所谓再怎么交换。玻色子也是一样，作为全域波动的基本粒子，它具有全同性，即交换对称性，不管怎么换，所有系统量都纹丝不动。

玻色子的另一个重要的统计特性是从波动中继承而来的相容性。简单地说，**相容性**就是指两个现象（波动）可以同时存在，简单叠加，叠加后还属于同一性质的现象（波动）。从理论上说，就是可以有任意多玻色子处于同一个波态，否则总有一种波态是无法叠加出来的。我们可能会觉得宏观粒子也符合这个特性，因为前文经典统计分析中也可以有任意多粒子取相同粒子态。但每当这么做时，我们不会把这么多粒子又当作一个质量大一点的粒子来分析，每个粒子之所以成为"单个"粒子的轨道独立性就丧失了，它们能叠加看作一个大粒子本身就是放弃追踪单个粒子轨迹，改为关注粒子统计数量分布，把粒子数量看作波幅时展现的波动相容性。

全同性使玻色子在不同能态上的排列顺序变得没有意义。相容性使同一个能态上仍然可以待任意多玻色子。于是玻色子分布对应的微观态数不再符合式(1-73)，而由下式描述：

$$W = \prod_i \frac{(n_i + g_i - 1)!}{n_i!(g_i - 1)!} \tag{1-83}$$

如果能级都不简并，$g_i = 1$，则 $W = 1$，每种分布对应的微观态不再可区分，这与全同性假设是一致的。但在能级简并时，玻色子选择在同一能级内哪几个简并态上分布，还是会构成微观态的区别，仍需计入统计考虑。

与推导麦-玻分布类似的方法，得到玻色子的分布函数为

$$n_i = \frac{g_i}{e^{\alpha + \beta E_i} - 1} \tag{1-84}$$

对于任何一个体系而言，即使是绝热，也无法阻止其通过电磁波辐射和吸收方式损失和增加光子数。因此玻色子数守恒条件无法得到满足，理论上式中的 α 因子无法解出。参照现实情况

后可将玻色子在粒子态上的分布规律定性表示为：

$$f = \frac{1}{e^{\frac{E}{kT}} - 1}$$ (1-85)

这就是**玻色-爱因斯坦分布**，简称玻-爱分布。它给出了黑体辐射问题的理论依据。

玻色提出全同性假设是在哥本哈根学派提出概率波、测不准和互补原理之前。他更多的是为了得到一个足够准确的概率分布公式来解决黑体辐射问题。但从上文分析中看到，当粒子具有确定轨迹时可以被区分，失去轨迹含义后不可区分。这实际上意味着，全同性假设具有与不确定性原理和互补原理同等重要的物理地位，都是判别粒子是否出现量子效应，是否算是微观粒子的重要标志。

可能正是这一关键的物理认识，使得玻色的工作立刻得到了爱因斯坦的重视。爱因斯坦敏锐地将全同性假设推广到原子气体问题中。认为原子气体在动量极小、相互靠近的情况下，量子效应将变得十分明显，因此也会遵循全同性原理。他大胆地预测，在极低温度下可以利用类似于冷凝的原理，制得一种不同于普通低温固体的新物态。该物态中绝大多数原子因为无法停留在更高能态而被"凝聚"到同一基态，且相互不可区分，使得整个原子系统看上去像是一个众多原子（波）整齐重叠起来的超级大原子（波）一样。简单地理解，这就如同是把原子当作光子组成了一束高度相干的原子激光。人们将这一物态称为玻色-爱因斯坦凝聚态，1995年，人们制得了铷原子的玻色-爱因斯坦凝聚态，验证了这一预言。

1.3.4 费米-狄拉克分布

就在玻色刚刚提出全同性假设不久，1925年，泡利从浩如烟海的原子光谱数据中发现了电子的**泡利不相容原理**，指出原子中没有任何两个电子可以拥有完全相同的状态。这些发现为当时原子结构和电子轨道的研究扫清了道路，更是完美地解释了化学元素表的周期排列规律。1926年，费米和狄拉克分别对电子体系重新进行了统计力学分析，得到了这种新的微观粒子统计分布规律，**费米-狄拉克分布**，简称费-狄分布。此后这类微观粒子就被称为**费米子**。

费米子的不相容性正是来自宏观粒子的轨道独立性。我们用不同的轨道来区分宏观粒子，也用不同状态来区分它们在微观世界的化身。但作为微观粒子，费米子仍然具有全同性。不过相比较玻色子，它的全同性要略打折扣，变成反对称性，即交换两个费米子，系统的所有物理量观测平均值仍然不变，但系统态会改变正负号。观测平均值都是系统态模方层面上的结果。简单地理解，在纸上画了两条贯穿纸面的曲线以后，交换它们虽然对看到的图案没有影响，但却可能隐藏着正面看和反面看的微妙区别。可见比起全域无死角的玻色子来，费米子的全域性还留有方向上的破绽。

同时考虑不相容和全同性原理后，每种费米子分布对应的微观态数又是另一番面貌，可由下式描述：

$$W = \prod_i \frac{g_i!}{n_i!(g_i - n_i)!}$$ (1-86)

能级不简并时，$g_i = n_i = W = 1$，符合全同性假设。能级简并时，电子按不相容原理在各简并状态上分布。同样方法得到电子的分布函数为

$$n_i = \frac{g_i}{e^{\alpha + \beta E_i} + 1}$$ (1-87)

可以证明，式中 $\alpha = -E_F/kT$，E_F 称为费米能级。由此得到在状态上的费米-狄拉克分布为：

$$f = \frac{1}{e^{\frac{E_i - E_F}{kT}} + 1} \tag{1-88}$$

在电子工程物理中,电子的分布规律是关注的重点,因此费米能级是非常重要的物理量。图 1-19 给出了简化形式的费米-狄拉克分布。当 $T=0\text{K}$ 时,因为泡利不相容原理,电子不能像玻色子那样全部都处于最低能态,而是从低到高能级依次填充,最后关于状态的概率分布为:

$$f = \begin{cases} 1 & (\text{对 } E < E_F^0) \\ 0 & (\text{对 } E > E_F^0) \end{cases} \tag{1-89}$$

式中 E_F^0 是 0K 时的费米能。这表明能量比 E_F^0 低的能级全被粒子占据,而比 E_F^0 高的能级全空着。这一结果给出了费米能级比较形象的物理含义,即费米能级就是绝对零度时电子刚好填充完时对应的那个能级。从热力学意义上,它反映了体系等效的"热"度。因而两个体系接触后,电子会从费米能级高的一边流向低的一边,直到热平衡时两者费米能级持平。以后的章节中会进一步看到费米能级和费米-狄拉克分布在电子工程物理中发挥的重要作用,并讨论费米能级的具体求法。

在确定了光子和电子的统计特性后,人们陆续发现更多的微观粒子,从不同粒子的对比中加深了对统计规律的认识。实证表明,费米子都具有半整数倍的自旋量子数,是构成物质结构的"粒子",如电子、质子、中子等。玻色子都具有整数倍的自旋量子数,大多是用于传递作用的"波动"的粒子,如光子、声子、介子等。各种费米子和玻色子相互组合由底向上形成世界上所有的物质。原子既可以是费米子也可以是玻色子,取

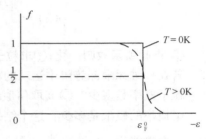

图 1-19 费米-狄拉克分布函数

决于它统计层面上的自旋状态。元素周期表中约有 75% 的稳定同位素原子是玻色子,如氢原子和多数碱金属原子。交换正反对称性,自旋量子数,最概然分布特性都是这些微观粒子统计特征在不同理论处理方式上的体现,可视为等价的判据。有了这些特性后,统计物理的量子版本就被正式建立起来,常称为量子统计物理。

所有量子版本的物理到了宏观尺度上都会趋近经典结论,统计物理也不例外。由式(1-84)和式(1-87)可见,当 $e^\alpha = Z/N \gg 1$ 时,分母中的 1 可以忽略不计。此时无论是玻-爱分布,还是费-狄分布,都退化为经典的麦-玻分布(1-78)。因此 Z/N 值可视作统计物理中区分量子和经典的判据。

$Z/N \gg 1$ 表面上的含义是,有效粒子态数远大于粒子数,大多数粒子态都被空着。常将这种系统称为非简并系统,因为空着当然不会简并。反之则是多个微观粒子挤在一个能级上的简并系统。但换个角度看,它还是在反映系统的测不准程度。以三维立方体中气体为例,先把宏观气体视为大量费米子的统计体,相信它在宏观测度上能自然演化出宏观统计特性。用后面 3.2.1 节介绍的方法可求得三维自由费米子气的态密度为:

$$g(E) = \frac{2\pi V (2m)^{\frac{3}{2}}}{h^3} E^{\frac{1}{2}}$$

代入连续情况下配分函数定义式(1-81),积分、化简得到:

$$Z = V \left(\frac{2\pi m k T}{h^2} \right)^{\frac{3}{2}}$$

因此 $Z/N \gg 1$ 等效于：

$$\frac{Z}{N} = \frac{1}{N/V}\left(\frac{2\pi mkT}{h^2}\right)^{\frac{3}{2}} \gg 1$$

可以看出,要使 $Z/N \gg 1$,需要粒子密度 V/N 小,粒子质量 m 大,平均动能 kT 大(温度高)。考虑到粒子密度与分子平均自由程之间的联系 $l = (V/N)^{\frac{1}{3}}$,以及能量与动量之间的联系 $p = \sqrt{2mE}$,上式转化为:

$$l \cdot p \geqslant h/\sqrt{\pi}$$

从而又回到不确定性原理上。满足该式时,粒子自由程和动量乘积远大于普朗克常数,使得两者都有相对精确的观测值,因此符合经典理论。反之,则需要采用量子统计。

问题与习题

1-1　一维运动的粒子处在下面状态

$$\psi(x) = \begin{cases} Ax e^{-\lambda x} & (x \geqslant 0, \lambda > 0) \\ 0 & (x < 0) \end{cases}$$

① 将此项函数归一化;②求粒子坐标的概率分布函数;③在何处找到粒子的概率最大?

1-2　若在一维无限深势阱中运动的粒子的量子数为 n。① 距离势阱的左壁 1/4 宽度内发现粒子概率是多少? ② n 取何值时,在此范围内找到粒子的概率最大? ③ 当 $n \to \infty$ 时,这个概率的极限是多少? 这个结果说明了什么问题?

1-3　一个势能为 $V(x) = \frac{1}{2}m\omega^2 x^2$ 的线性谐振子处在下面状态

$$\psi(x) = A e^{-\frac{1}{2}\alpha^2 x^2} \qquad (\alpha = \sqrt{\frac{m\omega}{\hbar}})$$

求:①归一化常数 A;②在何处发现振子的概率最大;③势能平均值 $\bar{U} = \frac{1}{2}m\omega^2 \overline{x^2}$。

1-4　设质量为 m 的粒子在下列势阱中运动,求粒子的能级。

$$V(x) = \begin{cases} \infty & x < 0 \\ \frac{1}{2}m\omega^2 x^2 & x \geqslant 0 \end{cases}$$

1-5　电子在原子大小的范围($\sim 10^{-10}$ m)内运动,试用不确定关系估计电子的最小能量。

1-6　氢原子处在基态 $\psi(r, \theta, \varphi) = \frac{1}{\sqrt{\pi a_0^3}} e^{-\frac{r}{a_0}}$,求:①$r$ 的平均值;②势能 $-\frac{e_s^2}{r}$ 的平均值;③最概然半径。

1-7　假设一体系未受微扰作用时,只有两个能级 E_{01} 及 E_{02},受到微扰 $\hat{H}'$ 作用,微扰矩阵元 $H'_{12} = H'_{21} = a$,$H'_{11} = H'_{22} = b$。a、b 都是实数,用微扰公式求能级的二级修正值。

1-8　氢分子的振动频率是 1.32×10^{14} Hz,求在 5000K 时,下列两种情况下振动态上粒子占据数之比。①$n=0, n=1$;②$n=1, n=2$。

1-9　求在室温下($kT = 0.025$ eV)电子处在费米能级以上 0.1eV 和费米能级以下 0.1eV 的概率各是多少?

第 2 章　晶体中原子的状态

固体是由大量原子组成的,如果考虑粒子间的互相作用,可以说固体由以电磁场相互作用的电子和原子核组成,电磁场是大量光子的波动。因此,固体可视为包含大量电子、光子和原子核的多体。选择不同视角来看它,能产生出不同的理论或学科。

以光子为主角,把电子和原子核看作电磁波的介质,主要产生光电子物理大类的知识,例如光学、电磁场/波、量子光学,高频电子器件、光电子器件,等等,这些都有专业课程讲解。

以电子和原子核为主角,把光子看作它们间的相互作用,主要产生固体电子和微电子大类的知识,例如包含固体物理的凝聚态物理,电子学,电路学,微电子器件学,等等。其中基于半导体材料的微电子器件技术,是应用最广泛的电子工程技术。接下来本书将沿着固体物理、半导体物理和器件原理的顺序逐步深入。

只以原子核为主角,那么原子核与光子和电子的综合作用都会被视为原子核间的力。人们习惯把原子核同周围的电子和光子合称为原子,于是固体就被看作是相互作用的原子序列,描述它的规律是本章的重点。但这只是一套以原子序列运动为特定对象的观测视角和研究方法。因为过于笼统地把电子和光子运动都看作原子间力,所以在这套理论中电子和光子运动本身的物理全都无法展现出来。这种缺陷将分别由专业电磁学理论以及本书下一章的固体电子理论来填补。

2.1　固体原子的结合

学物理的时候,以函数论为基础的波动理论是最主流的理论形式。虽然我们花了很大力气了解了电子为何以及怎样表示为全域的波动,但在谈论它的时候,仍然喜欢用力、键、得到、失去这些定域的粒子化的语言。要想学好电子工程物理,首先要理清它们之间的关系。

2.1.1　原子间的力

1. 多体模型

原子以近似线性回复力互连就构成固体。先看为什么固体中原子是近似线性回复力。按1.2.1 节的氢原子模型,一个氢原子和另一个氢原子结合成氢分子,应该是由两个原子核和两个电子构成的多体模型,可由定态薛定谔方程描述:

$$\left[T_{e_1}(r_1) + T_{e_2}(r_2) + T_{N_1}(R_1) + T_{N_2}(R_2) + V(r_1,r_2,R_1,R_2)\right]\psi(r_1,r_2,R_1,R_2)$$
$$= E\psi(r_1,r_2,R_1,R_2) \tag{2-1}$$

式中,ψ 是描述体系状态的波函数;r_i 是每个电子的 x 坐标;R_i 是每个原子核的 x 坐标。前 4 个 T 算符是电子和原子核的动能算符,V 是电子和原子核间所有相互作用的势能算符,包括电子与电子,原子与原子核,电子与原子核的静电势能,以及微粒间的交换能,等等。

这个模型的严格解析求解十分困难。这里只想说清逻辑过程,假设总有办法解出它,最后得到四体系定态本征解 ψ_i 和能量本征值 E_i。通常只用到基态 ψ_1。有了 $\psi_i(r_1, r_2, R_1,$

R_2），必定能找出电子和原子核的平均位置，及模方粒密度 $|\psi_i|^2$ 的分布态势，由此得到不同本征态下氢分子的物理结构。从中又可找到系统总能量 E 与原子核间距 r 的关系。假设氢分子质心不动，去掉质心动能，E 中就只剩下系统势能 V，$E-r$ 关系就变成 $V-r$ 关系。它正是原子间作用力对应的势能。从中得到作用力 F 为：

$$F = -\frac{dV}{dr} \tag{2-2}$$

对氢分子而言，可得到如图 2-1 所示的计算结果。

根据图 2-1，原子靠近到 $r < r_0$ 时，斥力大于引力，净作用为斥力。两原子远离到 $r > r_0$ 时，引力大于斥力，净作用为引力。只有在适当距离 r_0 处，引力和斥力达到平衡。此处是势能 V 的驻点。由图可见，驻点附近小范围内，势能曲线形状对称，可近似产生线性回复力。驻点处能量相对 $r \to \infty$ 的能量，可看作两个原子从自由运动到稳定结合时所释放的能量，被称为结合能。如果以 $r \to \infty$ 处的势能为零，那么驻点处的势能就是结合能。

当原子数量增加后，作用结果会发生变化。如果所有原子间都能形成图 2-1 的近似线性回复力，那么它们就能形成固体。热力学零度下系统处于基态。但随着温度升高，系统处于高能的激发态，原子核与电子的平均动能都会增加。

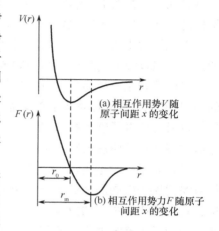

(a) 相互作用势 V 随原子间距 x 的变化

(b) 相互作用势力 F 随原子间距 x 的变化

图 2-1　原子间的相互作用

如果 N 个原子能结合成固体，设固体中任意两原子的互作用势能为 $V(r_{ij})$，r_{ij} 为第 i 个原子与第 j 个原子之间的距离，那么第 i 个原子与晶体中所有其他原子的互作用能为：

$$V_i = \sum_{j=1}^{N}{}' V(r_{ij}) \tag{2-3}$$

Σ' 表示求和时要除去 $i = j$ 的项，就是说，不计粒子与自身的相互作用。总势能为：

$$V = \frac{1}{2}\sum_{i=1}^{N} V_i = \frac{1}{2}\sum_{i=1}^{N}\sum_{j=1}^{N}{}' V(r_{ij}) \quad (i \neq j) \tag{2-4}$$

式(2-4)中出现因子 $1/2$，是由于互作用是在一对原子之间发生的，求和会出现两次。理想情况下每个原子与晶体中所有其他原子的相互作用是相同的，此时势能可简化为：

$$V = \frac{1}{2}\sum_{j=1}^{N}{}' V(r_{ij}) = \frac{1}{2}N V_i \tag{2-5}$$

按系统总倾向于处于最低能量，因此静止时大量原子总倾向于按相同方式紧密排列，以达成最低势能，形成周期性的空间结构。

原子数量剧增后，按此方法求解原子序列的作用与运动会变得非常困难。2.3 节将对大量原子的振动问题提供更简单的解决办法。

2. 原子间的电子

以上从多个微粒的势能角度阐述了原子间作用。这些叙述来自量子理论，讲述的电子已经不是经典粒子。但人的思维很大程度上仍是粒子性的，总是习惯用经典粒子方式思考和陈述问题。为此人们引入了电子云的概念。这里为了便于讨论电子和它们组成的键，先介绍一些基本理论。

描述电子运动状态的波函数 ϕ 的模方 $n(x)=|\phi(x)|^2$ 具有概率密度场的含义,被形象地称作电子云。常见的说法有:

(1)概率密度 $n(x)$ 高的位置,可视为粒子电子所在的位置。按电子云的 x 空间位置,可称内层电子,外层电子。

(2)按波函数的具体形式对应的量子数,可分为 s/p/d/f 态电子,1s/2s 态电子,等等。按 $n(x)$ 在不同本征态上的分布程度,可称电子占满/未占满该态/层,满/不满壳层。注意,本征态的电子云可能为各种形状,也可能同时占据内层和外层,本征态是 k 空间的分类结果,内层/外层是 x 空间的分类结果。但通常主量子数小/大的本征态主要占据的部分仍是内层/外层。

(3)原子靠近后,电子云会发生交叠而改变,也就是模型的解会改变。如果某本征态的电子云变动不大,高密度区主要在原子核附近,称该原子仍拥有该电子,电子仍来自该原子。如果变动很大,按电子云密集区的分布,以及与不同原子核的相对位置及电荷的空间分布情况的不同,可称其为原子得到/失去电子、成为负/正离子、原子共享电子、自由电子,等等。

(4)原子相互靠近后电子云因交叠而发生改变,称作原子间的成键。键上的电子被称为价电子。价电子的得到与失去,会使原子变成不同价的离子。

按照这些共识,可以把原子间作用以电子、力这些经典术语描述得更加直观。例如,原子靠近后,内层电子和原子核不受影响,构成稳定的带正电的离子实。外层电子则会由于距离太近而与其他离子实和电子之间发生相互作用,最终形成新的稳定分布。

2.1.2 原子间的键

以原子核为主角,电子被看作原子间力的载体。电子云交叠并稳定改变的区域,就像两个人握手时伸出的手,是这个力主要分布的区域,被称作键。键的强度常用键能来描述,它也就是原子间的势能,结合能。

键可以展示原子以怎样的空间结构互连。知道键是怎样,就能推测原子会怎样排列成固体。原子间的键主要有离子键、共价键、分子键、金属键以及氢键 5 种类型。

1. 离子键

离子键由正负离子通过静电力形成,如图 2-2 所示。

典型的离子键由元素周期表中 I A 族元素与ⅦB 族元素结合产生。I A 族元素易于失去电子而带正电荷,ⅦB 族元素易于得到电子而带负电荷,使两者的价电子态都变为满壳层。

离子键的显著特点是,除了原子核与电子的吸引力外,正、负离子之间也会产生额外的强烈吸引力,迫使系统中产生强烈的排斥作用与之平衡。当离子相互靠近时,电子云首先相互交叠,电子间因静电力相互排斥。电子云交叠后,某些电子还会试图占据其他原子的电子态。但在双方都已达成满壳层的情况下,为了满足不相容性,这些电子只能占据原来能量更高的空态,这将会使系统的能量显著增加。多体系统总是倾向待在最小能量状态,占据新态所需的能量越高,系统就越不容易达到该态,表现为靠近后不易成键。

图 2-2　离子键

离子键是强键,离子键形成的物质通常都很稳固。例如 NaCl,相邻正负离子间距为 2.81×10^{-8} cm,相应的结合能达到 5.1eV。它们还常有导电性能差、熔点高、硬度高且膨胀系数小的特点。

2. 共价键

共价键常由元素周期表中ⅣA族元素原子形成,如C、Si、Ge、Sn等。

形成共价键的原子不倾向得到/失去电子,而倾向共享电子。每个键含有自旋相反的两个电子,分别来自两个不同原子。ⅣA族元素都有4个价电子,最多能与周围最邻近的4个原子形成4个共价键,称为饱和共价键。此时每个原子周围都有8个电子,使各原子的价电子态都变为满壳层。

ⅣA族元素价电子云的形状像纺锤一样,如图2-3所示,方向性很明显,这使得它们的共价键也具有强烈的方向性。C的金刚石结构的4个键的方向是沿着正四面体的4个顶角方向,键间的夹角为108°28′。饱和性和方向性是ⅣA族元素价键的两个显著特点。

图2-3 共价键

共价键也是一种强键。例如,在Si的共价键中,相邻原子间距为5.43×10^{-8}cm,结合能达到4.63eV。它还常有熔点高、导电性差、硬度高等特点。

3. 金属键

金属键常由元素周期表中ⅠA、ⅡA族及过渡元素原子形成。

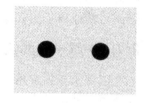

这些原子最外层一般有一两个容易失去的价电子,如图2-4所示。这些价电子不特别束缚在原子核附近,形成的电子云几乎没有方向性。它们弥漫在空间中,为所有原子所共有,金属离子仿佛浸没在电子云中。因此它们被称为金属中的自由电子。键的结合力主要是来自离子和电子云之间的静电力。

金属键没有方向性,因此对原子排列的具体形式没有特殊要求,只受最小能量原理的限制。由于金属的价电子是自由电子,所以金属常有很高的电导率和较高的热导率。又因为离子和电子云之的作用没有明显的方向性,所以金属的延展性也挺好。

图2-4 金属键

4. 分子键

典型的分子键可由惰性元素原子在低温下形成,如Ne、Ar、Kr、Xe等。

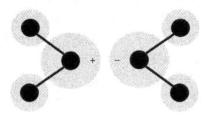

与前面三种键不同,分子键形成时原子外层的价电子云几乎没有变化,如图2-5所示。惰性元素具有稳定的球对称的满壳层电子结构。它们靠近时,相互之间产生范德瓦耳斯力。其具体可分为三种:①静电力,也称葛生力,是由正负电荷中心不重合的极性分子的永久偶极矩形成;②诱导力,也称德拜力,是由极性分子的永久偶极矩与其所诱导的非极性分子的偶极矩形成;③色散

图2-5 分子键

力,也称伦敦力,是由非极性分子的瞬时偶极矩形成。对于不同分子,三种力所占比例不同,色散力常起主导作用。

范德瓦耳斯力很弱。因此,分子键形成固体熔点通常很低,比如Ne、Ar、Kr、Xe晶体的熔点分别是24K、84K、117K和161K。常温下它们都是气体。

5. 氢键

氢键是氢原子参与成键的特殊键型,如 2-6 所示。

氢原子半径很小,电离能很大,一般情况下不易失去电子,而是与其他原子形成共价键。氢原子又只有一个电子,它同时也是价电子。当氢原子唯一的价电子与其他原子形成共价键后,电子云分布便靠近共价键一边,另一边只剩下带正电的原子核,因为没有其他价电子中和其正电荷,它很容易与其他带负电荷的任何结构相结合,形成氢键。这种结合一般结合力较弱。氢键结构常用 X—H⋯Y 表示。X—H 是较强的共价键,H⋯Y 就是较弱的氢键。水、冰和 NH_3 中都有氢键。

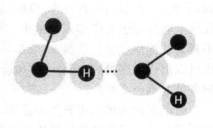

图 2-6 氢键

氢键能一般在 0.1eV 的量级,比范德瓦耳斯键强。它有方向性和饱和性。方向性使原子按特定方向成键。饱和性使氢键只能连接两个原子。第三个负离子会因为受到已结合的两个原子/离子的排斥作用而不能形成氢键。

多数固体材料都同时存在着两类或两类以上的结合力。例如,石墨片层中每个 C 原子的三个价电子以共价键方式与最近邻的原子结合,这三个价电子近似分布在一个平面上形成一层 3 配位的结构。第四个价电子较自由地在层间运动,具有金属键性质。层与层之间还存在着范德瓦耳斯力。又如,共价键和离子键之间的区别只在于电子多大程度上偏向键的一侧,很多时候没有明显界限。GaAs 的共价键约占 31%,离子键约占 69%。同素异形体的结合方式常常也不同。C 形成石墨时只在层内成共价键,但形成金刚石时却能形成饱和共价键。

2.2 晶体原子的排列

大量原子以键相互结合构成原子序列结构。为了描述它们,产生一套独立的晶体学理论。

2.2.1 晶体和非晶体

只有固体的原子间有线性回复力,原子必须待在平衡位置附近。作为流体的气体和液体原子都可以相对自由地移动。因此,只有固体的原子排列会呈现出有序性,即使在运动时也不会轻易改变排列次序。只要原子序列中存在有序排列结构,都可称为广义的**晶体**,其有序排列结构称为**晶格**。根据有序程度的差异,产生不同的晶体学术语。

有序性最强的是单晶体,简称**单晶**,如图 2-7(a)所示。它也是狭义上的晶体。单晶体中的原子总体排列具有严格周期性,比如平移或者旋转对称性。劳埃(Laue)在 1912 年使用 X 射线衍射验证了单晶体的周期性结构。因为排列方式很稳定,所以单晶体有固定熔点;因为强键通常都有方向性,所以强键形成的稳定单晶体通常具有各向异性。单晶 Si、单晶 Ge 是半导体工业常用的的单晶体。

在所有位置上都维持严格周期性排列不是件容易的事。如果只在少量位置上破坏周期性,就称之为有缺陷的晶体。

如果在某一尺度以下都能周期性排列,而在该尺度以上则不能,其表现为许多大小和取向不同的小晶粒的无序排列,就称为多晶体,简称**多晶**,如图 2-7(b)所示。多晶的微观有序性使其仍然具有稳定的物化性质,宏观无序性使其宏观上没有方向性,呈现各向同性。多晶硅和部分金属都是常见的多晶体。有缺陷的单晶体以及多晶是自然界常见的情形。

如果在与原子/分子间距相当的尺度上也没有有序性，只因为原子/分子键约束而有序排列，俗称长程无序，短程有序，则称其为非晶体，非晶，如图 2-7(c) 所示。非晶体常常是在微观尺度上破坏原子有序排列的结果。作为一种无序的固体，非晶材料反而具有某些晶体材料所不具备的优良性质。塑料、玻璃都可视为非晶体。因为金属键弱而没有方向性，所以金属原子也可以形成无序排列，部分金属也会形成非晶体，比较典型的有使用极冷或者高能球磨等方法制备的非晶合金材料。

较稠密的液体也可看作非晶体，因为液体原子/分子距离较近时，它们的短程排列仍可能是有序的。如果液体的短程排列有序性较强，方向性明显，就称作液晶，如图 2-7(d) 所示。它因为流动性和可控性强已经得到非常广泛的应用。

气体原子/分子距离太远，不可能有序排列。

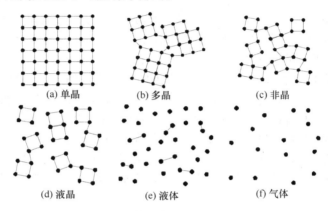

图 2-7　单晶、多晶、非晶、液晶、液体、气体中原子结构的二维示意图

自然界中晶体成型的过程，就像学生排队做操一样，是围绕核心依次排列而成的。最初是无序排列的液体或气体，其中总有少数原子先稳定成键，构成晶核。温度缓慢降低到熔点时，原子倾向组成总势能更低的固体，于是就围绕晶核，按照键的方向性要求，自发地一步步扩大有序排列结构，生长晶格，称为结晶。难免有原子因为外界的作用，没有长在理想的位置上，产生晶体缺陷，或长成多晶体。如果想得到完全无序的非晶体，就要抑制所有自发的结晶过程，例如使液体迅速掠过晶体熔点冷却，结晶过程就可能无法发生。

虽然多晶、非晶和液晶都有不亚于单晶的重要应用，但作为入门学习，下文仍然讨论最规则的单晶体。它能提供最稳定有序、易于描述的排列结构。

2.2.2　晶体的几何结构

按照逻辑顺序，我们应该先确定要讨论什么物质，里面有哪些原子，按多体模型求出这些原子的键结构，根据键的方向性分析原子会怎么排列，这种排列最终看起来像什么样，怎么描述，有没有普遍规律，等等。也就是按照先物理后几何，先具体再抽象的顺序。但这么做太花费篇幅，是材料学的研究重点，而不是电子工程物理入门学习必备的。所以我们倒过来，先介绍人们已经发现的几何结构规律和描述方法，再到物理实例印证这些理论。

1. 点阵和基元
如果把原子看作一个几何点，它按照一定的规律排列形成的结构就是晶体的几何结构。

谈论晶体几何结构的规律,就等于是问,点能排出多少种具有周期性的图案?答案是无限多,因为这么问并没有限定周期大小,可以在更大/小的周期上无穷无尽地排下去,如图 2-8(a)所示。

现在给定周期大小,只问在该周期下,点能排出多少种图案?答案还是无限多,因为没有限定点的相对位置,同样周期下可以把点排在任意位置上,如图 2-8(b)所示,基元中两个点的相对位置有无限多种排法。我们把所有按照相同周期排列的点看作一个原子或原子集团,称为基元。从基元中选一个点,以它的排列代表基元的排列。这个确定的点,就称作**格点**。格点排列的结构,称作**点阵或者晶格**。

如果基元由多个原子构成,那么晶格可以被看作由多个相同的点阵按特定空间相对关系套构而成。此时完整的原子排列结构被称作**复式晶格**。如果基元中只有一个原子,则为**简单晶格**。

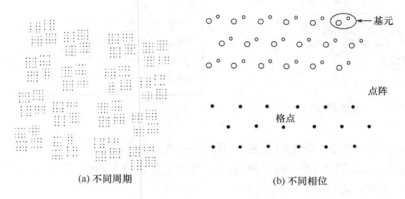

(a) 不同周期 (b) 不同相位

图 2-8 可能有的点的有序排列

确定周期、基元和点阵后,再问格点能排出多少种图案,就有明确答案了。

一维的点阵,只能排出图 2-9(a)所示的图案。

二维的点阵,典型的,可能排出图 2-9(b)所示的图案,其可看作平行四边形在二维平面上周期性重复。但根据视角和基元不同,也可看作三角形、六边形的排列。根据边长和角度不同,看作平行四边形、长方形、正方形的排列。

三维的点阵,典型的,可能排出图 2.9(c) 所示的图案,其可看作平行六面体在三维空间上周期性重复。但根据视角和几何细节的差异,可产生更多细致的分类。布拉菲(Bravais)找到了按形状、边长和角度差异细分晶格类型的普适理论,把晶格分为 7 大晶系 14 种类型,如表 2-1 所示。它后来被代数方法发展为更普适的群理论。

2. 原胞和晶胞

由此可见,晶格结构可以看作是由一个最小重复单元周期性重复排列而成。这个最小重复单元就称作**固体物理学原胞**,简称原胞。可以用空间几何/矢量代数来描述它。以某原胞格点为原点,以原胞边长为基矢,可描述空间任一格点的位置。对三维原胞,图 2-9(c)中的 a_1、a_2 和 a_3 就是基矢,任意格矢 R_l 的位置为:

$$R_l = l_1 a_1 + l_2 a_2 + l_3 a_3 \qquad (2\text{-}6)$$

其中 l_1、l_2、l_3 是任意整数。

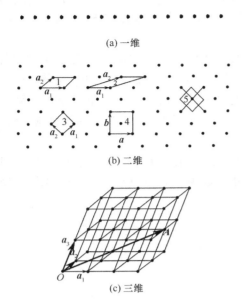

(a) 一维

(b) 二维

(c) 三维

图 2-9　点阵的排列

表 2-1　布拉菲晶格的 14 种类型

晶系	晶格类型数	对边长和角的限制
三斜	1	$a_1 \neq a_2 \neq a_3$ $\alpha \neq \beta \neq \gamma$
单斜	2	$a_1 \neq a_2 \neq a_3$ $\alpha = \gamma = 90° \neq \beta$
正交	4	$a_1 \neq a_2 \neq a_3$ $\alpha = \beta = \gamma = 90°$
四角	2	$a_1 = a_2 \neq a_3$ $\alpha = \gamma = 90° \neq \beta$
立方	3	$a_1 = a_2 = a_3$ $\alpha = \beta = \gamma = 90°$
三角	1	$a_1 = a_2 = a_3$ $\alpha = \beta = \gamma < 120°, \neq 90°$
六角	1	$a_1 \neq a_2 \neq a_3$ $\alpha = \beta = 90°, \gamma = 120°$

从图 2-9(b)可以看出,原胞的取法并不是唯一的。在保证它是最小重复单元的前提下,有很多种选取方法,如图 2-9(b)前三种选法。但无论怎么选取,每个原胞必定只含一个格点。三维情况下,原胞的体积 Ω 必定为:

$$\Omega = \boldsymbol{a}_1 \cdot (\boldsymbol{a}_2 \times \boldsymbol{a}_3) \tag{2-7}$$

在所有原胞的选法中,有一种方法是普适的,而且有深刻的物理意义。将某个格点与其所有相邻格点用线段连接起来,它们的垂直平分面围成的最小形状,称为**维格纳-塞兹原胞**(Wigner-Seitz),简称**维-塞原胞**,如图 2-9(b)中的第 5 种选法。维-塞原胞所含的格点就在原胞中心,它的物理意义在 2.2.4 节详述。

虽然原胞的概念很简单,但原胞的选法只能体现晶格的周期性,也就是平移对称性。除了平移对称性外,晶格中肯定还有很多其他对称性,如旋转对称,反射对称等。晶格结构的对称性与其物理化学性质的各向异性密切相关,并且可以反映晶体的外形结构。为此,人们切换视角,从晶格中选出最能充分反映晶格对称性的单元,称作**结晶学原胞**,简称**晶胞**。图 2.9(b)中的第 4 种选法就可看作晶胞,它显然比其他原胞包含更多的对称性。

只要不是最简情形,对称性强的晶胞肯定能包含只有平移对称性的原胞,因此晶胞中常常不止一个格点。除了角上的格点外,其他格点通常出现在能反映对称性的位置上,如体心、面心。三维时常用 $\boldsymbol{a}$、$\boldsymbol{b}$、$\boldsymbol{c}$ 表示晶胞结构中的基矢。晶胞的边长,也就是基矢长度称为**晶格常数**。

需要注意,晶胞只是同一个晶格不同种选法下的可重复单元。晶胞中包含多个格点,与基元中包含多个原子点是两回事。晶胞的每个格点都是一个基元,已经包含了基元中的所有原子点。如果基元中有多个原子点,那么完整的排列结构就是复式晶格,由多个简单晶格套构按特定空间关系套构而成。

电子工程物理中最常用的材料都有较强的对称性,它们的晶胞大都能用最简单的立方晶系来描述,理解起来十分方便。立方晶系最常见的晶格有简立方,体心立方和面心立方,如图 2-10 所示,其细节如下。

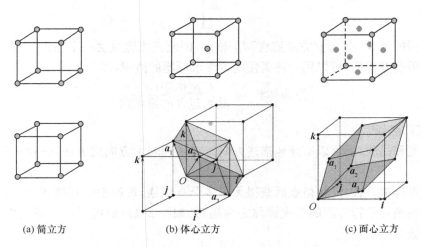

(a) 简立方　　　　　　(b) 体心立方　　　　　　(c) 面心立方

图 2-10　最常见的立方晶格的晶胞和原胞

（1）简立方结构。

格点在立方体的顶角上,晶胞其他部分没有格点。晶胞就是原胞。因为每个原子为 8 个原胞所共有,所以它对一个原胞的贡献只有 1/8。8 个顶点上的格点对一个原胞的贡献合起来恰好是一个格点,因此,一个简立方晶胞只含有一个格点。简立方每个格点周围最近邻的格点有 6 个,也称配位数是 6。

（2）体心立方结构。

体心立方晶胞除顶角上有格点外,还有一个格点在立方体的中心。乍看之下,顶角和体心上格点周围情况似乎不同,实际上就整个空间的晶格来看,完全可以把晶胞的顶点取在原胞的体心上。这样心变成角,角也就变成心,体心立方晶胞中包含两个格点。体心立方每个格点周围最近邻的格点有 8 个,配位数是 8。

（3）面心立方结构。

面心立方晶胞除顶角上有格点外,在立方体的 6 个面的中心还有 6 个格点,故称面心立方,同对体心立方情形的论证相同,面心格点和顶角格点周围的情况是一样的。每个面为两个相邻的原胞所共有,于是每个面心格点只有 1/2 是属于一个晶胞,6 个面心格点对一个晶胞的贡献只等于 3 个格点。因此,面心立方结构的每个晶胞含有 4 个格点。面心立方的配位数是12,它是一种最紧密的排列方式。

【例 2.1】　写出晶格常数为 a 的体心立方和面心立方其晶胞基矢 a、b、c 和固体物理学原胞的基矢 a_1、a_2、a_3、的表示式,并求出原胞体积。

解: 首先看体心立方结构,取晶轴为坐标轴,以 i、j、k 表示坐标轴的单位长度矢量,那么晶胞基矢分别为 ai、aj 和 ak。按图 2-10(b)所示的方法选取原胞,则原胞基矢为

$$a_1 = \frac{a}{2}(-i+j+k) \quad a_2 = \frac{a}{2}(i-j+k) \quad a_3 = \frac{a}{2}(i+j-k) \tag{2-8}$$

按式(2-7)求得原胞体积为:

$$\boldsymbol{\Omega} = \boldsymbol{a}_1 \cdot (\boldsymbol{a}_2 \times \boldsymbol{a}_3) = \frac{a^3}{8} \begin{vmatrix} -1 & 1 & 1 \\ 1 & -1 & 1 \\ 1 & 1 & -1 \end{vmatrix} = \frac{a^3}{2} \tag{2-9}$$

它是晶胞体积的 1/2。体心立方晶胞含两个格点,因此该原胞只含一个格点,与其定义是一致的。上述分析启发我们,可以用一种简便的方法求原胞的体积,即

$$原胞体积 = \frac{晶胞体积(a^3)}{晶胞包含的格点数} \tag{2-10}$$

3. 晶列和晶面

有了原胞和晶胞,就可以清楚地描述方向。有两种表示方向的方法,一种用晶列,一种用晶面。

在空间点阵中,可以连接格点后获得无限多个直线族,每族中的直线相互平行,且相邻间隔相同。这些相互平行等距的直线族称之为**晶列**,如图 2-11(a)所示。在现实中晶列会表现为晶体的晶棱。

因为任一格点 A 的格矢表示为 $\boldsymbol{R}_l = l_1 \boldsymbol{a}_1 + l_2 \boldsymbol{a}_2 + l_3 \boldsymbol{a}_3$,那么。把 l_1、l_2、l_3 约成互质整数,就可以用来表示晶列的方向,称为**晶向指数**,习惯上用方括号记作 $[l_1 l_2 l_3]$。若其中有负数,可在负数上面加一横,如 $-l_i$ 记为 $\bar{l}_i$。图 2-11(a)的二维晶格中,OA 晶列的晶向指数为 $[21]$,OC 为 $[11]$。图 2-11(b)中 OA 为 $[100]$,OB 为 $[110]$,OC 为 $[111]$。

对称的方向上晶体的特性是相同的。因此所有对称的晶向可以用一个等效晶向表示,常用尖括号记为 $\langle l_1, l_2, l_3 \rangle$。如图 2-11(c)中等效晶向:$\langle 100 \rangle$ 包括 $[100]$、$[010]$、$[001]$、$[\bar{1}00]$、$[0\bar{1}0]$ 和 $[00\bar{1}]$。

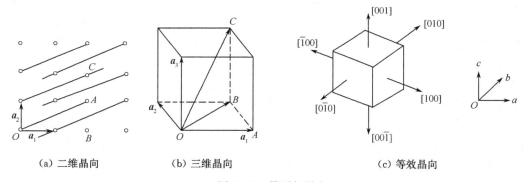

(a) 二维晶向　　　　　(b) 三维晶向　　　　　(c) 等效晶向

图 2-11　晶列与晶向

空间点阵中也可以划分成无限多个格点平面族,这些平面族中的平面互相平行,且每个平面上的格点分布相同。这种平面称为**晶面**。晶面有两个重要特征,一个是空间方向,由晶面的法线方向表示;另一个是晶面族中相邻平面的间距。不同方向的晶面族,面间距常常是不同的。

为了标志不同族的晶面,引入**晶面指数**。如图 2-12(a)所示,设面 ABC 和基矢为 $\boldsymbol{a}_1$、$\boldsymbol{a}_2$、$\boldsymbol{a}_3$ 的原胞坐标系轴交于三点,截距分别为 $OA = r\boldsymbol{a}_1$,$OB = s\boldsymbol{a}_2$,$OC = t\boldsymbol{a}_3$,它的晶面指数就由和 $1/r, 1/s, 1/t$ 成正比的三个最小互质整数 h_1, h_2, h_3 表示,常用圆括弧记以 $(h_1 h_2 h_3)$,负方向同样用数字上加负号表示。在 2.2.4 小节将揭示晶面指数更本质的物理意义,并证明立方晶格中过原点垂直于 $(h_1 h_2 h_3)$ 晶面族的格点直线一定经过 $(h_1 h_2 h_3)$。这是它比较简单的判断方法,但只在立方晶格成立。

根据晶体的对称性，晶面方向同样也有对称性，对称的晶面可以用一个等效晶面表示，常用大括号记为$\{h_1h_2h_3\}$。图 2-11(c)中等效晶面$\{100\}$包括 (001)，$(00\bar{1})$、(010)、$(0\bar{1}0)$、(100) 和 $(\bar{1}00)$。

实际工作中晶胞更常用，所以用晶胞基矢 $\boldsymbol{a}$，$\boldsymbol{b}$，$\boldsymbol{c}$ 构成的晶胞坐标系也常用于表示晶列和晶面指数，按习惯分别记为$[mnp]$和(hkl)。晶胞坐标系中的晶面指数(hkl)被特别称为**密勒指数**。图 2-12(b) 给出了立方晶系中一些重要晶面的密勒指数。后文的晶面指数默认为立方晶系的密勒指数。

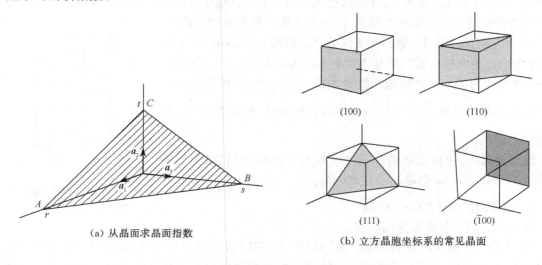

（a）从晶面求晶面指数　　　　（b）立方晶胞坐标系的常见晶面

图 2-12　晶面族与晶面指数

【例 2.2】　在立方晶胞中，画出(101)，(021)，$(1\bar{2}2)$ 和 $(2\bar{1}0)$ 晶面。

解

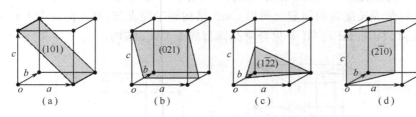

（a）　　　　（b）　　　　（c）　　　　（d）

图 2-13　几个晶面的画法

【例 2.3】　分别写出图 2-14 所示面心点阵中晶面 A 和晶面 B 的晶面指数和密勒指数。

解：晶面 A 与 $\boldsymbol{a}_1$、$\boldsymbol{a}_2$、$\boldsymbol{a}_3$ 轴的截距分别为∞、1、1，相应的倒数比为 $0:1:1$，那么其晶面指数为(011)；晶面 B 与 $\boldsymbol{a}_1$、$\boldsymbol{a}_2$、$\boldsymbol{a}_3$ 轴的截距分别为∞、2、2，对应的倒数比为 $0:1/2:1/2$，再化为互质的整数比 $0:1:1$，所以 B 面的晶面指数也为(011)。显然，相互平行的两晶面其晶面指数相同，它们属同一晶面族。

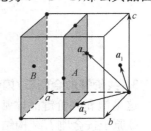

图 2-14　面心点阵中的晶面 A 和晶面 B

晶面 A 与 a，b，c 轴的截距分别为 $1/2$、∞、∞，相应的倒数比为 $2:0:0$，那么密勒指数为(200)。晶面 B 与 a、b、c 轴的截距分别为 1、∞、∞，相应的倒数为 $1:0:0$，那么，密勒指数为(100)。可见同一晶面在不同坐标系中的表示是不同的。

2.2.3 晶体的物理结构

在几何结构的基础上,进一步说明格点上的原子类型,基元结构和键结构,以及晶体的物理结构。物理结构决定了晶体究竟是什么物质,下面介绍电子工程材料中最经典的几种结构。

1. 无方向性键的密排结构

金属键无方向性,对原子排列的形式没有特殊要求,只受最小能量原理的限制。理想的情况是,原子尽最大可能密排,这样可以把离子与无方向性电子云的静电势能降到最低。面心立方和六角密排结构是最紧密的结构,体心立方则不算最紧密结构。

Li、Na、K、Rb、Cs、Fe 等会排成体心立方结构。Be、Mg、Zn、Cd、Ti、Zr 等会六角密排。常用的导电材料 Cu、Au、Ag、Pb、Ni、Co、Pt、γ-Fe、Al 等均为面心立方结构。如图 2-15 所示,六角密排结构由两个简单六方晶格平移 $\frac{1}{3}a - \frac{1}{3}b + \frac{1}{2}c$ 后套构而成,配位数是 12,与面心立方相同。

除了金属外,惰性元素的分子键也没有方向性,它们也会尽量密排。Ne、Ar、Kr、Xe 都是面心立方结构。

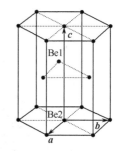

图 2-15　无方向性金属键的六角密积结构

2. 离子键的 NaCl/CsCl 结构

这是二元离子晶体常见的结构。

NaCl 由 Na^+ 和 Cl^- 结合而成,Na^+ 和 Cl^- 交替排列,构成图 2-16(a)的结构。它可以看作由两个晶格常数相同而原子类型不同的面心立方相对平移 1/2 晶格常数后套构而成。因此 NaCl 结构属面心立方,基元由一个 Na^+ 和一个 Cl^- 组成。许多二元化合物都具有 NaCl 型结构,如 LiF、KCl、KBr、PbS 晶体等。

CsCl 晶体的晶胞如图 2-16(b)所示,是由 Cl^- 和 Cs^+ 各自的简立方晶格,沿立方体空间对角线位移 1/2 对角线长度套构而成。所以 CsCl 结构属于简立方,基元由一个 Cs^+ 和一个 Cl^- 组成。CsCr、CsI、TiCl、TiBr、TiI 等化合物晶体都属于 CsCl 结构。

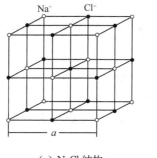

（a）NaCl 结构

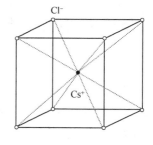

（b）CsCl 结构

图 2-16　离子键的 NaCl/CsCl 结构

3. 共价键的金刚石/闪锌矿结构

这是饱和共价键晶体常见的结构。

C 原子按金刚石结构结合时,最外层的 4 个 $2s^1/2p^3$ 价电子云交叠杂化成空间对称的共价键,每个 C 原子与周围的 4 个 C 原子以饱和共价键互连,形成正四面体结构,如图 2-17(a)所示。图中用棒状连线表示方向性很强的价电子云。在相同晶列方向上,正四面体中心的 C

原子键朝左上方,顶角上的 C 原子键朝右下方,它们是同一个基元中的两个所处空间位置不同的碳原子。仔细观察图 2-17(a)就能看出,金刚石结构是由两个面心立方沿体对角线位移 1/4 晶格长度后套构而成。除了 C 形成的金刚石外,最常用的半导体材料 Si 和 Ge 都是金刚石结构。

如果不是单质原子,就不易得到完美的饱和共价键,但仍可能形成类似的结构。闪锌矿 ZnS 的结构就由 S 和 Zn 两种原子的面心立方结构沿空间对角线位移 1/4 晶格长度套构而成,如图 2-17(b)所示。Zn 和 S 所成的键中有很大部分共价键的成分。很多化合物半导体材料,如 GaAs、InP、InSb 等都是属于这种结构。其可谓是电子工程材料的专用结构。

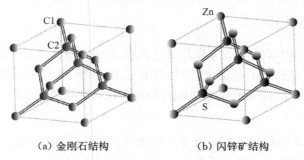

（a）金刚石结构   （b）闪锌矿结构

图 2-17　共价键的金刚石/闪锌矿结构

表 2-2 列出了上述常见几何结构和物理结构的主要特征。可见实际物理结构中复式晶格是十分常见的情形。复式晶格可以看作由格点上/基元中只有一个原子的简单晶格按特定空间关系套构而成。弄清这些概念是为了明确我们所讨论的材料到底是什么结构,在以怎样的周期进行周期性排列。

表 2-2　常见电子工程材料的晶格特征

结构	类别	基元中的粒子数	点阵	配位数*
NaCl 结构	复式	2	面心立方	6
CsCl 结构	复式	2	简立方	8
金刚石结构	复式	2	面心立方	4
闪锌矿结构	复式	2	面心立方	4

* 注:NaCl、CsCl、金刚石结构和闪锌厂中的配位数指原子模型中不同类型原子间配位计算得到的配位数。

4. 晶格的缺陷

我们把缺陷也看作一种特殊的晶格形式在此讨论。因为在理论模型中,缺陷常常被看作偏离理想晶格的微扰作用。而在实用中,缺陷不仅不能被忽略,还会被刻意利用,发挥十分重要的作用。

实际晶体内部总会有缺陷,其具体形式非常广泛。按几何形状大致可将其区分为为点缺陷、线缺陷和面缺陷几种主要类型。

点缺陷为三维尺寸都很小,不超过几个原子直径的缺陷。其基本形式有空位,间隙原子和替位原子,如图 2-18 所示。空位是指未被原子所占有的晶格位置。间隙原子是处在晶格间隙中的多余原子。替位原子是指当异质原子进入晶体后,代替本来的原子占据在平衡位置上。

线缺陷是指三维晶体中在两维方向上尺寸较小,在另一维方向上尺寸较大的缺陷。典型的如晶体中某处一列缺失的原子。

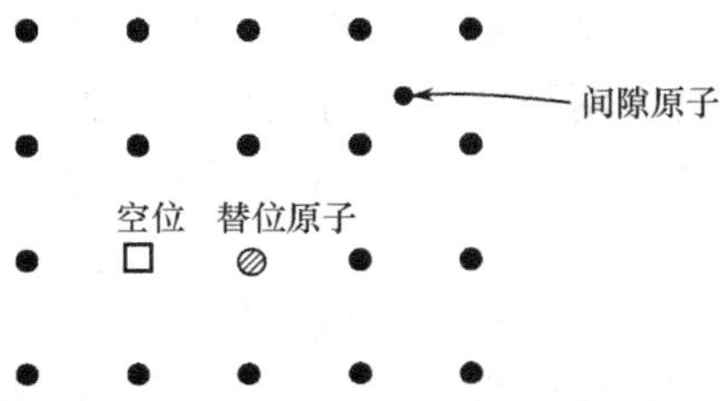

图 2-18 点缺陷示意图

间隙原子

空位 替位原子

面缺陷是指两维尺寸很大而第三维尺寸很小的缺陷，比如晶体中某处缺失了某一个晶面上的原子。此外，晶体表面位置的原子排列相对于体内不同，也可看作一种缺陷。由于表面原子的异常排列而产生的性质常称为表面效应。

缺陷的存在会导致其附近的局域原子排列发生变化。晶格的变化，可能导致晶体性质的剧烈变化。第 3 章将陈述为什么如此，第 4 章将介绍人们怎么利用它。

2.2.4 晶体的倒易结构

上文介绍的几何结构和物理结构都是 x 空间的结构。但因为这些结构具有显著的周期性，所以最适合表述波动物理的不是 x 空间，而是与之相倒的 k 空间。既然打算用晶格/格波方式描述原子序列的运动，那么最应该知道的是它们在 k 空间是什么样。

1. 倒格子

实际上，x 空间和 k 空间是以傅里叶变换相关联的。x 空间的函数 $f(x)$ 在 k 空间的形式由其傅里叶变换 $F(k)$ 给出。

但现在遇到的不是一个函数，而是一个矢量代数表示的晶格。它的基矢为 a_1、a_2 和 a_3，任意格矢为 $R_l = l_1 a_1 + l_2 a_2 + l_3 a_3$。表面上看用不了函数的傅里叶变换。但点在不同代数形式中有不同表示方法，比如位置 $x=x_0$，坐标 (x_0)，矢量 x_0 和函数 $\delta(x-x_0)$ 是完全等价的。函数不仅能兼容矢量，还能表示矢量不能表示的幅度。只要把矢量 R_l 改成 $\delta(r-R_l)$，就能继续应用熟悉的傅里叶变换。

先看一维晶格。一维晶格写作函数就是周期冲激序列：

$$f(x) = \sum_{l_i} \delta(x - l_i a_1), \quad l_i \text{ 为任意整数} \tag{2-11}$$

它傅里叶变换到 k 空间为：

$$F(k) = \sum_{h_i} \delta(k - h_i b_1), b_1 = \frac{2\pi}{a_1}, h_i \text{ 为任意整数} \tag{2-12}$$

从图 2-19 不难看出，x 空间的周期点阵在 k 空间也是周期点阵，只不过周期从 a_1 变为 $b_1 = 2\pi/a_1$，两者关于 2π 呈倒数关系。因为 x 和 k 空间的基矢关于 2π 互为倒数，所以称它们互为倒空间。以 x 空间为正空间时，k 空间就是倒空间。k 空间中的点阵称为倒点阵。

有了倒点阵，那么基于点阵定义的其他所有概念就都有倒的版本。比如，倒晶格、倒坐标系、倒基矢、倒格矢、倒原胞。一维情况下，b_1 就是倒基矢，它同时也对应一个倒原胞。

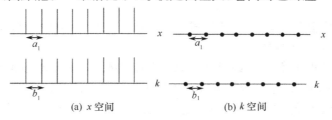

(a) x 空间　　　　　(b) k 空间

图 2-19 一维周期点阵在不同空间的函数表示

对三维晶格，它在 x 空间原胞坐标系中写作：

$$f(x_1,x_2,x_3) = \sum_{l_1,l_2,l_3} \delta(x_1-l_1a_1)\delta(x_2-l_2a_2)\delta(x_3-l_3a_3) \qquad (2\text{-}13)$$

如果原胞是简立方坐标系，情况就很简单，因为三个 x 方向正交，可以当作三个独立的一维情况分别变换，得到 k 空间倒点阵：

$$F(k_1,k_2,k_3) = \sum_{h_1,h_2,h_3} \delta(k_1-h_1b_1)\delta(k_2-h_2b_2)\delta(k_3-h_3b_3) \qquad (2\text{-}14)$$

三个倒基矢 $b_1=2\pi/a_1$，$b_2=2\pi/a_2$，$b_3=2\pi/a_3$ 仍然正交。倒原胞仍然是简立方。利用倒基矢，可将任意倒格矢记为 $K_h=h_1b_1+h_2b_2+h_3b_3$，其中 h_1、h_2 和 h_3 是整数。

但只要正原胞不是简立方，原胞坐标系就不是正交坐标系，按数学推导过程的要求，此时只有当正、倒基矢满足：

$$a_i \cdot b_j = \begin{cases} 2\pi & i=j \\ 0 & i \neq j \end{cases} \qquad i,j=1,2,3 \qquad (2\text{-}15)$$

关系时，才能保证每个 x_i 到 k_i 的傅里叶变换仍然与另两个方向无关而得到式(2-14)。简立方的情况只是它的特例。

按此普遍条件下，正、倒格矢始终满足：

$$R_l \cdot K_h = 2\pi\mu, \quad \mu \text{ 为整数} \qquad (2\text{-}16)$$

根据式(2-7)和式(2-15)，正、倒原胞体积 Ω 和 Ω^* 始终满足：

$$\Omega = \frac{(2\pi)^3}{\Omega^*} \qquad (2\text{-}17)$$

此外还能看出，正、倒空间在数学形式上是完全对称的，与所在空间类型没有关系。习惯上以 x 空间为正空间，k 空间为倒空间。但若以 k 为正空间，则 x 为倒空间，所有结论都不变。

式(2-15)的正、倒基矢条件只是数学推导上的要求，但它能如此自然地推出倒点阵这样实用的结论，必定有着深刻的物理渊源。结合式(2-7)，它可以等价地改写作：

$$b_1 = 2\pi\frac{a_2 \times a_3}{\Omega}, \quad b_2 = 2\pi\frac{a_3 \times a_1}{\Omega}, \quad b_3 = 2\pi\frac{a_1 \times a_2}{\Omega} \qquad (2\text{-}18)$$

记 a_2a_3、a_3a_1、a_1a_2 晶面族的面间距分别为 d_1、d_2 和 d_3，就会发现：

$$|b_1| = 2\pi\frac{|a_2 \times a_3|}{\Omega} = \frac{2\pi}{d_1},$$

$$|b_2| = 2\pi\frac{|a_3 \times a_1|}{\Omega} = \frac{2\pi}{d_2}, \qquad (2\text{-}19)$$

$$|b_3| = 2\pi\frac{|a_1 \times a_2|}{\Omega} = \frac{2\pi}{d_3}$$

这说明倒基矢 b_i 的模具有反比于正空间晶面间距的物理意义。

从式(2-15)或式(2-18)都能看出，倒基矢 b_i 的方向具有垂直交于对应晶面族的意义。从数学上说，k 空间和 x 空间不是重叠的几何空间，它们的方向是毫不相干的两个概念。但在这样强烈的暗示下，我们不妨就把它们认为是重叠的空间，倒空间方向就是正空间方向，研究任意倒格矢与正空间晶格参数的关系，看看能产生什么普遍的物理意义。

如图 2-20 所示，首先画出晶面族 $(h_1h_2h_3)$。晶面指数是晶面在正原胞坐标系 a_1、a_2 和 a_3 轴上截距的倒数，且已化为最小互质整数，所以由截距 a_1/h_1、a_2/h_2 和 a_3/h_3 连成的 ABC 面是离原点最近的晶面。接着在重叠空间中画出倒格矢 $K_h = h_1b_1+h_2b_2+h_3b_3$。因为 h_i 是最小的互质整数，所以它是在该方向上最短的倒格矢。

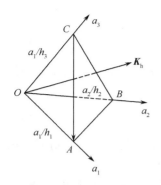

图 2-20 倒格矢与
晶面族的关系

在 ABC 面上取两个矢量 CA 和 CB，则

$$CA = OA - OC = \frac{a_1}{h_1} - \frac{a_2}{h_2} \qquad (2\text{-}20)$$

$$CB = OB - OC = \frac{a_2}{h_2} - \frac{a_3}{h_3}$$

根据式(2-15)，有

$$K_h \cdot CA = 0, \quad K_h \cdot CB = 0 \qquad (2\text{-}21)$$

因此倒格矢 $K_h = h_1 b_1 + h_2 b_2 + h_3 b_3$ 与正晶面族$(h_1 h_2 h_3)$正交。在立方晶格中，a_i 和 b_i 方向相同，$h_1 b_1 + h_2 b_2 + h_3 b_3$ 必定经过(h_1, h_2, h_3)点，这就解释了 2.2.2 节把"立方晶格中过原点垂直$(h_1 h_2 h_3)$晶面族的格点直线一定经过(h_1, h_2, h_3)"作为晶面指数判据的原因。

正晶面族$(h_1 h_2 h_3)$的面间距 d_{h_1, h_2, h_3} 可看作任一截距在 K_h 方向上的投影：

$$d_{h_1, h_2, h_3} = \frac{a_1}{h_1} \cdot \frac{K_h}{|K_h|} = \frac{2\pi}{|K_h|} \qquad (2\text{-}22)$$

这再次证明了倒格矢 $h_1 b_1 + h_2 b_2 + h_3 b_3$ 的模反比于正晶面族$(h_1 h_2 h_3)$的面间距。由此可推论，倒基矢 b_1 与正晶面族(100)正交，且其模为 $2\pi/d_{100}$。这与式(2-21)的结论是一致的。

以上过程说明，倒格矢 $h_1 b_1 + h_2 b_2 + h_3 b_3$ 的方向与晶面族$(h_1 h_2 h_3)$正交，模关于 2π 反比于该晶面族$(h_1 h_2 h_3)$的面间距。按此原理可根据正基矢和正原胞轻松地画出倒基矢和倒原胞，如图 2-21 所示。

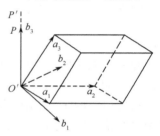

图 2-21 画在重叠空间中的
正、倒基矢和原胞

正晶面族与倒格矢有着非常显著的对应关系，晶面指数$(h_1 h_2 h_3)$明确地指出了对应倒格矢的特征。它的法向是倒格矢的方向，而它的面间距则是其长度。这是倒空间最直观的理解方法。晶格的 X 射线衍射实验能直接呈现出倒晶格的图案，从中可以看到正晶格晶面族的排列规律。

【例 2.4】 试证面心立方和体心立方互为倒晶格。

解：体心立方正晶格的原胞基矢可取为：

$$a_1 = \frac{a}{2}(-i + j + k), \quad a_2 = \frac{a}{2}(i - j + k), \quad a_3 = \frac{a}{2}(i + j - k) \qquad (2\text{-}23)$$

i、j、k 分别为平行于晶轴 a、b、c 的单位矢量；a 为晶格常数。代入式(2-15)得到倒原胞基矢为：

$$b_1 = \frac{2\pi}{a}(j + k), \quad b_2 = \frac{2\pi}{a}(k + i), \quad b_2 = \frac{2\pi}{a}(k + i) \qquad (2\text{-}24)$$

面心立方正原胞基矢可表示为：

$$a_1 = \frac{a}{2}(j + k), \quad a_2 = \frac{a}{2}(k + i), \quad a_3 = \frac{a}{2}(k + i) \qquad (2\text{-}25)$$

与体心立方的倒原胞基矢相比只相差一常数公因子。因此，正空间晶格常数为 a 的体心立方晶格，其倒晶格为晶格常数为 $4\pi/a$ 的面心立方晶格。同理，可证明面心立方的倒晶格是体心立方。

2. 布里渊区

有了正、倒基矢/格矢，就能方便地描述正、倒空间的所有现象。x 空间周期晶格中的现象通常都以正格矢 $\boldsymbol{R}_l$ 为周期：

$$f(\boldsymbol{r}) = f(\boldsymbol{r} + \boldsymbol{R}_l) \tag{2-26}$$

例如，格点、晶列、晶面的周期性特征都可以这么描述。晶格本身的 δ 函数表示法也符合此式。它的傅里叶变换为：

$$f(\boldsymbol{r}) = \sum_{\boldsymbol{K}_h} F(\boldsymbol{K}_h) \mathrm{e}^{\mathrm{i}\boldsymbol{K}_h \cdot \boldsymbol{r}}, \qquad F(\boldsymbol{K}_h) = \frac{1}{\Omega} \int_\Omega f(\boldsymbol{r}) \mathrm{e}^{-\mathrm{i}\boldsymbol{K}_h \cdot \boldsymbol{r}} \mathrm{d}\boldsymbol{r} \tag{2-27}$$

可见周期函数虽然在 x 空间是连续的，但在 k 空间它是只在倒格点上有幅值的离散函数，如图 2-22 所示。

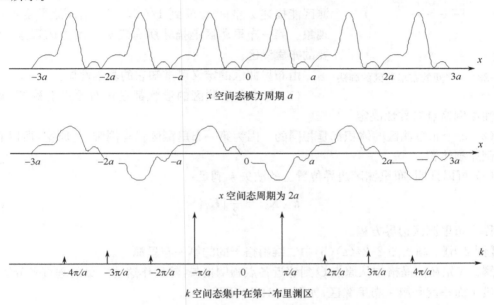

x 空间态模方周期 a

x 空间态周期为 $2a$

k 空间态集中在第一布里渊区

图 2-22　正空间的周期函数在倒空间中的表现（图中态均只画实幅度为示意，未画相位）

按第 1 章 1.2.2，波的幅度 $f(x)$ 及其模方 $n(x)$ 都有重要的物理意义。在描述能量 E 和粒数/密度的场合，$n(x)$ 更常用。如果现象是以 $n(x)$ 或 $E(x)$ 表示的，那么为了让它具有式(2-26)的周期性，以一维为例，$f(x)$ 至少需满足：

$$f(x) = f(x + 2\boldsymbol{R}_l) \tag{2-28}$$

这样傅里叶变换后的最小的倒位置就只有倒基矢的一半，即为 $\pm b_i/2$。因此 $(-b_i/2, b_i/2)$ 是倒空间十分重要的一段定义域。超出该范围的 $F(k)$ 信息，只能表示 x 空间周期性小于基矢 $\boldsymbol{a}_i$ 的波模方量，简单地说就是原胞尺度以下的周期现象特征。在此范围内的 $F(k)$ 信息，只能表示 x 空间原胞尺度范围以上的周期现象特征。

同样的道理，随着 k 空间定义域范围的增大，域内 $F(k)$ 信息所表示的 x 空间现象会越来越细微。设 N 为正整数，则从 $(-(N-1)b_i/2, (N-1)b_i/2)$ 到 $(-Nb_i/2, Nb_i/2)$ 的每段区域，能依次表示从 a_i/N 到 $a_i/(N-1)$ 尺度范围内的 x 空间现象。有了这种认识，只需要知道某个现象，如晶格缺陷的 x 空间尺寸特征，就可以估计它的信息会集中表现在 k 空间的什么区域。

布里渊(Brillouin)首先发现这些倒空间区域的重要性，此后它们就被称为**布里渊区**。

后来人们又发现它可以从倒空间的维-塞原胞上找到更清楚的解释。从原点作出与其他所有近邻格点连线的中垂面,中垂面围成的最小区域就是维-塞原胞。不难理解,在 k 空间中按此定义画出的倒维-塞原胞,就是上文所说的能描述 x 空间最大尺度特征的 k 空间区域,一维时就是$(-b_i/2, b_i/2)$。它被称作第一布里渊区。

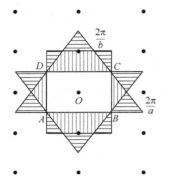

图 2-23 k 空间的布里渊区的画法

同样的画法,在 k 空间中每次画出所有晶列方向上第正整数 N 倍最短格矢所对格点的连线和中垂面,就能围出第 N 块 k 空间定义域。第 N 块和第 $N-1$ 块定义域围成的区域,就称作第 N 布里渊区。二维时如图 2-23 所示,图中具有相同形式的阴影部分对应于同一个布里渊区,白色和标有同类型阴影线的区域分别为第一、第二、第三布里渊区。第 N 布里渊区能描述 x 空间 $1/N$ 到 $1/(N-1)$ 倍原胞尺度范围内的现象。第一布里渊区能描述所有宏观尺度上的现象,为最重要的**布里渊区**。

由布里渊区的定义可推知它的基本性质。

(1)每个布里渊区的形状都是相对原点对称的,具体的对称性由倒格点对称性决定。

(2)每个布里渊区的体积都是相同的。因为第一布里渊区就是倒维-塞原胞,所以它们都等于倒原胞体积。

(3)可以证明,布里渊区边界位置上的波矢 k 满足:

$$\boldsymbol{k} \cdot \boldsymbol{K}_h = \frac{1}{2} |\boldsymbol{K}_h|^2 \qquad (2-29)$$

称为布里渊区边界方程。

【例 2.5】 画出图 2-24(a)(b)中二维斜格子的的第一布里渊区。

解: 首先在倒晶格中从原点 O 到邻近各点画倒格矢,然后作这些矢量的垂直平分线,被围成的最小面积就是第一布里渊区,如图 2-24(b)所示。

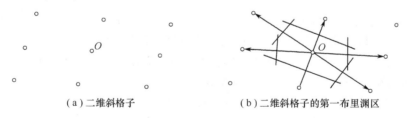

(a)二维斜格子　　　　　　　　(b)二维斜格子的第一布里渊区

图 2-24 二维斜晶格及第一布里渊区的构图

【例 2.6】 画出体心立方晶格的第一布里渊区,并求出它的大小。

解:由例 2.4 知,晶格常数为 a 的体心立方,倒格子是晶格常数为 $4\pi/a$ 的面心立方。倒格矢为:

$$\boldsymbol{K}_h = h_1 \boldsymbol{b}_1 + h_2 \boldsymbol{b}_2 + h_3 \boldsymbol{b}_3$$
$$= \frac{2\pi}{a}[(h_2 + h_3)\boldsymbol{i} + (h_1 + h_3)\boldsymbol{j} + (h_1 + h_2)\boldsymbol{k}] \qquad (2-30)$$

12 个最近邻格点的格矢为:

$$\frac{2\pi}{a}(\pm\boldsymbol{i}\pm\boldsymbol{j}), \quad \frac{2\pi}{a}(\pm\boldsymbol{j}\pm\boldsymbol{k}), \quad \frac{2\pi}{a}(\pm\boldsymbol{k}\pm\boldsymbol{i}) \qquad (2-31)$$

将该式和任一波矢 $\boldsymbol{k} = k_x\boldsymbol{i} + k_y\boldsymbol{j} + k_z\boldsymbol{k}$ 代入布里渊区边界方程,得到:

$$\pm k_x \pm k_y = \frac{\pi}{a}, \quad \pm k_y \pm k_z = \frac{\pi}{a}, \quad \pm k_z \pm k_x = \frac{\pi}{a} \tag{2-32}$$

它们围成了如图 2-25 所示的菱形十二面体。

根据式正、倒原胞体积关系式(2-17),得到倒原胞体积为:

$$\Omega^* = \frac{(2\pi)^3}{\Omega} = \frac{(2\pi)^3}{a^3/2} = \frac{16\pi^3}{a^3} \tag{2-33}$$

所以体心立方晶格第一布里渊区的大小也为 $16\pi^3/a^3$。

同理可得,面心立方晶格的第一布里渊区为图 2-26 所示的十四面体,也称截角八面体。

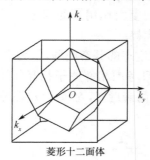

菱形十二面体

截角八面体(十四面体)

图 2-25 体心立方晶格的第一布里渊区　　图 2-26 面心立方晶格的第一布里渊区

2.3 晶体原子的振动

晶体中大量原子在平衡位置附近振动的集体行为可视为一种特殊的波动,称为格波。应用波动理论可以把看似复杂的大量原子振动问题分析得很简单。

2.3.1 原子序列的运动

图 2-27 给出了一种可能的二维晶格模型。它包含了完整的原子,基元中包含不止一个原子。只看点阵组成的简单晶格,可以用原胞坐标系或晶胞坐标系,描述正、倒空间的所有几何特征。在此基础上,说清基元中原子的相对位置,或是晶格的套构方式,就描述了完整的复式晶格。

晶格运动模型中每两个原子之间都有相互作用力。现在要把这些力画出来,如图 2-27 中所示的波浪线。它们的定性分析已经在 2.1 节介绍,准确的数值可以由软件模拟和实验测得。

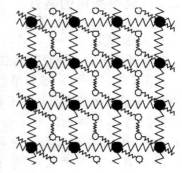

这个模型比较复杂。为了简化分析需要做一些近似。

(1)绝热近似

2.1.1 节以多原子问题介绍原子间作用力时,用的是定态薛定谔方程,其中不仅包含了原子核之间的相互作用,也

图 2-27 二维晶格的格波模型

包含了原子核与电子之间的相互作用。对比,奥本海默(Oppenheimer)和玻恩(Born)提出一种近似方法,认为原子核的质量远大于电子,运动速度相对很小,因此在晶格振动时,电子能很快适应原子核位置的变化,在任何一个瞬间,原子间的作用力不变,可由定态模型的基态解推

得。这种近似被称作玻恩-奥本海默近似,也更常被称为绝热近似,绝热意为不考虑电子受激跃迁到激发态带来的影响。

（2）最近邻近似

原子相距越近,互作用就越强,因此可以假设每个原子仅受最近邻原子的作用,其他原子的影响因相对较小可以忽略。这就是最近邻近似。这个近似使格波更像一个理想的离散波,只需按坐标位置描述相邻格点的数学关系。

（3）简谐近似

这个近似在 2.1.1 节已经说过,不管原子间势能曲线具体如何,它在平衡位置 r_0 附近总可以近似看作抛物线,得到恒定对称的原子间作用力,体现为线性回复力。因此只要原子只在平衡位置附近微小振动,它的运动都可以看作是线性回复力作用下的简谐运动,称为简谐近似。对原子序列,平衡位置 r_0 用平衡时原子的间距 a 代替。

这三个近似是配套使用的。先按绝热近似,只考虑定态的基态问题,认为它也适用所有运动情况。接着,按最近邻近似用模拟或实测方法,得到只考虑相邻原子相互作用时的基态解,从中得到系统势能与原子间距的关系 $V(r)$。最后根据简谐近似,对该 $V(r)$ 在原子平衡间距 $r = a$ 附近作泰勒展开,只保留到简谐振动势能项,得到:

$$V(r) = V(a) + \left(\frac{dV}{dr}\right)_a \Delta r + \frac{1}{2}\left(\frac{d^2V}{dr^2}\right)_a \Delta r^2 + \cdots$$

$$= V(a) + \frac{1}{2}\left(\frac{d^2V}{dr^2}\right)_a \Delta r^2 + \cdots \tag{2-34}$$

式中 $\Delta r = r - a$,并用到平衡位置是势能驻点的结论。由此求得原子间作用力 F 为:

$$F = -\left(\frac{dV}{dr}\right)_a = -\left(\frac{d^2V}{dr^2}\right)_a \Delta r = -\beta \Delta r \tag{2-35}$$

简谐近似下它一定是线性回复力,β 称为回复力常数。

三种近似把大量原子的振动问题完全转化为一个以弹力相互作用的经典多体问题。因为每个原子只在平衡位置作微小振动,不改变排列次序,所以适合用机械波/格波的视角进行研究。

2.3.2 简单晶格的格波

1. 格波模型

先看最简单的一维简单晶格情形。

如图 2-28 所示,一维简单晶格是一个等距点列,简单晶格的格点对应于单个原子。设原子间距为 a,用排列序数 n 表示每个原子,则每个原子的平衡位置为 $x_n = na$。这样每个原子就只有一个振动自由度,振幅/位移为 u_n。为了方便观察,图中把它画成横波形式。

根据三个近似,第 n 个原子的基本运动方程为:

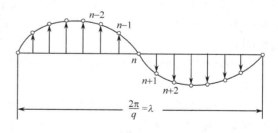

图 2-28　一维简单晶格的格波

$$m \frac{\mathrm{d}^2 u_n}{\mathrm{d}t^2} = \beta(u_{n+1} - u_n) - \beta(u_n - u_{n-1}) = \beta(u_{n+1} + u_{n-1} - 2u_n) \tag{2-36}$$

它可以写为如下形式：

$$\frac{\mathrm{d}^2 u_n}{\mathrm{d}t^2} = \frac{1}{m} \frac{a\beta(u_{n+1} - u_n)}{a} - \frac{a\beta(u_n - u_{n-1})}{a}$$

$$= \frac{\beta}{m} a^2 \frac{\frac{(u_{n+1} - u_n)}{a} - \frac{(u_n - u_{n-1})}{a}}{a} = \left(a\sqrt{\frac{\beta}{m}} \right)^2 \frac{\Delta^2 u_n}{\Delta x^2} \tag{2-37}$$

其中 $\Delta x = a$ 是原子坐标的间隔。这正是一个差分版的无源波动方程，说明格波本质上是离散波。对比波动方程 $u_{tt} = v^2 u_{xx}$，$a\sqrt{\beta/m}$ 显然具有格波速度 v 的含义：

$$v = a\sqrt{\frac{\beta}{m}} \tag{2-38}$$

接下来的分析又回到波动物理的轨道上。该方程的基本解为：

$$u_n = \mathrm{e}^{\mathrm{i}(qna - \omega t)} \tag{2-39}$$

出于历史习惯，离散的波矢 k 常用 q 表示，因此 $q = 2\pi/\lambda$，λ 是格波波长。将基本解代回格波方程得到：

$$\omega^2 = \frac{2\beta}{m}(1 - \cos qa) \tag{2-40}$$

它是离散版的 $\omega^2 = v^2 k^2$ 关系。

对比格波的 $\omega\text{-}q$ 关系和连续波的 $\omega\text{-}k$ 关系发现，单频连续波的相速度是定值，但单频格波的相速度却与波矢 q 有关，不同波矢 q 的速度不同。按 1.2.1 节，这与介质中光的色散现象类似，不同波长的光因相速度不同而发生色散。因此人们借用这一名称，把格波的 $\omega\text{-}q$ 关系也称作色散关系、色散曲线。下面将讲述格波 $\omega\text{-}q$ 关系的种种细节。

2. 频率范围

按色散关系画出的 $\omega\text{-}q$ 曲线本来应该在 4 个象限上都存在，如图 2-29(a)所示。但对于可观测的实幅度的波动来说，$\mathrm{e}^{-\mathrm{i}\omega t}$ 和 $\mathrm{e}^{\mathrm{i}\omega t}$ 总是等幅成对出现的。根据式(2-40)奇偶对称性，一般只取 $\omega > 0$ 的点为代表，把 $\omega\text{-}q$ 曲线画在 $\omega > 0$ 的上半平面。按此约定，可将色散关系改写为：

$$\omega = 2\sqrt{\frac{\beta}{m}} \left| \sin\frac{1}{2}qa \right| = \omega_m \left| \sin\frac{1}{2}qa \right| \tag{2-41}$$

画出的色散曲线如图 2-29(b)所示。它在 q 空间中以 $2\pi/a$ 为周期重复，并关于原点对称。当 $q = \pm \pi/a$ 时，ω 达到最大值：

$$\omega_{\max} = 2\sqrt{\beta/m} \tag{2-42}$$

这说明，格波的角频率 ω 不能像自由的连续波那样任意取值。$\omega > \omega_{\max}$ 的格波根本无法出现在一维晶格中，这段频率区域如同是它的禁区，一维简单晶格如同是格波的低通滤波器。

3. 同波效应

从基本解式（2-39）中可以看出，当波矢 q 只改变 $2\pi/a$ 的整数 N 倍时，因为

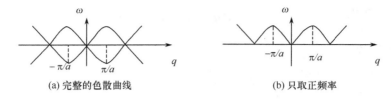

(a) 完整的色散曲线　　　　　　　　(b) 只取正频率

图 2-29　一维简单晶格格波的完整 ω-q 关系

$\cos(2N\pi/a)=1$，所以基本解不会有任何变化。从色散关系上可看出，此时角频率 ω 也不会发生变化。再从图 2-30(a)上看，$q=\pi/2a$ 和 $q'=q+2\pi/a$ 的两个格波，波长分别是 $4a$ 和 $4/5a$，但只如果观察格点的振动，这两个波描述的是完全相同的振动行为。注意，这并不是波态的简并，因为这些波并不是相同能量的不同波态，而是同一个波态。为便叙述，把这种现象称为格波的同波效应。造成同波效应的原因是格点的离散周期性。就像一维弹簧——质量块只有固定振动频率，不能反映任意复杂频谱的振动一样，恒定间距和回复系数的离散格点序列也不能自由地承载任意细节的波动。越精细的频率、波数等特征，就越难反映出来。

因为波矢周期 $2\pi/a$ 以外的格波完全相同，且色散关系关于原点对称，所以只要用 $(-\pi/a, +\pi/a)$ 内的波矢 q 就可以表示所有格波。按 2.2.4 节所述，一维情况下 x 空间正基矢为 $\boldsymbol{a}$，$\boldsymbol{k}$ 空间倒基矢为 $2\pi/a$，$(-\pi/a, +\pi/a)$ 正是第一布里渊区。它确实像前面说的那样，只反映了原子间距 a 尺度范围以上的现象。而本应由其他布里渊区反映的更细节现象，则因为受到离散格点的最小间距限制而无法体现出来。作为结论，可以把原本周期性扩展的 ω-q 关系只画在第一布里渊区里，得到简约的色散曲线画法，如图 2-30 所示。

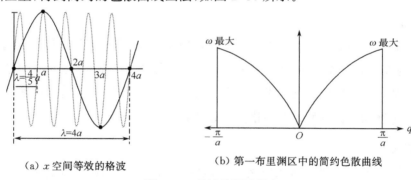

(a) x 空间等效的格波　　　　　　(b) 第一布里渊区中的简约色散曲线

图 2-30　格波的同波效应

4. 周期性边界条件

波可以用初始条件、边界条件和波源来约束。因为我们讨论的是大量原子无序振动问题，无需预测波的确定演化过程，通常只要知道边界条件。

最简单的边界条件是第 1 章一直用的双端齐次边界条件，对 N 个格点组成的格波，就是 $u_1=0$ 和 $u_N=0$。但这不符合事实，晶格边界的格点再怎么近似也不能看作是不动的。而边界格点真实的运动又是很难确知的。为此，玻恩和卡曼想出了一个巧妙的办法。他们把晶格首尾相接，形成环状的结构，如图 2-31(a)所示。首尾相接并不会改变物理性质，但形成环状结构却十分确定地给出了以格点数 N，或晶格长度 $L=Na$ 为周期的约束条件：

$$u_n = u_{n+N} \quad \text{或} \quad u(x_n) = u(x_n+L) \tag{2-43}$$

它被称作**玻恩-卡曼边界条件**，也常称**周期性边界条件**。注意这里的周期是指晶格长度 L，而不是格点间距 a。

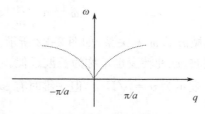

（a）首尾相接的晶格   （b）边界条件使色散曲线离散化

图 2-31　一维格波的周期性边界条件

　　周期性边界条件和齐次边界条件的相同点是，它们都使波矢 q 一次量子化，只能取分立的值，但具体结果有差异。将式(2-43)代入式(2-39)可知，周期性边界条件下波矢 q 只能取：

$$q = \frac{2\pi}{Na}Z = \frac{2\pi}{L}Z \quad Z 是整数 \tag{2-44}$$

按式(2-44)的要求，现在第一布里渊区 $(-\pi/a, \pi/a)$ 内 Z 只能取 $(-N/2, N/2)$ 的整数，因此可取的 q 值一共有 N 个。这样第一布里渊区内的色散曲线，就变成 N 个间隔为 $2\pi/L$ 的离散点。它们连线的轮廓仍然与以前一样，只是由连续变为离散，如图 2-31(b)所示。

　　每个 ω-q 点对应的态，都是当前约束下格波的本征态，也称振动模式。它们构成了所有格波态的正交完备集，每个振动模式都是线性无关，相互独立的。从波动角度看，现在一共有 N 个独立的本征态。而从粒子角度看，只考虑振动自由度的 N 个原子的序列正好也有 N 个独立的振动自由度。这并不是巧合，而是反映了一种维度不变性。即不管用什么方法分析现象，只要它们的基本单元能构成正交完备集，则它们的秩数/维度/自由度一定是相等的。如果允许原子平动，格波平均振幅不为零，那么原子序列自由度会变为 $2N$ 个，平均振幅不为零的格波必须由不等幅的 $e^{-i\omega t}$ 和 $e^{i\omega t}$ 叠加，$\pm\omega$ 半平面的信息不再相同，本征态数也会变为 $2N$ 个，两者维数仍然相等。因为格波理论通常不考虑平动，所以下文都取 N 个自由度的结论。

　　周期性边界条件是最自然的边界条件。它不像齐次条件那样对格点施加特定的约束，而允许振幅取任意值。因此，该条件下的格点运动是最自由的。此时无论把格波看作格点独立振动的叠加，还是格波本征态的运动叠加，都能构成正交完备集，自由度均为 N。周期性边界条件只适用于远大于原子尺度的情形。当晶体整体或某方向上的尺寸小到原子尺度上时，内部和边界上原子受力情况会产生显著差异，此时就不能再应用对每个原子无差别的周期性边界条件。

　　因为没有给定初始条件和波源，周期性边界条件下的解仍然不是特解，而是范围更小的本征解集。格波由这些本征态按待定系数 A 线性叠加而成：

$$u = \sum_k A_k e^{i(q_k na - \omega_k t)} \tag{2-45}$$

大量格波的无序运动是不确定性问题，所以谈论单个格波的确定系数 A_k 是没有意义的。然而，按波动/波粒理论，态幅模方 $|A|^2$ 具有概率粒密度含义。每个本征态叠加系数的模方，决定了格波取该本征态的概率 $n_j \propto |A_j|^2$。格波由这些本征态怎样叠加而成的问题，就是概率 n_j 在本征态上如何分布的问题，这是一个标准的在 1.3.2 节中进过的统计问题。这样我们就从格波的波动模型中自然演化出它的统计模型。

5. 长波近似

　　当 $q \ll \pi/a$，$\lambda \gg 2a$ 时，$\sin(qa/2) \approx qa/2$，色散关系可简化为：

$$\omega = a\sqrt{\frac{\beta}{m}}|q| = v|q| \tag{2-46}$$

这正是连续机械波的 ω-k 关系,如图 2-32 所示。说明波长远大于原子尺度时,格波就变为宏观连续的机械波,这种转变也常称为长波近似。反过来,按弹性机械波理论,波速本由弹性模量 E 和密度 ρ 表示为 $v = \sqrt{E/\rho}$,但一维时有 $\beta u = \beta a \varepsilon = E \varepsilon$,$\rho = m/a$,$\varepsilon$ 是弹性应变,因此也有:

$$v = \sqrt{\frac{E}{\rho}} = \sqrt{\frac{\beta a}{m/a}} = a\sqrt{\frac{\beta}{m}} \tag{2-47}$$

说明式(2-46)和式(2-47)这两个速度定义方式是等价的。表明,离散的格波和连续的机械波只是同一个波动现象在不同观测方式下的表现。

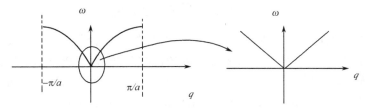

图 2-32 一维格波的长波近似

2.3.3 复式晶格的格波

1. 格波模型

实际中的晶体大多都是复式晶格,在基元中不止一个原子。下面以一维双原子晶格为对象,介绍复式晶格振动的普遍规律。

如图 2-33 所示,x 空间一维晶格的原胞中含有两个不同的原子,设其质量分别为 M 和 m,$m < M$,平衡时相邻原子距离为 a。注意此时原胞长度为 $2a$。质量 M 原子的振幅都用偶数序数表示,如 u_{2n},质量 m 原子的振幅用奇数序数表示,如 u_{2n+1}。

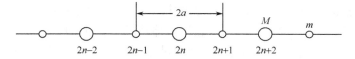

图 2-33 一维双原子晶格

采用类似于一维单原子链的方法,得到两种格波的运动方程分别为:

$$m\frac{d^2 u_{2n+1}}{dt^2} = \beta(u_{2n+2} + u_{2n} - 2u_{2n+1})$$
$$M\frac{d^2 u_{2n+2}}{dt^2} = \beta(u_{2n+3} + u_{2n+1} - 2u_{2n+2}) \tag{2-48}$$

它们的基本解分别为:

$$u_{2n+1} = A e^{i[q(2n+1)a - \omega t]}$$
$$u_{2n+2} = B e^{i[q(2n+2)a - \omega t]} \tag{2-49}$$

式中 A、B 分别为两种格波的振幅。将基本解代入格波方程,得到:

$$\left.\begin{array}{r}(m\omega^2 - 2\beta)A + (2\beta\cos aq)B = 0 \\ (2\beta\cos aq)A + (M\omega^2 - 2\beta)B = 0\end{array}\right\} \tag{2-50}$$

若 A、B 有非零解,齐次方程组的系数行列式必须为零,即

$$\begin{vmatrix} m\omega^2 - 2\beta & 2\beta\cos aq \\ 2\beta\cos aq & M\omega^2 - 2\beta \end{vmatrix} = 0 \tag{2-51}$$

由此得到:

$$\omega^2 = \beta\frac{m+M}{mM}\left\{1 \pm \sqrt{1 - \frac{4mM}{(m+M)^2}\sin^2 aq}\right\} \tag{2-52}$$

这就是双原子复式格波的色散关系。式中的正、负号对应
两个不同的色散关系,因而与双原子晶格相关的有两支色
散曲线。这与简单晶格是不同的。按上一节的方法,把它
们画在第一布里渊区,如图 2-34 所示。

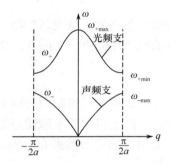

图 2-34 一维双原子
格波的色散曲线

同样可施加周期性边界条件。对于 N 个原胞构成的
双原子晶格,该条件为:

$$u_{2n} = u_{2(n+N)} \tag{2-53}$$

因为原胞长度是 $2a$,所以第一布里渊区内可取的波矢
数值为:

$$q = \frac{\pi}{Na}Z \qquad -N/2 < Z \leqslant N/2 \tag{2-54}$$

它的数量仍然是 N 个。但因为现在色散曲线由一支变为两支,所以每个 q 对应的角频率 ω 有
两个,所以总本征态数为 $2N$ 个。而此时晶格中全部的原子数为 $2N$ 个,只考虑振动自由度时
总自由度也是 $2N$ 个。波动数仍然等于粒子数。

2. 声学波与光学波

图 2-34 中的每支格波曲线都有非常重要的物理意义。

与式 (2-52) 中负号相对应的是频率较低的曲线,被称为**声学波**,或者声频支格波。与正
号相对应的频率较高的曲线称为**光学波**,或者光频支格波。前者可用超声波来激发,其长波极
限的情况就是弹性机械波,也即低频时就是声波,所以称为声学波。后者的频率较高,已经进
入红外光频范围,它能产生各种光与晶格振动的相互作用,是晶体光学性质的重要来源,所以
称为光学波。可见格波理论本身也是固体光学和声学理论的基础。

声学波曲线的特征与简单晶格相似。曲线经过原点,角频率 ω_- 随着 q 增大而显著增加,
在 $q = \frac{\pi}{2a}$ 处达到最大值:

$$\omega_{-\max} = \sqrt{2\beta/M} \tag{2-55}$$

光学波曲线不经过原点,$q=0$ 时为:

$$\omega_+ = \sqrt{\frac{2\beta}{\mu}} \qquad \mu = \frac{mM}{m+M} \tag{2-56}$$

对于 μ 和 β 的典型值,$\omega_{+\max} = (2\times 5\times 10^3/10^{-23})^{1/2} \approx 3\times 10^{13}\,\text{Hz}$,这个值已经进入红外光频
段。角频率 ω_+ 随着 q 增大而逐渐减小,$q = \frac{\pi}{2a}$ 时减小到最小值:

$$\omega_{+\min} = \sqrt{2\beta/m} \tag{2-57}$$

因为 $M>m$, μ 与 m 相差较小, 所以光学波的角频率变化并不显著。

声学波顶部和光学波底部之间的频率范围是格波的禁区, 复式晶格中不允许这样的格波存在。因此, 复式晶格能同时起到低/高频带通和中频带阻的作用。

满足长波条件 $q\approx0$ 时两种格波的情况对应于宏观情形, 这在实际应用中常有重要意义。下面对其细节稍加讨论。

声学波的色散关系在 $q\to0$ 时可化简为:

$$\omega_- = a\sqrt{\frac{2\beta}{m+M}}|q| \qquad (2\text{-}58)$$

这与简单晶格的色散关系相似。此时它也转化为连续的弹性波, 随着高频超声技术的发展, 长声学波已可用超声波来激发。将式(2-58)代入式(2-50)可得:

$$\frac{A}{B} = \frac{2\beta\cos(aq)}{2\beta-m\omega^2} \longrightarrow 1 \qquad (2\text{-}59)$$

式(2-59)说明同一原胞内的两个原子始终保持同向振动, 频率越低, 两者振幅越接近, 因此长声学波实际上可代表原胞质心的振动。对于 $q=0$ 的极限情况, 则代表整个晶体的平动。

光学波的色散关系在 $q=0$ 时达到最小值, 因此 $q\to0$ 时仍如式(2-56)所示。代入式(2-50)可得:

$$\frac{A}{B} = \frac{2\beta-M\omega_+^2}{2\beta\cos(qa)} \longrightarrow -\frac{M}{m} \qquad (2\text{-}60)$$

式(2-60)说明同一原胞内的两个原子以反向和不同振幅振动, 它们质心的平均位置 $mA+MB$ $=0$。因此, 长光学波描述的是原胞内原子关于原胞质心的相对振动。现在很容易理解, 单原子晶格的振动只有声学支, 没有光学支。

长光学波对离子晶体有特别的意义。因为离子原胞内包含的是带正、负电荷的离子, 所以当两个离子反向振动时, 电荷分布不再均匀, 进而产生以光学波波长为周期的电荷区。如果波长很大, 就会使晶体呈现出宏观上的极化现象, 即产生电偶极矩。这时如果用电磁波照射晶体, 离子的电偶极矩就会与电磁波发生显著作用, 同时改变电磁波和光学格波的色散曲线, 产生极化激元的耦合现象。黄昆先生曾经在相关方面进行了系统的研究, 他建立的"黄昆方程"为描述电磁波和离子晶体光学波的耦合提供了重要的理论基础。

3. 普遍规律

通过上述分析, 我们已经了解了格波一些重要的特征和基本规律, 这些结论可以简单地加以推广。最普遍的情形是, 三维复式晶格中有 N 个原胞, 每个原胞中 l 个原子, 每个原子都能在三维方向上运动。下面看看此时的色散关系会变成什么样。

从粒子角度看, 只考虑振动自由度, 则总自由度为 $3Nl$ 个。按照前文所说的规律:

格波本征态数 ＝ 原子序列自由度

可以预料, 周期性边界条件下, 色散曲线必定由 $3Nl$ 个点组成。

当原子在三维方向上振动时, 会分别产生两个横波、一个纵波, 实际振动为它们的叠加, 这会使它们的幅度 u 变为矢量。但除此以外, 这三种格波的幅值和模型没有任何其他区别, 因此格波方程和色散关系解也不会发生变化。全部色散曲线必定是由三套形式相同的色散曲线组成。它们可以只用一套色散曲线来反映。但此时图上的一套曲线实际代表三套曲线, 所以这张图上一共只有 Nl 个点。

三维复式晶格在倒空间也是三维的, 应该得到三个维度的波矢 q_x、q_y 和 q_z, 和一张四维的

$\omega(\boldsymbol{q}_x,\boldsymbol{q}_y,\boldsymbol{q}_z)$曲线图。四维图画不出来,所以通常只画出它在特定 $\boldsymbol{q}$ 方向上投影的 $\omega(\boldsymbol{q})$ 图。需要同时表示多个 $\boldsymbol{q}$ 方向上的 $\omega(\boldsymbol{q})$ 关系时,因为 $\omega(\boldsymbol{q})$ 总是关于 $\boldsymbol{q}$ 对称的,所以可以把每种 $\omega(\boldsymbol{q})$ 曲线只画半侧再拼成一张整图。

因为不是简单晶格,所以纵波的色散曲线必定包含多支曲线。其中只有声学支是经过原点位于最底层的,其余的都是光学支。声学支是把原胞当成格点时的解,所以声学支的波矢数必定和简单晶格解一样,有 N 个。相同周期性边界条件下,光学支只增加角频率 ω 数,不增加波矢 $\boldsymbol{q}$ 数,它们和声学支共享同样的波矢 $\boldsymbol{q}$ 坐标。因此有:

格波波矢数 = 晶体原胞数

作为结论,三维复式晶体的实格波波矢数目为 N,振动模式数为 $3Nl$。$3Nl$ 个格波又可分为 $3l$ 支曲线,$3l$ 支中有 3 支是声学波,其余 $3(l-1)$ 支是光学波。例如,NaCl 晶体中原胞中含两个原子,因此共有 6 支格波,其中声学波有 3 支,其余 3 支为光学波。若 $NaCl$ 晶体包含 N 个原胞,那么每支格波就包含 N 个格波,整个晶体中共有 $3N$ 个声学波和 $3N$ 个光学波,共 $6N$ 个格波。

最后,$\omega\text{-}q$ 色散曲线上的点都是格波本征态,实际格波由这 $3Nl$ 个本征态线性叠加而成,仍如式(2-45)所示。大量格波的无序运动是不确定性问题,它们叠加后的平均结果会呈现确定的宏观波动特性或统计分布。这些结论和简单晶格时都是一样的。

2.4 声子

2.4.1 从格波到声子

1. 声子的能量

以一个含有 N 个原子的一维简单晶格中的实格波为例。

格波可看作线性回复力下的原子序列运动,其总能量可写作:

$$H = T+V = \frac{1}{2}\sum_n m\left(\frac{\mathrm{d}u_n}{\mathrm{d}t}\right)^2 + \frac{\beta}{2}\sum_n (u_{n+1}-u_n)^2 \tag{2-61}$$

式中包括了 $u_{n+1}u_n$ 交叉项,它是原子振动相互联系的反映。现在试着通过坐标变换把它消除掉。

格波总能为:

$$u = \sum_q A_q \mathrm{e}^{\mathrm{i}[qna-\omega(q)t]} = \sum_q A_q \mathrm{e}^{-\mathrm{i}\omega(q)t}\mathrm{e}^{\mathrm{i}qna} = \sum_q A_q(t)\mathrm{e}^{\mathrm{i}qna} \tag{2-62}$$

归一化的格波态 ϕ 为:

$$\phi = \frac{1}{\sqrt{N}}\sum_q A_q(t)\mathrm{e}^{\mathrm{i}qna} \tag{2-63}$$

引入广义位移 $Q(q,t)=\sqrt{m}A_q(t)$,则有

$$\phi = \frac{1}{\sqrt{Nm}}\sum_q Q(q,t)\mathrm{e}^{\mathrm{i}qna} \qquad \phi^* = \frac{1}{\sqrt{Nm}}\sum_{-q} Q(-q,t)\mathrm{e}^{\mathrm{i}qna} \tag{2-64}$$

利用正交完备集的正交性质:

$$\sum_q \mathrm{e}^{\mathrm{i}q(n-n')a} = \begin{cases} N & n=n' \\ 0 & n\neq n' \end{cases} \qquad \sum_n \mathrm{e}^{\mathrm{i}n(q-q')a} = \begin{cases} N & q=q' \\ 0 & q\neq q' \end{cases} \tag{2-65}$$

将式(2-64)代入式(2-61)得到：

$$H = \frac{1}{2}\sum_q \frac{\partial Q(q,t)}{\partial t}\frac{\partial Q^*(-q,t)}{\partial t} + \sum_q \frac{\beta}{m}(1-\cos qa)Q(q,t)Q^*(-q,t) \quad (2\text{-}66)$$

因为格波是可观测的，所以一定有：

$$\phi = \frac{1}{\sqrt{Nm}}\sum_q Q(q,t)\mathrm{e}^{\mathrm{i}qna} = \frac{1}{\sqrt{Nm}}\sum_{-q}Q^*(-q,t)\mathrm{e}^{\mathrm{i}qna} = \phi^* \quad (2\text{-}67)$$

因此：

$$Q(q,t) = Q^*(-q,t) \quad (2\text{-}68)$$

将式(2-68)代入式(2-66)，并利用简单晶格的 ω - q 色散关系，可得：

$$H = \sum_q \left\{ \frac{1}{2}\left[\frac{\partial Q(q)}{\partial t}\right]^2 + \frac{1}{2}\omega(q)^2 Q(q)^2 \right\} \quad (2\text{-}69)$$

定义：

$$P(q) = \frac{\partial Q(q)}{\partial t} \quad (2\text{-}70)$$

把 Q 看作广义位移，P 就具有广义动量的含义，因此总能量可继续写作：

$$H = \sum_q \left[\frac{1}{2}P(q)^2 + \frac{1}{2}\omega(q)^2 Q(q)^2 \right] \quad (2\text{-}71)$$

式(2-71)不仅不含交叉项，而且从形式上看，方括号中的项正是一个广义谐振子的能量形式。上面引入新的位置和动量重新描述运动的做法也正是 1.2.2 节所说的正则变换。通过正则变换，任意格波的运动都可被改述为多个谐振子的运动。

当格波幅度微小的时候。按正则量子化方法，位置 Q 算符化后仍是 Q，动量 P 算符化变成 $\mathrm{i}\hbar\frac{\partial}{\partial Q}$，由此直接写出每个谐振子的薛定谔方程为：

$$\left[-\frac{\hbar^2}{2}\frac{\partial^2}{\partial Q(q)^2} + \frac{1}{2}\omega(q)^2 Q(q) \right]\phi = E\phi \quad (2\text{-}72)$$

按谐振子模型，它的能级是均匀分布的，第 n 个能级的能量为：

$$E_n = \left[n(q) + \frac{1}{2} \right]\hbar\omega(q) \quad n(q) = 0,1,2,\cdots \quad (2\text{-}73)$$

这只是一个 q 上的结果。格波总能量 E 是所有 N 个波矢 $\boldsymbol{q}$ 上谐振子能量的叠加，即

$$E = \sum_{i=1}^{N}\left[n(q_i) + \frac{1}{2} \right]\hbar\omega(q_i) \quad (2\text{-}74)$$

推广到 N 个原胞，每原胞 l 个原子的三维晶格系统，总能量 E 为：

$$E = \sum_{i=1}^{N}\sum_{j=1}^{3l}\left[n_j(q_i) + \frac{1}{2} \right]\hbar\omega_j(q_i) \quad (2\text{-}75)$$

式中的 1/2 项是谐振子模型特有的零点能，它在微观中有特定的物理含义，但宏观应用中较少涉及，故不多述。整个格波能量可看作是许多谐振子能量的叠加，每个谐振子的能级间隔为 $\hbar\omega_j(q_i)$，能量只能按 $\hbar\omega_j(q_i)$ 正整数倍发生变化，最小为 $\hbar\omega_j(q_i)$。每变化 $\hbar\omega_j(q_i)$ 后吸收或放出的就是一个格波的玻色子，称作**声子**。

作为总结，任意格波总可看作由不同 ω - q 本征态/振动模式的格波叠加而成，每个 ω - q 本征态的格波对应一个谐振子。格波振幅为零时谐振子处于基态，振幅非零时处于激发态。每

个 ω-q 态谐振子状态改变时会吸收或放出声子,其能量为 $\hbar\omega$ 的整数倍。每个 ωq 态对应一种声子,例如三维复式晶格振动中共有 $3Nl$ 个声子。

2. 声子的准动量

按照玻色子理论,对于每种 ω-q 态的波粒,其能量为 $\hbar\omega$,动量为 $\hbar q$ 。它们本该能直接用到守恒定律中,但实际上却不行。

按格波的同波效应,q 和 $q+K_h$ 的波矢描述的是完全相同的格波,超出第一布里渊区以外的格波不增加新的状态,因此它们不可能有不同的动量。这说明 q 不是真正的格波动量,但它仍然具有物理意义。想象一辆大车中有一个光滑的小球。外力撞击大车后,车会运动,球也会来回碰壁而振动,两者都能分担外界传入的动量。现在格波就像小球,晶体就像大车。如果外界撞击不大,因为小球质量远小于大车,所以主要靠小球来回碰壁运动来承担外界传入动量,这就是第一布里渊区内格波对应的动量。但如果外界撞击很强,传入动量很大,光靠小球就无法承担,这时大车也会发生质心运动,分担部分动量,这就是超出第一布里渊区以外的波矢所多出来的动量,也即晶格质心平动的动量。这个例子也能反过来帮助理解为什么格波具有同波效应。

从理论上看,要求 $\hbar q = \hbar(q+K_h)$,说明 $\hbar K_h = 0$,倒格矢 K_h 的格波不承担动量。而因为晶格是离散粒子序列,晶格平动必定要求粒子序列振幅具有 $u(x+na) = u(x)$ 的周期性。按式(2-27),它恰好就是倒格矢 K_h 的格波集的叠加。可见格波理论在把原子序列平动独立出去的同时,也把倒格矢 K_h 的格波集独立了出去。它们虽然不承担格波动量,却承担质心平动动量。

实际固体物理问题主要分析固体内部的物理特性,不关注晶体的平动,因此默认格波理论的做法,将 $\hbar q$ 称为格波的准动量,或赝动量,将格波的动量守恒定律,放宽为准动量守恒定律:

$$\sum \hbar q = \text{const.} + \hbar K_h \tag{2-76}$$

这样就不用特别引入新的理论而能继续讨论问题。

同样的道理,声子的能量 E 也是不守恒的,因为格波和晶体的运动都能承担能量。相对电子和声子来说,宏观晶体的质量 m 是非常巨大的。这就如同小球弹性撞击地球时绝大部分动能是由小球而不是地球承担一样。所以当声子把动量传给晶体时,几乎没有能量损失,仍可看作能量守恒。

同样的分析可知,声子的动量 p 也是不守恒的。但不涉及转动和磁场类问题时,只用能量守恒和准动量守恒就已足够。

3. 声子的散射

有了最基本的能量和准动量,就可以将声子视为一个准粒子进行讨论。

本章一开始说,固体由电子、光子和原子核组成。现在更合理的说法应该是,固体是由电子、光子和声子组成。它们三者的运动规律和相互作用为各固体物理学分支所讨论的主题。经典粒子的相互作用常称之碰撞,微观粒子的相互作用常用波的概念称之遭受到散射。固体物理也是讲述三类粒子相互散射的物理。

散射是一个包容甚广的概念,涵盖了波与粒子相互作用的所有情形。所以声子与声子、声子与电子、声子与光子,以及声子与其他粒子之间具体如何散射,是一个很大的话题,常常被分解到不同学科中专述。这里只介绍一些最基本的规律和应用。

先看声子与声子的散射。

基于简谐近似的格波理论中,声子和声子是不会自发散射的,因为此时产生声子的格波本征态都是线性无关的。如果没有外界作用,每个格波本征态相互独立,因此也不会有声子间的相互作用。

只有在考虑非简谐效应后,格波态之间相互作用才会发生态的转变,产生声子与声子的散射。把非简谐项代入格波模型,会发现它在格波方程右边增加了一个波源项,使无源格波方程变为有源波动方程。波源项也可以放在方程的左边,使无势场格波方程变成有势场格波方程,使宏观无序格波变成势场下的声子气。无论是理解成势场还是波源,都使格波/声子中出现了力。这个力不是外力,而是格波的非简谐项产生的,因此它可被视为是格波/声子的相互作用力。

最容易发生的声子散射过程是两个声子碰撞产生另一个声子,或一个声子分解成两个声子。设 ω_i 和 q_i 分别是声子的角频率和波矢,按声子的运动规律此时有:

$$\hbar\omega_1 + \hbar\omega_2 = \hbar\omega_3$$
$$\hbar q_1 + \hbar q_2 = \hbar q_3 + \hbar K_h$$
(2-77)

$K_h = 0$ 时,所有声子的波矢 q 都在第一布里渊区内,是最符合常规的情形,称为**正规过程**,或称 **N 过程**,如图 2-35(a)所示。$K_h \neq 0$,合成声子的波矢 q 超出第一布里渊区外。但此时能真实表征动量的波矢,仍是与之相差倒格矢 K_h 的第一布里渊区内的波矢 q_3。换句话说,合成声子的波矢和动量不仅没有变大,反而变小了,而且连方向都被倒转。因此它被称为**翻转过程**,或 **U 过程**,如图 2-35(b)所示。

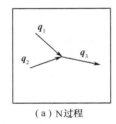   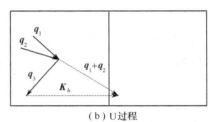

（a）N 过程　　　　　　　　　　　（b）U 过程

图 2-35　声子碰撞过程

再看声子与光子的散射。

原子序列对晶体学而言是晶格,对电磁/光学来说就是光/电磁波的传播介质。格波的运动可能会影响电磁波的传播特性。从粒子化视角来看,格波与电磁波相互作用的过程就是声子和光子的散射。光子与声学波声子散射称为**布里渊散射**;光子与光学波声子散射称为**拉曼散射**。

从光学角度更关注从入射光到散射光的变化。此时常见的是 ω-k 态的光子与 ω_j-q 态的声子作用后散射为 ω'-k' 态的光子,散射过程遵守:

$$\hbar\omega \pm \hbar\omega_j = \hbar\omega'$$
$$\hbar n k \pm \hbar q = \hbar n k' + \hbar K_h$$
(2-78)

式中 n 是晶体的折射率,光子在晶体中的波矢应是在自由空间的波矢的 n 倍。负号代表发射声子过程,常称为**斯托克斯散射**,正号代表吸收声子过程,称为反斯托克斯散射。散射过程的波矢关系如图 2-36(a)和(b)所示。

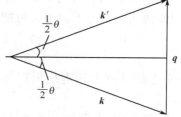

(a) 散射的波矢关系图　　　　(b) 用声子和光子散射测声子谱的原理

图 2-36　声子和光子的散射

如果用可见光频段附近的电磁波为入射波,则其光子波长远大于原子尺度,波矢 k 和 k' 远小于第一布里渊区尺度。此时只有声子波矢 q 在第一布里渊区内且 $K_h = 0$ 才能满足动量守恒。声子的角频率 ω_j 通常远小于可见光光子,因此 $\omega \approx \omega'$。这说明光子的波矢 k 变化也很小,反映在图 2-36(b)中的波矢关系图近似为等腰三角形,有:

$$q = 2nk\sin\frac{\theta}{2} = 2n\frac{\omega}{c}\sin\frac{\theta}{2} \tag{2-79}$$

式中 c 是光速。如果能测得入射和散射光角频率 ω 和波矢 k 方向的变化角 θ,就能计算出声子的角频率 ω_j 和波矢 q,由此得到 ω-q 色散关系。声子的色散曲线图也常被称为声子谱,也即格波的色散曲线。因此这种方法就常被用来测定声子谱。

从原理上看,上述办法只适合靠近 $k = 0$ 点,也即长波近似下的色散关系。为了扩大声子谱的测量范围,需要采用更大波矢 k 的光子,如 X 射线的波矢范围就与布里渊区尺度相当。但按 $\omega = kc$,此时 X 射线的角频率/能量远远超过声子的角频率/能量,容易产生过大的相对误差。如果能找到一种波矢 k 和角频率 ω 都与声子相近的粒子,而且它不与固体中的电子发生显著散射,那将是更好的解决办法。后来人们发现它可以是中子。

设波矢为 k 的中子入射晶体后散射为 k',散射过程满足:

$$\frac{(\hbar k)^2}{2m} \pm \hbar\omega_j = \frac{(\hbar k')^2}{2m} \tag{2-80}$$

$$\hbar k \pm \hbar q = \hbar k' + \hbar K_h$$

中子质量大,同样速度下能量高,它的波矢 k/动量 p 和角频率 ω/动能 T 都容易精确控制和测量。通常中子和声子能量都在 $0.02 \sim 0.04\text{eV}$ 范围,波长和原子尺度相当。其实声子所描述的就是原子序列的运动,用中子作散射类似于用原子撞原子,它们的参数当然相近。用中子而不用质子是因为中子不带电,不会与带电的电子散射。

2.4.2　声子气的统计分布

因为格波可视为声子,所以宏观格波/机械波的无序运动部分就是大量声子的统计运动,其具有类似大量气体分子的运动特征,因此格波模型可以当作声子气的模型,应用统计物理的方法进行探讨。

声子虽然在动量问题上是准玻色子,但它在相容性和全同性上和其他玻色子没有区别。每个能态上都能待任意多声子,交换两个声子不改变系统态。所以按 1.3 节推导的最概然分布 $f(E)$ 也不会有差异,仍符合玻色-爱因斯坦统计分布。声子数目不守恒,随温度增减而增减。

虽然所有波、粒基本单元的角频率 ω 和能量 E 都符合 $E=\hbar\omega$，但出于历史习惯，描述波动/玻色子时人们倾向用 ω 而非 E。用 ω 可把玻-爱分布重新写为：

$$f(\omega) = \frac{1}{e^{\frac{\hbar\omega}{kT}} - 1}$$ (2-81)

在确定了统计分布上的基础上还需确定简并度/态密度 $g(E)$ 和约束，才能确定最终的状态分布。

在声子理论中，简并度/态密度 $g(E)$ 常用 ω 表示为 $\rho(\omega)$，称为振动模式密度。大量声子能级分布密集，可视为连续分布。$\rho(\omega) = dF/d\omega$ 表示 ω 空间中自由度 F 的密度。格波的自由度就是本征态数，也是 ω-q 色散曲线中的点数。因此有：

$$\rho(\omega) = \frac{dF}{d\omega} = \frac{dF}{dV_q}\frac{dV_q}{d\omega}$$ (2-82)

式中，V_q 是一维/二维/三维色散曲线占据的 q 空间长度/面积/体积；dF/dV_q 表示其中点的密度，而 $dV_q/d\omega$ 与当前对象的 ω-q 关系有关。为方便描述和绘图，下面先以二维情况为例进行分析，然后再推广到三维普遍情况。

对于周期性边界条件下边长为 L 的正方晶格，二维 q 空间点必定均匀分布，间距为 $2\pi/L$，如图 2-37 所示。q 空间中每个点占据 $(2\pi/L)^2$ 面积，点密度为 $(L/2\pi)^2$。推广到三维，周期性边界条件下的三维简立方晶格，在 q 空间的点密度为 $(L/2\pi)^3$。记立方晶格体积为 $V = L^3$，点密度也可写作 $V/(2\pi)^3$。

但一张 ω-q 图中只有一套色散曲线，如果晶格振动是三维的，就对应三套重叠的曲线。此时图上的一个点实际对应三个振动模式。将所有模式都考虑在内，q 空间的点密度为：

$$\frac{dF}{dV_q} = \frac{3V}{8\pi^3}$$ (2-83)

注意这只是特定条件下的特例。对不同晶格、不同约束和不同偏振条件，会有不同形式。

知道了 ω-q 的表达式，就知道色散图的几何形状。因此总能得到每增加 $d\omega$ 后，一维/二维/三维 q 空间增加的 dV_q 长度/面积/体积。最简单的情况是，ω-q 关系在 q 空间各向同性，此时一维/二维/三维 ω-q 关系关于原点中心/圆/球对称，它增加的必定是一个双线段/圆环/球壳的长度/面积/体积。图 2-37 给出了二维 q 空间时的圆环情形。不难推知三维 q 空间下增加的球壳体积为：

$$\frac{dV_q}{d\omega} = \frac{4\pi q^2 dq}{d\omega}$$ (2-84)

其中 $dq/d\omega$ 总能根据 ω-q 色散关系得到。

综合上述条件，三维时的模式密度 $\rho(\omega)$ 为：

$$\rho(\omega) = \frac{dF}{dV_q}\frac{dV_q}{d\omega} = \frac{3V}{8\pi^3}4\pi q^2\frac{dq}{d\omega}$$ (2-85)

这个最简单理想的结果对定性分析有重要意义。

约束使通解变为特解。热平衡态时声子气的约束条件有两个。一个通常总是温度 T，它反映每自由度上平均能量，按经典能量均分律 $E = FkT/2$。另一个是可能来自总能量 E、总粒子数 N 或总自由度 F，这三个参数如知道一个就能推出另两个。

按 2.3.3 节的普遍规律所述，声子气有一个天然的总自由度 F 的约束条件：

$$F = \int_0^\infty \rho(\omega)d\omega = 3Nl$$ (2-86)

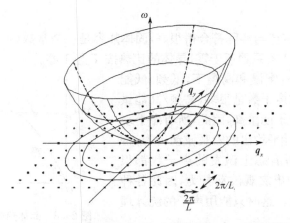

图 2-37　解在 q 空间的分布（声子气态密度 $\rho(\omega)$ 的辅助图解）

声子气数量 N_n 不守恒，通常没法约束，故

$$N_n = \int_0^\infty f(\omega)\rho(\omega)\mathrm{d}\omega \tag{2-87}$$

为避免烦琐，格点数和声子数不同时出现时，都把声子数记作 N。

声子气的能量和数量一样也是不守恒的，总能量为：

$$E = \int_0^\infty f(\omega)\rho(\omega)\,\hbar\omega\,\mathrm{d}\omega \tag{2-88}$$

2.4.3　声子气的统计性质

声子气的统计行为对固体的热学性质有十分重要的影响。下面以固体的热容为例，展示声子气统计理论的实用价值。

1. 声子气热容

固体由电子、光子和声子组成。固体的内能/热能按理应该等于所有电子、光子和声子无序运动能量的总和。但相比较被束缚在固体中的电子和由晶格定义而来的声子来说，全域性更强的光子/电磁波在传统上经常不被认为是固体内部物理的一员，而被独立为光学类学科单独研究。这只是出于认知习惯。设想有一个能束缚大量光子的固体黑体，它的内能中必定有一部分是光子的能量。后文遵循这种习惯，只介绍由声子和电子贡献的统计物理。

虽然声子和电子都能产生热，但绝缘体中电子对热能的贡献远远小于声子气（见 3.2.3 节）。因此绝缘体中的声子气问题就变为比较纯粹的声子气问题，成为本小节讨论的重点。

设有一个三维振动晶格，其内含有 N 个原胞，每原胞中 l 个原子。固体的体积很稳定，可近似认为晶格结构尺寸不随温度变化，考虑固体的定容热容 C_V：

$$C_V = \left.\frac{\partial E}{\partial T}\right|_V \tag{2-89}$$

式中　E 是固体内能，也就是声子气的总能量。三维复式晶格原子总自由度为 $F = 6Nl$ 从经典能量均分律 $E = FkT/2$ 可以看出，热容 C_V 实际上也是自由度 F 的标度。按能量均分律，热平衡时静止固体热容应为：

$$C_V = \left.\frac{\partial E}{\partial T}\right|_V = \frac{\mathrm{d}(6Nl \cdot kT/2)}{\mathrm{d}T} = 3Nlk \tag{2-90}$$

这就是杜隆-珀替定律。

常温和高温时，该定律与实际符合得很好，固体热容是一个常数（见图2-38）。但低温时，实测绝缘体的比热按 T^3 关系趋近于零，导体的比热按 T 趋于零。

对此的定性分析是，常温和高温下，低频/低能量格波本征态上激发的声子数量很多，高频/高能量格波本征态上激发的声子能量高，因此，所有态上表现出大量/高能声子统计平均出的宏观波动行为，符合经典理论。低温下所有态上激发的声子数都很少，且不足以统计、平均出宏观波动行为，因此各种宏观经典理论都会失效。这时只能用声子的统计理论来继续分析问题。

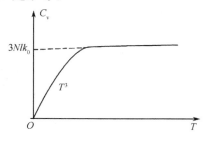

图 2-38　晶体热容的实验曲线示意图

改用 2.4.2 节的声子统计理论后，声子气的总能量 E 为：

$$E = \int_0^\infty f(\omega)\rho(\omega)\,\hbar\omega\,\mathrm{d}\omega = \int_0^\infty \frac{\hbar\omega}{\mathrm{e}^{\frac{\hbar\omega}{kT}}-1}\rho(\omega)\,\mathrm{d}\omega \tag{2-91}$$

因此热容为：

$$C_V = \left.\frac{\partial E}{\partial T}\right|_V = \int_0^\infty f(\omega)\rho(\omega)\,\hbar\omega\,\mathrm{d}\omega = \int_0^\infty k\left(\frac{\hbar\omega}{kT}\right)^2 \frac{\mathrm{e}^{\frac{\hbar\omega}{kT}}}{\left(\mathrm{e}^{\frac{\hbar\omega}{kT}}-1\right)^2}\rho(\omega)\,\mathrm{d}\omega \tag{2-92}$$

可见问题关键仍然是确定声子气的模式密度 $\rho(\omega)$，它是每种晶体材料独有的特征。

2. 爱因斯坦模型

按照本章的逻辑顺序，可以用计算机软件从薛定谔方程一步步计算出键结构、晶格结构、倒格子结构、声子色散关系和声子态密度。但在没有计算机辅助分析的年代里，物理学家仍想出一些巧妙的近似办法，可以预知有用的结论。

一种是爱因斯坦模型。爱因斯坦模型认为所有原子都近似以相同频率 ω_E 振动。这样就把 ω-q 色散关系简化为过 ω_E 的一条平直线，如图2-39所示。$3Nl$ 个本征态全都简并在这一个频率上，因此简并度 $\rho(\omega_E)=3Nl$，它自然满足了式(2-86)的自由度约束条件。于是热容为：

$$C_V = 3Nlk\left(\frac{\hbar\omega}{kT}\right)^2 \frac{\mathrm{e}^{\frac{\hbar\omega}{kT}}}{\left(\mathrm{e}^{\frac{\hbar\omega}{kT}}-1\right)^2} = 3Nlkf_E\left(\frac{\hbar\omega}{kT}\right), \quad f_E(x) = \frac{x^2\mathrm{e}^x}{(\mathrm{e}^x-1)^2} \tag{2-93}$$

式中 $f_E(x)$ 被称作爱因斯坦热容函数。所有声子都叠在一个角频率 ω_E 上，也就是都具有相同的能量 $\hbar\omega_E$。因此它也是平均能量。按经典的能量均分律，平均能量对应温度为：

$$T_E = \frac{\hbar\omega_E}{k} \tag{2-94}$$

该温度被称为爱因斯坦温度。用它可以把热容重写作：

$$C_V = 3Nlkf_E\left(\frac{T_E}{T}\right) \tag{2-95}$$

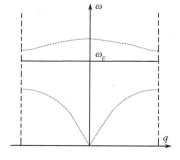

图 2-39　爱因斯坦模型的色散关系示意图

高温时，$T_E \ll T$，$f_E(T_E/T) \to 1$，与经典结论相同。在 $100\sim300\mathrm{K}$ 温度范围内，$f_E(T_E/T)$ 也与实验数据符合得很好，是一个简单实用的近似。

但当温度很低时，$T_E \gg T$，$f_E(T_E/T) \to (T_E/T)^2/e^{T_E/T}$，不符合实测的 T^3 衰减趋势。这当然是该模型过于简化的结果。在常温和高温时，以 300K 为例，可估算 $T_E = 300K$ 对应的声子频率为 6×10^{12} Hz，与常见的光学波声子相仿，光学波声子在第一布里渊区的角频率变化较小，等效成一条平直线是较合理的，所以爱因斯坦模型特别适合这种场合。而在低温下，主要激发的是低频的声学波声子。温度越低，角频率低的长声学波声子就约占多数，长波近似时的色散关系是线性的斜线，肯定不能近似为一条平直线，所以此时爱因斯坦模型就不再有效。

3. 德拜模型

另一种是德拜模型，它在各温度范围都符合得较好，低温时尤其准确。这是因为德拜模型就是按照低温激发的长声学波声子来近似色散关系的，如图 2-40 所示。也就是假设：

$$\omega = q \nu \tag{2-96}$$

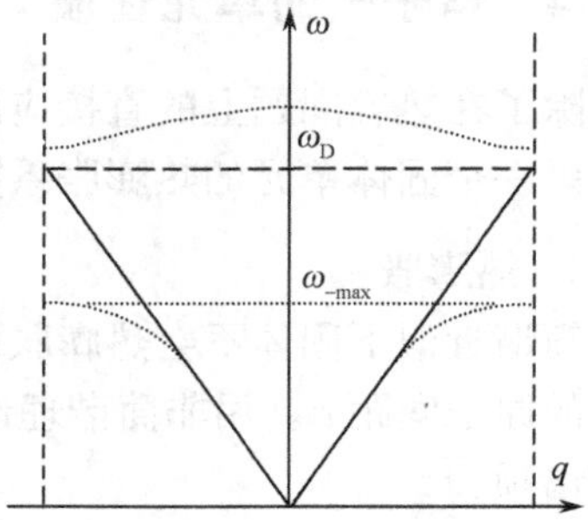

这样一来，式(2-85)的模式密度就变为：

$$\rho(\omega) = \frac{3V}{8\pi^3} 4\pi q^2 \frac{\mathrm{d}q}{\mathrm{d}\omega} = \frac{3V}{2\pi^2\nu^3}\omega^2 \mathrm{d}\omega \tag{2-97}$$

图 2-40 德拜模型的色散关系示意图

式(2-86)总自由度的约束条件会对声子的最大频率 ω_D，也就是 ω 的积分上限提出要求：

$$\int_0^{\omega_D} \rho(\omega)\mathrm{d}\omega = \int_0^{\omega_D} \frac{3V}{2\pi^2\nu^3}\omega^2 \mathrm{d}\omega = 3Nl \tag{2-98}$$

$$\omega_D = \nu(6\pi^2 n)^{1/3}, n = \frac{Nl}{V}$$

式中 n 是单位体积内的原子数。由此求出热容为：

$$C_V = \frac{3V}{2\pi^2\nu^3} \int_0^{\omega_D} k\left(\frac{\hbar\omega}{kT}\right)^2 \frac{e^{\frac{\hbar\omega}{kT}}}{(e^{\frac{\hbar\omega}{kT}} - 1)^2} \omega^2 \rho(\omega) \tag{2-99}$$

积分上限是 ω_D，而不是无穷大。

这个结果看似有些奇怪，因为光学波声子明明可以达到很高的频率。不过仔细一想，德拜模型的本质就是用始终占数量优势的声学波声子，甚至只是长声学波声子的行为代替全部声子行为。所以这里的频率上限是式(2-55)声学波声子上限 ω_{-max} 的自然要求，可以预料 ω_D 与 ω_{-max} 大小相当。ω_D 就被称作德拜频率。它对应德拜温度 T_D 为：

$$T_D = \frac{\hbar\omega_D}{k} \tag{2-100}$$

如果取晶格是单原子序列，所有声子都是声学波声子的极端情况，就有 $\omega_D = \nu q_D = a\sqrt{\beta/m}\pi/a = \pi\omega_{-max}/2$ 的近似结论。用德拜温度 T_D 可以把热容式改写为：

$$C_V = 9Nlk\left(\frac{T}{T_D}\right)^3 \int_0^{T_D/T} \frac{e^x x^4}{(e^x - 1)^2}\mathrm{d}x \tag{2-101}$$

在常温和高温范围，它仍趋近于经典结果。在 $T \ll T_D$ 的低温区域，式(2-101)近似为：

$$C_V \approx \frac{12\pi^4 Nlk}{5}\left(\frac{T}{T_D}\right)^3 \tag{2-102}$$

这正是实测到的 T^3 衰减趋势，被称作德拜定律，用来替代经典的杜隆-珀蒂定律。根据实测数据也可以反推更精确的德拜温度 T_D 和德拜频率 ω_D 值。

温度越低,长声学波所占比重越大,声子气总体越符合德拜近似的色散关系。温度增高后,德拜近似必定会偏离实际。此时可以用随温度 T 变化的德拜温度 T_D 来延长该模型的应用范围。到了现代,高速的数值计算和精密的实验都能得到更精确的热容模型,但上述两种模型展现的合理近似方法仍可作为经典物理思维的范例。

2.4.4 声子气的单元性质

除了在热容问题上的直接应用外,声子统计理论还可以解释固体的其他力学和热学性质。这里以一个固体单元的热膨胀系数和热导率为例,展示声子理论在相关方面的应用。

1. 热膨胀

简谐近似下固体不会热膨胀。因为温度再高,格波也只是增加平均振幅 A,而不会改变平衡时的原子间距 a。用非简谐理论就能解释热膨胀。首先在原子间势能中泰勒展开出更多的非简谐项:

$$U(r) = V(a) + \left(\frac{\mathrm{d}V}{\mathrm{d}r}\right)_a \Delta r + \frac{1}{2}\left(\frac{\mathrm{d}^2 V}{\mathrm{d}r^2}\right)\Delta r^2 + \frac{1}{6}\left(\frac{\mathrm{d}^3 V}{\mathrm{d}r^3}\right)\Delta r^3 + \cdots$$

$$\approx V(a) + \frac{1}{2}\beta\Delta r^2 - \frac{1}{3}\gamma\Delta r^3, \qquad \gamma = -\frac{1}{2}\left(\frac{\mathrm{d}^3 V}{\mathrm{d}r^3}\right) \tag{2-103}$$

式中 $\Delta r = r - a$。因此原子间力为:

$$F = -\frac{\mathrm{d}V}{\mathrm{d}r} = -\beta\Delta r + \gamma\Delta r^2 \tag{2-104}$$

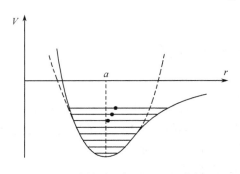

图 2-41 非简谐近似时原子间势能

式中,β 是线性回复系数,前文已述。γ 是第一项非线性回复系数。此时势能曲线如图 2-41 所示,虚线是简谐近似的曲线,实线是保留第一项的非简谐近似曲线。非简谐近似的宏观格波是有源/势场力下的声子气,它必定会偏离原来无源/无势场力时的热平衡位置。这是格波/声子角度的理解方法。

从原子角度看,它在 x 空间的粒密度场满足:

$$n(x) \propto \mathrm{e}^{-\frac{V}{kT}} \tag{2-105}$$

非简谐后势能不对称,左侧斜率变大,斥力增强,右侧斜率变小,引力减弱。因为相同势能 V 下的粒密度 n 相同,所以分布在左侧和右侧的相同数量的原子产生的统计力会不平衡,导致平衡位置发生偏移,其平均偏移量 $\overline{\Delta r}$ 为:

$$\overline{\Delta r} = \frac{\int_{-\infty}^{+\infty} \Delta r \mathrm{e}^{-\frac{V}{kT}} \mathrm{d}r}{\int_{-\infty}^{+\infty} \mathrm{e}^{-\frac{V}{kT}} \mathrm{d}r} \tag{2-106}$$

如果 V 中只保留简谐的 β 项,代入后它为零,表示无热膨胀。将非简谐的 γ 项代入后得到:

$$\overline{\Delta r} = \frac{\int_{-\infty}^{+\infty} \Delta r \mathrm{e}^{-\frac{V}{kT}} \mathrm{d}r}{\int_{-\infty}^{+\infty} \mathrm{e}^{-\frac{V}{kT}} \mathrm{d}r} \approx \frac{\int_{-\infty}^{+\infty} \Delta r \mathrm{e}^{-\frac{1}{kT}(\frac{\beta}{2}\Delta r^2 - \frac{\gamma}{3}\Delta r^3)} \mathrm{d}r}{\int_{-\infty}^{+\infty} \mathrm{e}^{-\frac{1}{kT}(\frac{\beta}{2}\Delta r^2 - \frac{\gamma}{3}\Delta r^3)} \mathrm{d}r} \approx \frac{\gamma kT}{\beta^2} \tag{2-107}$$

计算中用到 $\frac{\gamma}{3}\Delta r^3 \ll \frac{\beta}{2}\Delta r^2$，$\mathrm{e}^{-\frac{1}{kT}(\frac{\beta}{2}\Delta r^2 + \frac{\gamma}{3}\Delta r^3)} = \mathrm{e}^{-\frac{\beta\Delta r^2}{2kT}} \cdot \mathrm{e}^{-\frac{\gamma\Delta r^3}{3kT}} \approx \mathrm{e}^{-\frac{\beta\Delta r^2}{2kT}(1+\frac{1}{3}\frac{\gamma}{kT}\Delta r^3)}$。从中即可得到热膨胀系数：

$$\alpha = \frac{1}{a}\frac{\mathrm{d}\Delta r}{\mathrm{d}T} = \frac{\gamma k}{a\beta^2} \tag{2-108}$$

只保留一次非简谐项时，它是常数。保留更高次非简谐项后，它也会随温度 T 而变化。

2. 热导率

热导率是单元物理中传热学的物理参数。固体可以依靠声子和电子导热，这里只关注声子导热。

所谓导/传热就是声子携带能量产生定向运动。简谐近似时声子与声子不散射，声子可以携带任意能量无阻碍地运动，因此热导率无限大。非简谐近似时，声子间会散射，因此也像经典粒子气一样会发生粒数扩散粒数漂移、热扩散，具体可套用经典粒数场理论和传热学。声子与声子的散射已在 2.4.1 节介绍。它只符合准动量守恒，除了常规的 N 过程，还有非常规的 U 过程。同向声子散射后，合成声子的准动量不增反降，而且方向会发生折变。

理想粒子气的热导率为：

$$\kappa \propto C_V v l \tag{2-109}$$

式中，v 是平均速度；l 是平均自由程。按波动理论，格波/声子的相速度就是色散曲线的斜率，因此平均速度就是所有声子相速度按统计分布的平均值。平均自由程 l 通常与粒密度呈反比，但受外界作用影响大，要按具体情况讨论。

高温时：

（1）绝缘体热容 C_V 是常数。

（2）只要不是极高的温度，玻-爱分布下总是低频的声学波声子居多，它们的色散关系占主导地位。频率低、数量多的长声学波声子，色散曲线长波近似为过原点的两条斜线，相速度为定值。因此声子的平均速度也基本是定值，不随温度变化。

（3）玻-爱分布可近似为：

$$f(\omega) = \frac{1}{\mathrm{e}^{\frac{\hbar\omega}{kT}} - 1} \approx \frac{kT}{\hbar\omega} \tag{2-110}$$

角频率 ω/能量高的声学波声子数量显著增加，按照声学支色散关系，它们的波矢 q 也较大，使得声子与声子散射时很容易发生波矢 q 超出第一布里渊区的翻转 U 过程。U 过程中，声子散射后动量减小，方向倒转。而经典粒子气中的粒子碰撞只不过是使粒子速度归零。因此 U 过程的散射会形成更强的热阻。声学波声子始终是多数，如果大多数声学波声子都能产生 U 过程散射，那么它必定就是声子气热阻/热导的主导机制。此时平均自由程 l 近似反比于声子总数，反比于温度。

综上所述，此时热导率也反比于温度：

$$\kappa \propto \frac{1}{T} \tag{2-111}$$

温度适中时：

（1）绝缘体热容 C_V 基本上仍是常数。

（2）同理，平均速度 v 基本不随温度变化。

（3）因为能量不够高，波矢不够大，不是所有声学波声子都能产生 U 过程。但因为 U 过程的热阻较强,只要有足够数量的声子产生了 U 过程,它就会取代 N 过程成为主要的热阻机制。考虑平均情况,至少波矢 q 超过 1/4 布里渊区尺度的声学波声子相互散射才能产生 U 过程。声学支近似线性,在布里渊区边界达到 $\omega_{-\max}$,且 $\omega_D \approx \omega_{-\max}$,因此这些声子能量约在 $\hbar\omega_D/2$ 以上,它们的数量满足:

$$f(\omega) = \frac{1}{e^{\frac{\hbar\omega_D/2}{kT}} - 1} \approx \frac{1}{e^{T_D/T}} \tag{2-112}$$

综上所述,此时热导率遵循:

$$\kappa \propto l \propto e^{T_D/T}$$

低温时:

(1)绝缘体热容 C_V 符合德拜模型,$C_V \propto T^3$。

(2)同理,平均速度 v 基本不随温度变化。

(3)低 ω 低 q 的声学波声子占据多数,它们波矢很小,不能产生热阻显著的 U 过程。不仅如此,低温时非简谐效应也减弱,声子间的力和 N 过程散射也很小,几乎不散射。此时所有常规下不明显的非理想因素造成的散射都开始变得明显起来,尤其是来自晶格缺陷的散射,包括晶体的不均匀性、多晶晶界、晶体表面,晶体内部杂质等。这些缺陷通常都是宏观尺度,与晶体/晶粒长度 L 相仿,不随温度变化。所以声子的平均自由程 l 也在这个尺度上,不随温度变化。

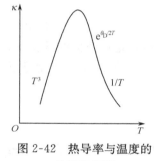

图 2-42 热导率与温度的关系示意图

综上所述,此时热导率遵循:

$$\kappa \propto T^3$$

把上述分析结果画在一起,得到图 2-42 所示的热导率 κ 随温度 T 变化的曲线。它与实测结构吻合得很好,证明声子气理论具有实用价值。

问题与习题

2-1 试说明格波和弹性波有何不同?

2-2 证明:在长波范围内,一维单原子晶格和双原子晶格的声学波传播速度均与一维连续介质弹性波传播速度相同,即

$$v = \sqrt{\frac{E}{\rho}}$$

式中,E 为弹性模量;ρ 为介质密度。

2-3 设有一维原子链,第 $2n$ 个原子与第 $2n+1$ 个原子之间的恢复力常数为 β,第 $2n$ 个原子与第 $2n-1$ 个原子之间的恢复力常数为 β'($\beta' < \beta$)。设两种原子的质量相等,最近邻间距为 a,试求晶格振动的振动谱以及波矢 $q=0$ 和 $q=\pi/2a$ 时的振动频率。

2-4 一维双原子晶格振动中,证明在布里渊区边界 $q = \pm \dfrac{\pi}{2a}$ 处,声频支中所有轻原子 m 静止,光频支所有重原子 M 静止。

2-5 什么叫声子? 它和光子有何异、同之处?

2-6 一维双原子点阵,已知一种原子的质量 $m = 5 \times 1.67 \times 10^{-27}$ kg,另一种原子的质量 $M = 4m$,力常数 $\beta = 15$ N·m^{-1},求:

① 光学波的最大频率和最小频率 $\omega_{\max}^{O}$、$\omega_{\min}^{O}$；

② 声学波的最大频率 $\omega_{\max}^{A}$；

③ 相应的声子能量是多少 eV？

④ 在 300K 可以激发多少个频率为 $\omega_{\max}^{O}$、$\omega_{\min}^{O}$ 和 $\omega_{\max}^{A}$ 的声子？

⑤ 如果用电磁波来激发长光学波振动，试问电磁波的波长要多少？

2-7 设晶体中每个振子的零点振动能量 $\frac{1}{2}\hbar\nu$，试用德拜模型求晶体的零点振动能。

2-8 设长度为 L 的一维简单晶格，原子质量为 m，间距为 a，原子间的互作用势可表示成

$U(a+\delta) = -A\cos(\frac{\delta}{a})$。试由简谐近似求：

① 色散关系；

② 模式密度 $\rho(\omega)$；

③ 晶格热容（列出积分表达式即可）。

2-9 有人说，既然晶格独立振动频率 ν 的数目是确定的（等于晶体的自由度数）。而 $h\nu$ 代表一个声子。因此，对于一给定的晶体，它必拥有一定数目的声子。这种说法是否正确？

2-10 应用德拜模型，计算一维、二维情况下晶格振动的频谱密度、德拜温度、晶格比热。

2-11 简述绝缘体热导在以下三个温度范围内和温度的关系，并说明物理原因：① $T \gg \theta_D$；② $T \ll \theta_D$；③介于①、②之间的温度。

第 3 章　晶体中的大量电子

如果不以原子核/原子为观测主体,不把其余电子和光子都看作原子核的势场,而是以电子为观测主体,把其余光子和原子核都看作电子的势场,把整个固体看作势场下的大量电子,就产生固体的电子学。

3.1　大量电子的运动

3.1.1　多体模型

考虑电子与电子、电子与原子核、原子核与原子核间的相互作用,薛定谔方程为:

$$\hat{H}\psi(\boldsymbol{r},\boldsymbol{R}) = E\psi(\boldsymbol{r},\boldsymbol{R}) \tag{3-1}$$

$$\hat{H}(\boldsymbol{r},\boldsymbol{R}) = \hat{H}_{e}(\boldsymbol{r}) + \hat{H}_{N}(\boldsymbol{R}) + \hat{H}_{e-N}(\boldsymbol{r},\boldsymbol{R}) \tag{3-2}$$

式中,$\boldsymbol{r}$ 是电子坐标 $\{r_i\}$ 对应的相坐标;$\boldsymbol{R}$ 是原子核坐标 $\{R_i\}$ 对应的相坐标;$\hat{H}$ 是系统的哈密顿算符。$\hat{H}_e$ 包括所有电子的动能项和势能项:

$$\hat{H}_{e-e}(\boldsymbol{r}) = T_e(\boldsymbol{r}) + V_{e-e}(\boldsymbol{r}) = \frac{\hbar^2}{2m}\sum_i \nabla_i^2 + \frac{1}{8\pi\varepsilon_0}\sum_{i,j}{}' \frac{e^2}{|r_i - r_j|} \tag{3-3}$$

式中 m 为电子的质量。这里只考虑真空中电子。$\hat{H}_N$ 包括所有原子核的动能项和势能项:

$$\hat{H}_{N}(\boldsymbol{r}) = \hat{T}_N(\boldsymbol{r}) + \hat{V}_{N-N}(\boldsymbol{r}) = -\sum_j \frac{\hbar^2}{2M_j}\nabla_j^2 + \frac{1}{2}\sum_{j,j'}{}' V_{N-N}(\boldsymbol{R}_j - \boldsymbol{R}_{j'}) \tag{3-4}$$

M_j 为第 j 个原子核的质量。$\hat{H}_{e-N}$ 为电子和原子核之间的互作用项:

$$\hat{H}_{e-N}(\boldsymbol{r},\boldsymbol{R}) = \sum_i \sum_j V_{e-N}(r_i - R_j) = \sum_i V(r_i) \tag{3-5}$$

式中 $V(r_i)$ 是只由原子核贡献的每个电子的势能。上述模型中只考虑最显著的静电能,还可以进一步考虑自旋、轨道角动量磁矩产生磁能,以及不相容原理产生的交换能等。

在第 2 章,我们同样是从这个方程出发的。但因为原子核很容易被看作经典粒子,绝热近似下它又几乎不动,所以很快从它过渡到原子间作用力的模型,随后就转化为以回复力相互作用的经典粒子序列来讨论问题。本章关注的对象是电子,我们将继续用量子理论来分析。

3.1.2　统计模型

多体模型中,只要单体数稍稍增大就不再有确定收敛解,这一点与第 2 章是一致的。所以它必定要被转化为电子气的统计模型来分析。第 2 章的转化方法很简单,就是用三近似从多体模型中推导出格波模型。格波是全域的波动,它的基本单元是玻色子,声子。玻色子相容、交换对称全同,能直接叠加成任意波动。但本章关注的电子是费米子,费米子不相容、交换反对称,两个费米子不能直接叠加。所以这里我们要用不一样的办法,它仍然是三个近似,但远比第 2 章的复杂。为示区别,下文称它们为固体电子/电子气三近似,称第 2 章的为格波/声子气三近似。

1. 绝热近似

这里的电子气三近似与第 2 章的声子气三近似，两者的绝热近似是一样的，都认为电子运动只能提供原子核间定常的作用力/键，不能动态地影响原子核运动。它们的作用都是把多体运动分解成两种对象的独立运动：原子核运动和电子运动。原子核单独运动的问题已经在第 2 章解决，最终它被等效为声子的运动。绝热近似认为原子核是相对静止不动的，原子核之间的势能 $V_N(\boldsymbol{R})$ 是常数，作为本底能量扣除。于是式（3-1）的多粒子哈密顿算符简化为多电子哈密顿算符：

$$\hat{H}(\boldsymbol{r}) = \hat{H}_e(\boldsymbol{r}) + \hat{H}_{e-N}(\boldsymbol{r},\boldsymbol{R}) = \hat{T}_e(\boldsymbol{r}) + V_{e-e}(\boldsymbol{r}) + \sum_i V(\boldsymbol{r}) \tag{3-6}$$

它可以进一步改写为：

$$\hat{H}(\boldsymbol{r}) = \left[\hat{T}_e(\boldsymbol{r}) + \sum_i V(\boldsymbol{r}_i)\right] + V_{e-e}(\boldsymbol{r}) = \sum_i \hat{H}_i + \sum_{i,j}{}' \hat{H}_{ij} \tag{3-7}$$

式中单电子算符 $\hat{H}_i$ 表示每个电子相对静止原子核作用下的能量，双电子算符 $\hat{H}_{ij}$ 表示每个电子在所有电子作用下的能量。这样就把原子核与电子的作用分开。

2. 单电子近似

热平衡态下统计体中每个单体的平均运动都是一样的，因为它们都是统计平均的结果。因此，在最终的电子气统计模型中，热平衡时每个电子的运动规律必定是相同。

基于这种思想，哈特里（Hatree）假设电子气中每个电子都在相同的统计平均势场下运动。来自原子核的势场本来就是静态不变的，需要统计平均的只是来自电子的势场。为了求出它，可以以一个电子在原子核势场下的运动方程为起点，一个一个增加电子，重新求解当前多体方程。把每次得到的多体解作为下一个电子的势场，如此反复迭代，得到电子的平均势场 $V(\boldsymbol{r}_i)$。福克（Fock）进一步考虑了电子态密集时自旋简并的问题，在势能中加入交换能。于是这套方法被称为哈特里-福克自洽场方法。最终多体问题被转化为单个电子在平均势场 V 下的问题，它的薛定谔方程为：

$$\hat{H}\phi = -\frac{\hbar^2}{2m}\nabla^2\phi + V\phi \tag{3-8}$$

这个"单电子"本质上是一个电子气统计体，或称统计电子。它的实际数量不是一个，而是固体中多个电子的总数多个。这就如同不管多少个波动怎么叠加，最终结果仍可被视为一个波一样。费曼（Feynman）曾戏称世界上只有一个电子，指的就是这种情形。因为它只是同一个统计电子的模型，所以该电子波内部的不同部分可以直接叠加，这些部分就对应一个或多个普通的电子。这就解决了不同费米子态不能直接叠加的问题，回到了和声子气统计相似的轨道上。此外，薛定谔方程和格波方程一样，都是以经典的波幅 ϕ 而不是以具有粒数/密度意义的波幅模方 n 为波动幅度的。如果想直接看到粒数场的规律，如电子云的分布，电子流的运动等，需要对波幅取模方后改写成粒数连续性方程。

3. 周期势场近似

周期势场近似，就是试图把某个周期势场作为平均势场的主体，把所有偏离周期场的小的势场起伏都视为微扰的近似方法。对于规则排列的晶体，这种近似思想十分自然。如果图 3-1(a)是孤立原子的势场，那么图3-1(b)的实线部分就是一维晶格下的周期势场。它可视为每个孤立原子的势场近距离交叠后的结果。对三维普遍情况，它的周期性可用正格矢 $\boldsymbol{R}_l$ 描述为：

$$V(r + \mathbf{R}_l) = V(r) \tag{3-9}$$

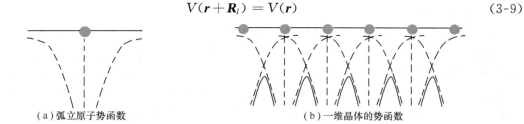

（a）弧立原子势函数　　　　　　　　　（b）一维晶体的势函数

图 3-1　原子的势场

作为总结,绝热近似把大量原子核和电子的多体问题转化为大量电子的多体问题,单电子近似把它转化为势场下电子气的统计问题,周期势场近似把它转化为有微扰的周期势场下电子气的统计问题。接下来的工作,就是确定周期势场,确定微扰,求本征态,对其应用统计理论。

3.2　自由电子气

最简单的情况是周期势场为零,微扰为零。这种对象被称作自由电子气。它就像无势场的理想气体一样,是电子气统计物理中最简单的情形。

3.2.1　自由电子气的统计分布

1. 单电子方程与解

自由电子气最常见情形是在金属中的自由电子。常见金属给人最深刻的印象就是,它们可以源源不断地提供电子。这不禁使人们猜测,金属中的电子是不是没有什么束缚。特鲁德(Drude)等人在解释金属的电和热性质时就提出这种假设,认为金属中电子的运动像理想气体分子一样自由。后来这种简化认识又得到洛伦兹(Lorenz)与索末菲(Sommerfeld)等的改进,发展成为成熟的自由电子气模型。这些模型很好地符合了相关的实验结果。

三维定态薛定谔方程为:

$$-\frac{\hbar^2}{2m}\nabla^2\psi = E\psi + V\psi \tag{3-10}$$

对于边长为 L,体积为 $V = L^3$ 的三维立方金属来说,可把这一立方金属中的自由电子所处的势场 V 定义为:

$$
\begin{aligned}
V(x,y,z) &= 0, &\quad 0 \leqslant x,y,z < L \\
V(x,y,z) &= \infty, &\quad \text{其他}
\end{aligned}
\tag{3-11}
$$

这正是一个三维的无限深势阱问题。参照第 1 章介绍的一维深势阱模型,本征态和能量本征值可以直接写出,即

$$\psi = \frac{1}{\sqrt{V}}e^{i k \cdot r} = \frac{1}{\sqrt{V}}e^{i(k_x x + k_y y + k_z z)} \tag{3-12}$$

$$E(k) = \frac{\hbar^2 k^2}{2m} = \frac{\hbar^2}{2m}(k_x^2 + k_y^2 + k_z^2) \tag{3-13}$$

$$k_x = n_x \frac{\pi}{L}, \quad k_y = n_y \frac{\pi}{L}, \quad k_z = n_z \frac{\pi}{L}, \quad n_x, n_y, n_z \text{ 为整数})$$

但前文说过,齐次边界条件不太符合实际。电子具有波动属性,边界以外位置并非电子的禁

区。因此与格波问题一样，更常用的是周期性边界条件。三维情况下它为：

$$\psi(x, y, z+L) = \psi(x, y, z)$$
$$\psi(x, y+L, z) = \psi(x, y, z) \tag{3-14}$$
$$\psi(x+L, y, z) = \psi(x, y, z)$$

在此边界条件下，本征态/值的形式不变，仅波数 k 的可取值变为：

$$k_x = n_x \frac{2\pi}{L} \quad k_y = n_y \frac{2\pi}{L} \quad k_z = n_z \frac{2\pi}{L} \;(n_x、n_y、n_z \text{ 为整数}) \tag{3-15}$$

由此得出电子本征能量为：

$$E(\boldsymbol{k}) = \frac{\hbar^2 k^2}{2m} = \frac{\hbar^2}{2m} \left(\frac{2n\pi}{L}\right)^2 \tag{3-16}$$

这就是自由电子气的 E-k 关系。不管哪种边界条件，波数 k 都被一次量子化为分立值，能量 E 也随之量子化，呈现为分立能级，E-k 关系从自由电子的连续抛物线，变为现在的离散抛物线。

2. 电子气的统计分析

单电子近似后的方程已经是电子气的方程。其概率粒密度，就是电子在电子气中分布的统计概率粒密度。因此可直接展开电子气的统计分析。主要需确定最概然分布 $f(E)$，态密度 $g(E)$ 和统计约束。

电子气热平衡时其 $f(E)$ 遵循费米-狄拉克分布：

$$f(E) = \frac{1}{e^{\frac{E-E_F}{kT}} + 1} \tag{3-17}$$

态密度 $g(E)$ 的求法与声子气的模式密度 $\rho(\omega)$ 相似。

日常问题中电子数量大，整体来看能级分布密集，可看作准连续分布，$g(E)$ 是连续函数，$g(E) = dZ/dE$，Z 是本征态数。每个分立的 ω-k 本征态对应 E-k 图上一个点。因此 Z 也是 E-k 图上点数。于是有：

$$g(E) = \frac{dZ}{dE} = \frac{dZ}{dV_k} \frac{dV_k}{dE} \tag{3-18}$$

式中，V_k 是一维/二维/三维 E-k 图占据的 k 空间长度/面积/体积；dZ/dV_k 表示 k 空间点的密度，而 dV_k/dE 来自当前对象的 E-k 关系。为方便描述和作图，下面先分析二维情况，再推广到三维普遍情况。

对于周期性边界条件下，边长为 L 的正方晶格，二维 k 空间点必定均匀分布，间距为 $2\pi/L$，如图 3-2 所示。k 空间中每个点占据 $(2\pi/L)^2$ 面积，点密度为 $(L/2\pi)^2$。推广到三维，周期性边界条件下的三维简立方晶格，在 k 空间的点密度为 $(L/2\pi)^3$，即 $V/(2\pi)^3$。

但 E-k 图上每个点，只是薛定谔方程的本征解。薛定谔方程不能考虑电子自旋情形。算上一个本征态上的两个自旋角动量，实际对应两个自由度。因此 E-k 图上的一个点实际对应两个状态。因此 k 空间的状态点密度为：

$$\frac{dZ}{dV_k} = \frac{V}{4\pi^3} \tag{3-19}$$

知道 E-k 关系，就总能知道每增加 dk 后，一维/二维/三维 k 空间增加的 dV_k 长度/面积/体积。最简单的情况是，E-k 关系在 k 空间各向同性，此时一维/二维/三维 E-q 关系关于原点中心/圆/球对称，它增加的必定是一个双线段/圆环/球壳的长度/面积/体积。图 3-2 同时

给出了二维 k 空间时的情形。对于理想的三维立方金属，按式(3-16)的 E-k 关系，它等于：

$$\frac{\mathrm{d}V_k}{\mathrm{d}E} = \frac{\mathrm{d}V_k}{\mathrm{d}k}\frac{\mathrm{d}k}{\mathrm{d}E} = 4\pi k^2 \frac{\sqrt{2m}}{2\hbar\sqrt{E}} \tag{3-20}$$

实际晶体中的电子的 E-k 关系没这么简单。此时应严格按照 E-k 形状，求解能量间隔 $\mathrm{d}E$ 下不同等能面之间的 k 空间体积。

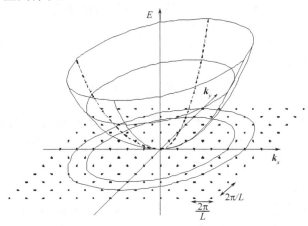

图 3-2 解在 k 空间的分布（电子气态密度 $g(E)$ 的辅助图解）

综合上述条件，三维理想立方金属的态密度为：

$$g(E) = \frac{\mathrm{d}Z}{\mathrm{d}V_k}\frac{\mathrm{d}V_k}{\mathrm{d}k}\frac{\mathrm{d}k}{\mathrm{d}E} = CE^{1/2}，其中 C = 4\pi V\left(\frac{2m}{h^2}\right)^{3/2} \tag{3-21}$$

约束使通解变为特解。热平衡态时电子气的约束条件有两个。一个通常总是温度 T，另一个是可能来自总能量 E、总粒数 N，或总本征态数 Z。知道一个就能推出另外两个。

根据态密度定义，总本征态数 Z 为：

$$Z = \int_0^\infty g(E)\,\mathrm{d}E \tag{3-22}$$

电子不相容，一个本征态最多只能容纳一个电子。所以通常 $Z \gg N$，很难被约束。这同声子气中约束本征态数 Z 而不约束声子 N 恰好相反。

因此，最自然和常见的约束，是给定电子总数 N：

$$N = \int_0^\infty f(E)g(E)\,\mathrm{d}E \tag{3-23}$$

电子气的总能量 E 为：

$$E = \int_0^\infty f(E)g(E)E\,\mathrm{d}E \tag{3-24}$$

3.2.2 费米能级

费米能级 E_F 是电子工程物理中最重要、最独特的参数之一，值得专门阐述它的物理意义。

根据图 3-3 的费-狄分布，热力学零度时有：

$$\begin{aligned}f(E) &= 1, \quad E < E_F \\ f(E) &= 0, \quad E > E_F\end{aligned} \tag{3-25}$$

可见，费米能级表示电子由低至高依次填充能态所能达到的最高能级。它也可表达为，电子气中每增加或减少一个电子所增加或减少的能量。因而也被称为粒数势.化学势、电路学中电势都具有粒数势的含义。因此 $E_F/(-q)$ 被定义为电子的费米势 ϕ_F。

根据上节结论,对理想金属,热力学零度时总电子数满足:

$$\int_0^{E_F^0} C\sqrt{E}\,\mathrm{d}E = \frac{2}{3}C(E_F^0)^{3/2} = N \tag{3-26}$$

由此可确定热力学零度时费米能级为:

$$E_F^0 = \frac{\hbar^2}{2m}(3n\pi^2)^{2/3} \tag{3-27}$$

式中 $n=N/V$ 表示单位体积内的电子数目。三维 k 空间中费米能级为 $E=E_F$ 的能面,简称费米面。热力学零度时,费米面包含的 k 空间体积内填满电子,面外无电子。

热力学零度时每个电子的平均能量为:

$$\overline{E} = \frac{1}{N}\int_0^\infty f(E)g(E)E\,\mathrm{d}E = \frac{1}{N}\int_0^{E_F^0} CE^{3/2}\,\mathrm{d}E = \frac{3}{5}E_F^0 \tag{3-28}$$

这说明,即使在热力学零度,电子气仍有内能。电子气的自由度 F 是由电子数 N 决定的,根据经典能量均分律 $E=FkT/2$,该式按电子数 N 平均的能量应该具有温度的含义。由此引入费米温度 T_F,定义为:

$$T_F = \frac{E_F}{k} \tag{3-29}$$

设电子浓度 $n=10^{28}/\mathrm{m}^3$,电子静止质量 $m=9\times10^{-31}\mathrm{kg}$,则 E_F 约为几个电子伏特(eV),费米温度 T_F 约在 $10^4\sim10^5\mathrm{K}$,是一个很高的温度,它显然不是经典的温度 T。

为什么 $T=0$ 的电子气还有如此高的费米能 E_F 和费米温度 T_F 呢?

因为按不相容性和最低能量原理,费米能级越往下,电子占据能态越满,空能态越少。这里的电子除非获得很高的能量,跃迁到很高的能级,否则它会因为邻近能态都被其他电子占据而无法跃迁。看似没有约束,实则由不相容性提供了额外的约束。结果低能态电子没有运动自由,只有费米能 E_F 附近能态上的电子才有运动自由。观测时只能看到这些电子的表观能量,体现为电子气的观测温度 $T\ll T_F$。只有温度 T 高到 T_F 时,不相容引起的堵塞现象才会完全消失,每个电子才算真正自由,平均能量才能反映观测温度 T。

高温时,在几乎所有能量上都有 $E-E_F\ll kT$,因此有:

$$f(E) = \frac{1}{\mathrm{e}^{\frac{E-E_F}{kT}}+1} = \frac{2}{\mathrm{e}^{\frac{E-E_F}{kT}}+1}\frac{1}{2\mathrm{e}^{\frac{E-E_F}{kT}}} \approx \frac{1}{2}\mathrm{e}^{\frac{E-E_F}{kT}} \tag{3-30}$$

费-狄分布退化为经典麦-玻分布的形状,如图 3-3 中虚线所示。而在正常温度下,当 $E-E_F\gg kT$ 时(即费米能级的右半侧),也有:

$$f(E) = \frac{1}{\mathrm{e}^{\frac{E-E_F}{kT}}+1} \approx \mathrm{e}^{-\frac{E-E_F}{kT}} \tag{3-31}$$

也退化成经典统计分布形状,如图 3-3 中点虚线所示。后一种是电子工程物理常见的情形。这两种情况的共同点是,所关注能量范围内的电子能量足够大和 / 或在能态上分布足够疏散,可以掩盖费米子特有的不

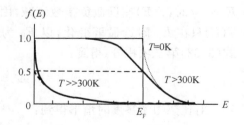

图 3-3　费米-狄拉克分布
（实线表示费-狄分布;
虚线表示麦-波分布）

相容性和交换反对称性对统计分布的影响，表现得像经典粒子。

不仅如此，电子气还有一种与众不同的统计平衡机制。

当费米能高的电子气遇到低的电子气后，因为费米能低处有更多的未填能态，所以电子气一定会发生从费米能高处到低处的独特的"扩散"运动，直到扩散结果使两处费米能齐平为止。这种运动不是经典的热扩散运动。它的目的不是使温度 T 相等，而是使费米能级 E_F 齐平。所以，即使在热力学零度或双方温度 T 相等时，这种运动也会发生。第 4 章、第 5 章中将看到，它是半导体理论中一种重要的基本运动。

从根本上说，这种现象并没有破坏统计物理。因为费米能级是电子不相容性引入的额外相互作用的结果，它可被视为电子气的粒数势。费米能级不同的电子，受的力／势场不同，因而在力／势场的作用下发生任何运动都不奇怪。图 3-4 展现了通过产生势差 $\Delta E_F = E_{F1} - E_{F2}$ 使两者费米能齐平的一种可能，它是半导体中最常见的情形，具体在第 5 章详述。

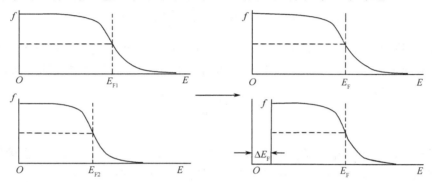

图 3-4　不同费米能的电子气重新达成粒数势平衡

3.2.3　固体的统计性质

绝热近似把固体问题分解成声子气和电子气问题。在 2.4 节单独讨论了声子气的行为，现在可以把电子气的统计特性也加进来，构成更完整的固体统计规律。下面以金属热容问题为例建立一些基本认识。

温度 $T \neq 0$ 时，对金属自由电子气有：

$$N = \int_0^\infty f(E)g(E)\mathrm{d}E = \int_0^\infty Cf(E)E^{1/2}\mathrm{d}E$$

$$= \frac{2}{3}Cf(E)E^{3/2}\Big|_0^\infty - \frac{2}{3}C\int_0^\infty E^{3/2}\frac{\mathrm{d}f(E)}{\mathrm{d}E}\mathrm{d}E \tag{3-32}$$

$E \to \infty$ 时，$f(E)$ 按近似负指数衰减，因此第一项为零。按图 3-3，温度不高且 $E_F \gg kT$ 时，$f(E)$ 只在 E_F 附近显著变化，以 E_F 为中心在此范围内将 $E^{3/2}$ 泰勒展开，取前两项后代入式（3-32）第二项积分，得到：

$$N = \frac{2}{3}CE_F^{3/2}\Big[1 + \frac{\pi^2}{8}\Big(\frac{kT}{E_F}\Big)^2\Big] \tag{3-33}$$

对比热力学零度时情形得到：

$$E_F \approx E_F^0\Big[1 - \frac{\pi^2}{12}\Big(\frac{kT}{E_F^0}\Big)^2\Big] \tag{3-34}$$

因为费米温度很高，所以在常温下必定有 $T_F \gg T$，因此 E_F 与 E_F^0 相比没有显著变化，这说明费米能级 E_F 在日常问题中是一个相当稳定的参数。此时电子的平均能量为：

$$\overline{E} = \overline{E}_0\left[1 + \frac{5}{12}\pi^2\left(\frac{kT}{E_F^0}\right)^2\right] \tag{3-35}$$

因此电子气贡献的热容为：

$$C_V = \left.\frac{\partial E}{\partial T}\right|_V = \left.\frac{\partial(N\overline{E})}{\partial T}\right|_V = \frac{5}{6}\overline{E}_0\pi^2 N\frac{k^2 T}{(\overline{E}_F^0)^2} = \frac{\pi^2}{2}kN\frac{T}{T_F} \tag{3-36}$$

室温下 $T_F \gg T$，大多数电子运动不自由，对热容贡献很小，只有费米面附近约 kT 范围的电子才对热容有显著贡献。所以一般情况下电子气的热容很小。早期人们用经典粒子气理论估测金属电子气热容，比实测值大了两个数量级，说明实际活跃的电子只有百分之一左右。

综合电子气和声子气两方面的贡献，金属总热容可写作：

$$C_V = AT + BT^3 \tag{3-37}$$

系数 A 和 B 由前文理论定性确定，由实测定量修正。低温下，声子气热容按 T^3 迅速衰减，所以按 T 衰减的电子气热容就显现出来。

【例 3.1】 求出晶格常数 a 的一维 N 原子金属自由电子气的（1）能态密度；（2）费米能级 E_F^0；（3）电子平均动能；（4）一个电子对热容的贡献。

解：（1）按电子气的统计分析方法，考虑自旋后 E-k 空间点密度为：

$$\frac{dZ}{dV_k} = 2\frac{Na}{2\pi} \tag{3-38}$$

自由电子气 E-k 关系满足 $E = \hbar^2 k^2/(2m)$，如图 3-5 所示。故态密度 $g(E)$ 为：

$$g(E) = \frac{dZ}{dE} = \frac{dZ}{dV_k}\frac{dV_k}{dk}\frac{dk}{dE} = 2\frac{Na}{2\pi} \times 2 \times \frac{dk}{dE}$$

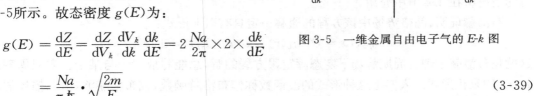

图 3-5 一维金属自由电子气的 E-k 图

$$= \frac{Na}{\pi\hbar} \cdot \sqrt{\frac{2m}{E}} \tag{3-39}$$

（2）热力学零度时，费米能级以下的量子态全部被电子占据，所以电子数为：

$$N = \int_0^{E_F^0} f(E)g(E)dE = \int_0^{E_F^0} g(E)dE = \int_0^{E_F^0} \frac{Na}{\pi\hbar} \cdot \sqrt{\frac{2m}{E}}dE = \frac{2Na\sqrt{2mE_F^0}}{\pi\hbar} \tag{3-40}$$

因此费米能为：

$$E_F^0 = \frac{\pi^2\hbar^2}{8ma^2} \tag{3-41}$$

（3）温度 T 下电子的平均动能为：

$$\overline{E} = \frac{1}{N}\int_0^\infty f(E)g(E)EdE = \frac{a\sqrt{2m}}{\pi\hbar}\int_0^\infty \sqrt{E}f(E)dE \tag{3-42}$$

利用式（3-34）一样的方法，得到：

$$\overline{E} = \frac{2a\sqrt{2m}}{3\pi\hbar}\left[E_F^{3/2} + \frac{\pi^2}{8\sqrt{E_F}}(k_0 T)^2\right] \tag{3-43}$$

（4）平均一个电子对热容量的贡献为：

$$C_{Ve} = \frac{\partial \overline{E}}{\partial T}\bigg|_V = \frac{\pi^2 k}{12}\left(\frac{T}{T_F}\right) \tag{3-44}$$

以上是统计物理在固体性质上最简单的应用。

固体由电子、光子和声子组成。统计大类物理有单元、统计和相对三种观测方法。以不同视角,按不同结构,声子、电子和光子可以向上组织成许许多多具有稳定特征的单元和统计现象,例如,电偶极子、等离子体、激子,极化激元,超导电子对,费米液体,超流……它们构成了至今都在蓬勃发展的凝聚态物理。

3.3　周期势场下的电子气

从这一节起,我们就将直奔电子工程的主题,关注电子气三近似后任意周期势场下电子气的运动行为。

3.3.1　布洛赫电子与能带图

1. 布洛赫电子

周期势场下运动电子的基本方程为:

$$\left[-\frac{\hbar^2}{2m}\nabla^2 + V(\mathbf{r})\right]\psi(\mathbf{r}) = E\psi(\mathbf{r}) \qquad V(\mathbf{r}+\mathbf{R}_l) = V(\mathbf{r}) \tag{3-45}$$

这里的势场 V 已经是按照单电子近似后的势场,而不是最原始的势场。另外此处考虑的是定态薛定谔方程情况。根据 1.4.2 节,所有解的时间部分都是 $e^{-iEt/\hbar}$,以下略去不写。有关非定态的情况将在 3.4 节中介绍。

布洛赫证明,晶格势场中该方程的通解一定具有以下形式:

$$\psi_k(\mathbf{r}) = e^{i\mathbf{k}\cdot\mathbf{r}}u_k(\mathbf{r}) \qquad u_k(\mathbf{r}+\mathbf{R}_l) = u_k(\mathbf{r}) \tag{3-46}$$

这就是布洛赫定理。周期势场下定态薛定谔方程的解,总能写成 $e^{i\mathbf{k}\cdot\mathbf{r}}$ 与某个正空间周期函数 $u_k(\mathbf{r})$ 的乘积形式。人们把这种形式的波函数称作布洛赫函数,或布洛赫波,由它描述的电子称为布洛赫电子。布洛赫波的通式 $e^{i\mathbf{k}\cdot\mathbf{r}}u_k(\mathbf{r})$ 与势场 V 的形式无关,是晶体中电子气普适的规律。$u_k(\mathbf{r})$ 的具体形式由具体势场决定。注意只有 $u_k(\mathbf{r})$ 是周期函数,$\psi_k(\mathbf{r})$ 并不是一定周期函数。

布洛赫波有着明确的物理意义。$e^{i\mathbf{k}\cdot\mathbf{r}}$ 是零势场下自由电子的解。$u_k(\mathbf{r})$ 反映是周期势场对电子的影响,它使 $e^{i\mathbf{k}\cdot\mathbf{r}}$ 被调幅为 $e^{i\mathbf{k}\cdot\mathbf{r}}u_k(\mathbf{r})$。这说明同一个布洛赫电子有概率出现在晶体的任何位置上,不专属于哪一个原子。这常被特称为电子的共有化运动。

将布洛赫波函数代回周期势场下薛定谔方程,可化为:

$$\left[-\frac{\hbar^2}{2m}(\nabla + i\mathbf{k})^2 + V(\mathbf{r})\right]u_k(\mathbf{r}) = E(k)u_k(\mathbf{r}) \tag{3-47}$$

求解式(3-47)可得到全套通解,包括能量本征值 E,本征态 $u_k(\mathbf{r})$ 和式(3-45)的本征态 $\psi_k(\mathbf{r}) = e^{i\mathbf{k}\cdot\mathbf{r}}u_k(\mathbf{r})$。

【例 3.2】　在晶格常数为 a 的一维晶格中,电子的波函数为 $\psi_k(x) = \sum_{-\infty}^{+\infty}(-i)^m f(x-ma)$。求第一布里渊区内的电子的波矢。

解: 根据布洛赫定理,一维时有 $\psi(x+a) = e^{ika}\psi(x)$。因此:

$$\psi_k(x+a) = \sum_{-\infty}^{+\infty}(-i)^m f[x-(m-1)a] = -i\sum_{-\infty}^{+\infty}(-i)^{m-1}f[x-(m-1)a]$$

$$= -i\sum_{-\infty}^{+\infty}(-i)^{-l}f(x-la) = -i\psi_k(x) \tag{3-48}$$

这要求 $e^{ika} = -i$，所以第一布里渊区 $(-\pi/a, \pi/a)$ 内，$k = \pi/(2a)$。

前文中已经反复强调，k 空间是最容易直观波动的空间，为了精简地画出布洛赫波的 E-k 图，还需要继续做一些特殊的处理。

$u_k(r)$ 是周期函数，但 $e^{ik\cdot r}u_k(r)$ 不一定是周期函数。因此它的傅里叶变换后不只对应 k 空间的一个（或一对）点。一定要画在 E-k 图上，每个能量就可能对应很多点，图形就变得无法辨认。然而，每个布洛赫波中最明显的特征，只要用 $e^{ik\cdot r}$ 和 $u_k(r)$ 共同对应的那个波矢 k 就能说清。这就如同我们经常更换衣服，改变 $u_k(r)$ 细节，但因为我们的体态特征不变，$e^{ik\cdot r}$ 不变，所以只用 $e^{ik\cdot r}$ 的特征 k 就能指代每一个人。因此对于布洛赫波，人们只用 $e^{ik\cdot r}$ 中的 k 来代表 $e^{ik\cdot r}u_k(r)$。E-k 图上的一个点，不再代表 $e^{ik\cdot r}$，而代表 $e^{ik\cdot r}u_k(r)$。

对布洛赫波施加周期性边界条件后，因为 $u_k(r)$ 描述原子尺度的细节特征，而第一布里渊区内的 $e^{ik\cdot r}$ 描述晶体尺度的宏观特征，所以宏观的周期性边界条件只会约束 $e^{ik\cdot r}$ 的 k，而不影响 $u_k(r)$。所以约束后的 k 值和自由电子气模型是一样的，仍如式(3-15)所示。k 只能取离散的值，能量 E 也只能取离散的值，E-k 图变为离散的点集。

2. 能带图

至此，周期性边界条件和周期势场下电子气的所有可取的态都已得到。和前文所有的波动物理一样，它们可以清楚被画在一张 E-k 图上。这张 E-k 图有着明显的普适特征，蕴含着重要的物理参数，看懂它的每一个细节是固体电子学的基本功。在展开具体分析前，先以一维情形为主，对图的特征做定性的介绍。

（1）周期性边界条件会使 k，E 量子化，状态点因此由连续变离散。但因为 L 是宏观量，以 $2\pi/L$ 为间隔的 k 取值很密集，可看作近似连续，或称准连续。

（2）因为布洛赫波是被周期性调幅的自由电子波，所以它的 E-k 图必定与自由电子的 E-k 图密切相关。一维时，该 E-k 图的形状接近一维自由电子 $E = (\hbar k)^2/(2m)$ 的抛物线。但因为周期势场的影响，曲线上所有布里渊区边界处点都发生偏移，使整条曲线发生"断裂"，如图 3-6 所示。具体原因在 3.3.2 节详述。

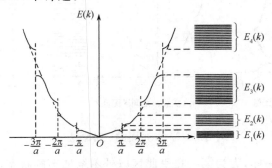

图 3-6 能带示意图

断开后的 E-k 曲线，在能量 E 轴上呈现出一段一段的投影，这种由近似连续能级组成的带状能量区域称为能带。其中本征解所在的能带，称为允带。允带与允带之间的能量间隙，称为禁带,它们是布洛赫波解的禁区。这张周期势场下布洛赫电子气的具有断裂特征的 E-k 图,就被称为能带图。

回顾 2.3.3 节复式晶格的格波 ωq 色散曲线图,把 ω 按 $\hbar\omega$ 改成 E,q 改记为 k 后发现它其实也是一张 E-k 能带图。声学支和光学支对应允带,两者间的区域为禁带。原胞中原子数增加后,可能产生多个允带和禁带。

（3）不难证明,周期势场下的 E-k 图一定具有反射对称性:

$$E_n(k) = E_n(-k) \tag{3-49}$$

因此只要画出一半区域的 E-k 图,就能反映整体信息。同样格波的色散关系也是反射对称的。

（4）不难证明,周期势场下的 E-k 图沿 k 轴一定具有倒格矢 $\boldsymbol{K}_h$ 周期性,每个周期重复的点对应同一个态:

$$E_n(\boldsymbol{k}+\boldsymbol{K}_h) = E_n(\boldsymbol{k}), \quad \psi_{n,k+K_h}(\boldsymbol{r}) = \psi_{n,k}(\boldsymbol{r}) \tag{3-50}$$

这个推论同格波的同波效应是一样的。它们都是正格矢 $\boldsymbol{R}_l$ 周期性约束下的必然结果。在描述格波同波效应的图 2-30 中,只要把每个格点简单地看作受 $u_k(\boldsymbol{r}) = \delta(r-R_l)$ 调制后的 $\mathrm{e}^{\mathrm{i}k\cdot r}$,它就可看作是描述布洛赫电子同波效应的图。再具体点说,虽然不同 k 的 $\mathrm{e}^{\mathrm{i}k\cdot r}$ 是不同的,但是 $u_k(\boldsymbol{r})$ 是跟随 k 变化的,它会使 $\mathrm{e}^{\mathrm{i}k\cdot r}u_k(\boldsymbol{r})$ 仍然保持相同。因此 E-k 关系图只要画在一个布里渊区就已足够,它可以是任意一个布里渊区。

这种理解产生了以下三种能带图的画法。

① 周期布里渊区图。所有布里渊区都画出能带,但不同布里渊区的信息是重复的,如图 3-7(a)所示。

② 扩展布里渊区图。以自由电子 E-k 图为轮廓,不同能带分别画在不同布里渊区中,如图 3-7(b)所示。它有着显著的物理对比意义。图 3-6 就是这种画法。

③ 简约布里渊区图像。所有能带都画在第一布里渊区中,如图 3-7(c)所示。它最大限度地浓缩了有效信息,同格波的色散关系一样,是工程物理最常见的画法。

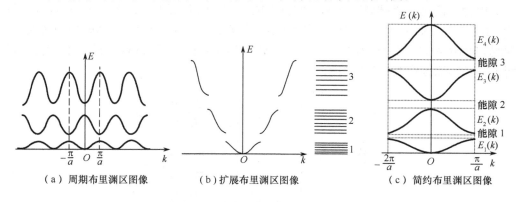

（a）周期布里渊区图像　　　（b）扩展布里渊区图像　　　（c）简约布里渊区图像

图 3-7　能带图的三种画法

更关键的是与格波一样,因为第一布里渊区以外不增加新的状态,所以布洛赫电子也不符合动量守恒,而只符合准动量守恒。当布洛赫电子动量大到超过第一布里渊区边界时,多出来的动量将传递给晶体,由其质心平动来分担。3.4 节将继续讨论这个问题,并介绍能带图除几何特征以外更多的物理含义。

（5）实际晶格的坐标 x、倒晶格的坐标 k 都是三维的。如果常用的只有少数几个方向，可以把它们各取半侧画在一张或多张 E-k 图上。图 3-8(a) 就是把 k 空间[111]和[100]方向上的 E-k 图画在一张 E-k 图上的结果。

虽然看不到 E，但仍然能对 E 改变后 k 空间等能面的变化有直观的感受。例如在一维情况，等差增大 E 时，通过观察 k 轴上的一对投影 k 点的运动就能反推此时的 E-k 关系。三维情况也类似，它用三维 k 空间的等能面来变相反映现在的 E-k 关系，如图 3-8(b) 所示。如果倒晶格有 s 种对称性，每种对称性产生一种等能曲面，完整的等能面将由 s 个这样的曲面围成。如果 E-k 关系各向同性，则等能面为球面。实际中 E-k 关系多为各向异性，可近似看作椭球面。

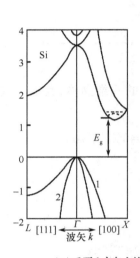

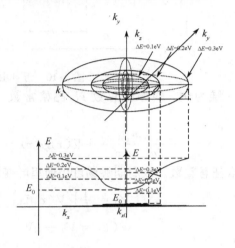

（a）重要 k 方向上的合成图   （b）三维 k 空间等能面随 E 的变化

图 3-8　三维 k 空间能带图的表示法

（6）同自由电子气一样，布洛赫电子气粒密度 n 在能量 E 上的分布，遵循电子气的统计分布 $n(E)=f(E)g(E)$。其中 $f(E)$ 始终是费米-狄拉克分布，简并度/态密度 $g(E)=\mathrm{d}Z/\mathrm{d}E$ 表示每次变化 $\mathrm{d}E$ 时等能面多围出的 k 空间体积中的态/点数 $\mathrm{d}Z$。周期性边界条件下，它可以根据 E-k 关系用 3.2.1 节的方法求出。

对一维情况或三维情况的一维投影而言，最终得到的 $n(E)$ 可以同 E-k 图画在一起，形成一张三维的 n-E-k 图，如图 3-9 所示。这张 n-E-k 图既能反映电子的波动特征，也能反映电子气的统计特征。为了简化作图，可将它投影到二维 E-k 图上，用平行于 k 轴的一系列线段的密度反映该处的粒密度 n。但注意该作图法中这些线段只是辅助线，线上除了与 E-k 曲线的交点外，并与没有其他的状态点。

除此以外，从 E-k 图上还能读出把电子看作经典粒子时的运动特征，具体在 3.4.1 节介绍。

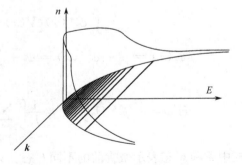

图 3-9　描述电子气完整统计分布的粒密度 n-能量 E-波矢 k 图

如果说 x 空间的晶格是固体的"外表"，那么能带图就像"内心"一样，是识别固体物理性质的关键依据。固体物理学首要的工作，就是解出、画出、能带图。实际晶格远比一维单原子晶格复杂，实际的能带图的求解，是一项专业的工作。我们可以借助两个典型浏览这类工作的过程。

3.3.2 近自由电子与禁带

近自由电子气比自由电子气稍复杂,它考虑了势场微小的周期性起伏,如图 3-10 所示。它对应外层电子受原子核束缚较弱的情形,更接近实际的金属模型。

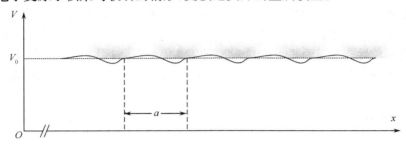

图 3-10　近自由电子气的势场

以一维为例。对原胞总数 N,晶格常数 a,晶体长度 L 的一维晶体,其电子气定态方程为:

$$-\frac{\hbar^2}{2m}\frac{\mathrm{d}^2\psi(x)}{\mathrm{d}x^2}+V(x)\psi(x)=E\psi(x),V(x)=V(x+na) \tag{3-51}$$

式中,n 取任意整数。该周期势场可用傅里叶变换展开为:

$$V_0=\frac{1}{L}\int_0^L V(x)\mathrm{d}x$$
$$V(x)=V_0+\Delta V \tag{3-52}$$
$$\Delta V=\sum_n {}' V_n \mathrm{e}^{\mathrm{i}\frac{2\pi n}{a}x}\quad V_n=\frac{1}{L}\int_0^L V(x)\mathrm{e}^{-\mathrm{i}\frac{2\pi n}{a}x}\mathrm{d}x$$

式中,V_0 为平均势能;$\sum'$ 表示累加时不包括 $n=0$ 的项。V_0 并不重要,它可以看作势能的零点。ΔV 反映了势场的微小起伏,可视为微扰,即 $\hat{H}'=\Delta V$。它的作用如图 3-6 所示,是使 E-k 曲线偏离无势场时的抛物线,断成能带。下面就从理论上解释为什么如此。

利用微扰理论,非简并微扰时,一级微扰解为:

$$E_k^{(1)}=H'_{kk}=\int_0^L \psi_k^{0*}(x)\,\hat{H}\psi_k^0(x)\mathrm{d}x$$
$$=\int_0^L \psi_k^{0*}(x)\lceil V(x)-V_0\rceil\psi_k^0(x)\mathrm{d}x=V_0-V_0=0 \tag{3-53}$$

$$\psi_k(x)=\psi_k^0+\psi_k^{(1)}(x)=\psi_k^0+\sum_{k'} {}' \frac{H'_{k'k}}{E_k^0-E_{k'}^0}\psi_{k'}^{(0)}$$

$$H'_{kk'}=\int_0^L \psi_k^{0*}\,\hat{H}\psi_{k'}^0\mathrm{d}x=\frac{1}{L}\int_0^L \sum_n {}' V_n \mathrm{e}^{\mathrm{i}(k'-k+\frac{2\pi n}{a})x}\mathrm{d}x=\begin{cases} V_n & k'-k=\dfrac{2\pi n}{a} \\ 0 & k'-k\neq\dfrac{2\pi n}{a} \end{cases} \tag{3-54}$$

式中 k 和 k' 态表示微扰前的不同 k 态。只有 k 与 k' 相差倒格矢时,$H'_{kk'}$ 才不为零。因此一级微扰波态还可写为:

$$\psi_k(x)=\frac{1}{\sqrt{L}}\mathrm{e}^{\mathrm{i}kx}\left[1+\sum_n {}' \frac{V_n \mathrm{e}^{-\mathrm{i}\frac{2\pi n}{a}x}}{\frac{\hbar^2 k^2}{2m}-\frac{\hbar^2}{2m}\left(k-\frac{2\pi n}{a}\right)^2}\right]=\frac{1}{\sqrt{L}}\mathrm{e}^{\mathrm{i}kx}u_k(x) \tag{3-55}$$

一级微扰能量却为零,不能反映能带图的变化,还需计算二级微扰,其微扰能量为:

$$E_k^{(2)} = \sum_{k'}{}' \frac{|H'_{kk'}|^2}{E_k^0 - E_{k'}^0} = \frac{\hbar^2 k^2}{2m} + \sum_n{}' \frac{|V_n|^2}{\dfrac{\hbar^2 k^2}{2m} - \dfrac{\hbar^2}{2m}\left(k - \dfrac{2\pi n}{a}\right)^2} \tag{3-56}$$

非简并微扰的求解到此结束。

$\psi_k(x)$ 可视为由两部分波叠加而成。一部分是 e^{ikx}，另一部分是受周期势场散射的散射波。因为势场具有正格矢周期性，所以它只会使波散射为与 k 相差若干个倒格矢的 k' 态，方括号中的第二项就是它们的幅度。两者叠加就得到周期场散射后的完整波态。很容易证明 $u_k(x) = u_k(x + na)$，所以它的确是一个布洛赫波。

微扰前后的波函数虽然 k 不同，$u_k(x)$ 也不同，但它们组合出的 $e^{ikx}u_k(x)$ 却是满足同一个体系的布洛赫波。而在微扰前，所有不用波矢 k 对应的波所叠加的 $e^{ikx}(1 + \sum' e^{i2\pi n/a})$ 显然也是一个布洛赫波，其 u_k 为常数。因此简单地说，周期场的作用就是把一个布洛赫波散射成另一个布洛赫波。周期内势场细节的变化不改变 k，只影响 u_k。这也是为什么我们始终可以用核心 k 表征布洛赫波的原因。根据上述分析，在 E-k 图中，布洛赫波被周期势场散射后 k 不变，只有 E 发生变化，体现为偏离无势场时的曲线。

以上介绍的是非简并微扰情形，可以分析微扰态的大部分变化的来源，但不能分析来自简并态的影响。因为能量相同，简并态会使非简并微扰项中的分母等于零，非单并微扰理论不再适用。

布洛赫波的 E-k 图都是反射对称的。因此简约布里渊区能带图中每个 E 必定对应一对 $(E, \pm k)$ 简并态（不考虑自旋）。但从式(3-54)上看，只要 $-k$ 和 k 相差不是倒格矢，虽然分母趋于零，但分子也趋于零。因此只有 $-k$ 和 k 相差是倒格矢的简并态才真正构成主要的简并微扰条件。而它们正是每个布里渊区边界上的 $k = \pm n\pi/a$ 态。先把它们的 k 统一记作：

$$k = \frac{n\pi}{a}(1 + \Delta), \quad \Delta \ll 1 \tag{3-57}$$

应用简并微扰方法。先设微扰波态为简并态线性组合 $\psi = Ae^{ikx} + Be^{-ikx}$，代入微扰势场下的薛定谔方程，整理出：

$$(E - E_k^0)A - V_n B = 0$$
$$-V_n^* A + (E - E_k^0)B = 0 \tag{3-58}$$

其非零解要求上述系数的行列式为零，即久期方程，由此推得：

$$E_\pm = T_n(1 + \Delta^2) \pm \sqrt{|V_n|^2 + 4T_n^2\Delta^2} \quad T_n = \frac{\hbar^2}{2m}\left(\frac{n\pi}{a}\right)^2 \tag{3-59}$$

T_n 就是微扰前的能量。

$\Delta = 0$ 时，也就是在每个布里渊区边界处：

$$E_+ = E_k^0 + |V_n| \quad E_- = E_k^0 - |V_n| \tag{3-60}$$

简并态解除，分裂为能量不同的两个状态。这就是能带发生断裂的原因。它们的能量差 $2|V_n|$ 就是禁带的宽度。利用式(3-58)可求得这两个态满足：

$$\psi_+ = -\frac{2Ai}{L}\sin\frac{n\pi}{a}x \quad \psi_- = \frac{2A}{L}\cos\frac{n\pi}{a}x \tag{3-61}$$

这表明周期微扰后的简并波态都变作驻波。它们被周期势场束缚，像在深势阱中那样"驻留"在每个周期的势阱中，使原有的自由行波状态被破坏，这是导致能带断裂的另一种形象解释。

$\Delta \neq 0$ 时，因 $\Delta \ll 1$，可将式(3-48)小量近似，保留到 Δ^2 项，得到：

$$E_+ = T_n + |V_n| + T_n\left(\frac{2T_n}{|V_n|} + 1\right)\Delta^2$$

$$E_- = T_n - |V_n| - T_n\left(\frac{2T_n}{|V_n|} - 1\right)\Delta^2$$

(3-62)

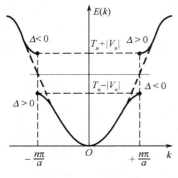

图 3-11　近自由电子气的能带

可见微扰后能量以抛物线方式分别趋于 $T_n + |V_n|$ 和 $T_n - |V_n|$，如图 3-11 所示。远离这些区域后，就退化为非简并微扰的情形。这就充分地解释了能带为何断裂，以及如何断裂。

二维/三维晶体可采用类似方法分析。布里渊区边界面位置的 k 态由 $\boldsymbol{k} \cdot \boldsymbol{K}_n = |\boldsymbol{K}_n|^2/2$ 确定。远离该区域时用非简并微扰，否则用简并微扰，产生简并能级的分裂。但二维/三维情况中有一个重要的区别。一维能级分裂时，必然出现禁带。二维/三维时却不一定。如图 3-12 所示，图（b）、图（c）分别为二维布里渊区 k 和 k' 方向上的能带图，各自在该 k 方向的布里渊区边界处能带断裂。但是它们断开的位置和禁带宽度都不同，这样，k' 方向上第一层能带的最大值，大于 k 方向上第二层能带的最小值，能带出现交叠。这种交叠可能会多个允带贯通，导致很大范围内没有禁带，能级上都能填充电子的自由情形。第 4 章会发现，这正是金属易于导电的原因之一。

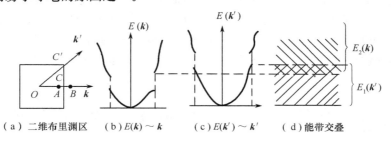

（a）二维布里渊区　　（b）$E(k) \sim k$　　（c）$E(k') \sim k'$　　（d）能带交叠

图 3-12　能带交叠示意图

3.3.3　紧束缚电子与允带

紧束缚电子是另一个极端，它的周期势场对电子的束缚很强，以至于每个周期内的势场看起来都像孤立原子的势场或深势阱。它对应原子间距较大的固体，键很强的绝缘体中价电子，或是内层电子的情形。

如图 3-13 所示，因为束缚很强，势阱很深，电子主要受该原子核的势场影响，而其他原子核势场的作用则视为微扰。如果只关注特定轨道上的电子，如键上的价电子，可以把原子核和除了待研究电子以外的其他电子整体当作离子实来处理。在不引起歧义的情况下，以下将原子核和离子实都简称原子。电子被强烈束缚后，电子仿佛只出现在原子周围，为它所"专有"。此时就不说电子在共有化运动，而只将束缚在每个原子附近的电子态作为观测和分析对象。

为简单起见，我们仅就价电子是一个 s 轨道电子的情况来进行分析。如不考虑杂化，s 轨道电子的波态是各向同性的球对称态，它模方后的电子云也是这个形状，这就免去了电子云形状细节引入的讨论。

设晶体中第 m 个原子的位矢为 $\boldsymbol{R}_m = m_1\boldsymbol{a}_1 + m_2\boldsymbol{a}_2 + m_3\boldsymbol{a}_3$，在其附近运动的电子位矢用 $\boldsymbol{r}$

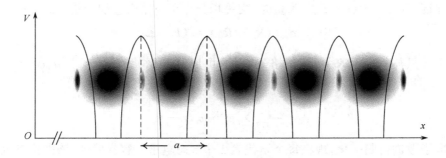

图 3-13 紧束缚电子气的势场

表示，则 $(r-R_m)$ 表示该电子相对于第 m 个原子中心的位置。用 $V(r-R_m)$ 表示第 m 个格点上原子对电子的势场，那么整个晶体的势场写作：

$$U(r) = \sum_m V(r-R_m) \tag{3-63}$$

它显然也是周期势场。假设晶体中电子的波函数为 $\psi(r)$，于是紧束缚电子气基本方程为：

$$\left[-\frac{\hbar^2}{2m}\nabla^2 + U(r)\right]\psi(r) = E\psi(r) \quad U(r) = U(r+R_l) \tag{3-64}$$

采用上述思想，将它改写为：

$$\left\{-\frac{\hbar^2}{2m}\nabla^2 + V(r-R_m) + [U(r)-V(r-R_m)]\right\}\psi(r) = E\psi(r) \tag{3-65}$$

意为以第 m 个原子的势场 $V(r-R_m)$ 为微扰前状态，把其他个原子的影响看作微扰 $[U(r)-V(r-R_m)]$。用 $\varphi_i(r-R_m)$ 表示第 m 个原子附近运动的电子所处的某束缚态，于是在这个原子的局部坐标中，电子方程可写为：

$$\left[-\frac{\hbar^2}{2m}\nabla^2 + V(r-R_m)\right]\varphi_i(r-R_m) = E_i\varphi_i(r-R_m) \tag{3-66}$$

虽然我们只列出了第 m 个原子附近的势场情形，但该方程同样适用于所有原子附近的势场。因此，每个原子附近的电子态，都是所有 N 个原子附近电子态的统计平均态。它一开始就是个 N 度简并态，要用简并微扰法求解。设微扰态为原简并态线性组合 $\psi = \sum_m a_m\varphi_i(r-R_m)$，代入式(3-65)，并利用式(3-66)，得到：

$$\sum_m a_m[E_i + U(r) - V(r-R_m)]\varphi_i(V-R_m) = E\sum a_m\varphi_i(r-R_m) \tag{3-67}$$

不同原子的波态未必正交，但如果假设它们在 x 空间上几乎不交叠，可近似认为满足正交条件：

$$\int \varphi_i^*(r-R_n)\varphi_i(r-R_m)\mathrm{d}r = \delta_{nn}, \qquad (m \neq n) \tag{3-68}$$

以 $\varphi_i(r-R_n)$ 左乘式(3-67)，积分再化简，得到：

$$\sum a_m\int \varphi_i^*(r-R_n)[U(r)-V(r-R_m)]\varphi_i(r-R_m)\mathrm{d}r = (E-E_i)a_n \tag{3-69}$$

这样的方程有 N 个。为使 a_m 有非零解，它们的系数行列式为零，构成久期方程。

可以看出，式(3-69)等式左侧中的积分项只决定于相对位置 $R_n - R_m$，因此可引入交叠积分：

$$J(R_n - R_m) = -\int \varphi_i^*(r-R_n)[U(r)-V(r-R_m)]\varphi_i(r-R_m)\mathrm{d}r \tag{3-70}$$

取负号为保证 $U(r)-V(r-R_m)$ 为负时，交叠积分为正。用交叠积分重写式(3-69)为：

$$-\sum_m a_m J(\boldsymbol{R}_n-\boldsymbol{R}_m) = (E-E_i)a_n \tag{3-71}$$

因为方程系数只与 $(\boldsymbol{R}_m-\boldsymbol{R}_n)$，即正格矢有关，可以预料微扰态 $\psi=\sum_m a_m \varphi_i(\boldsymbol{r}-\boldsymbol{R}_m)$ 形式必为：

$$\psi = \frac{1}{\sqrt{N}}\sum_m e^{i\boldsymbol{k}\cdot\boldsymbol{R}_m}\varphi_i(\boldsymbol{r}-\boldsymbol{R}_m) \tag{3-72}$$

它已经对电子数进行归一化，现在每个 φ 代表 1 个 s 态电子。容易验证，该微扰态也是布洛赫函数，因为它可以改写成：

$$\psi = \frac{1}{\sqrt{N}}e^{i\boldsymbol{k}\cdot\boldsymbol{r}}\Big[\sum_m e^{-i\boldsymbol{k}\cdot(\boldsymbol{r}-\boldsymbol{R}_m)}\varphi_i(\boldsymbol{r}-\boldsymbol{R}_m)\Big] = \frac{1}{\sqrt{N}}e^{i\boldsymbol{k}\cdot\boldsymbol{r}}u_k(\boldsymbol{r}) \tag{3-73}$$

且 $u_k(\boldsymbol{r})=u_k(\boldsymbol{r}+\boldsymbol{R}_l)$。将微扰态代入久期方程，得到微扰能量形式为：

$$\begin{aligned} E &= E_i-\sum_m J(\boldsymbol{R}_n-\boldsymbol{R}_m)e^{-i\boldsymbol{k}\cdot(\boldsymbol{R}_n-\boldsymbol{R}_m)} \\ &= E_i-\sum_{R_s} J(\boldsymbol{R}_s)\cdot e^{-i\boldsymbol{k}\cdot\boldsymbol{R}_s} \end{aligned} \tag{3-74}$$

$\boldsymbol{R}_s=\boldsymbol{R}_n-\boldsymbol{R}_m$ 为原子的相对位置。至此简并微扰求解结束。

与适合分析禁带的近自由电子模型相反，紧束缚模型特别适合解释允带和禁带的物理机制。

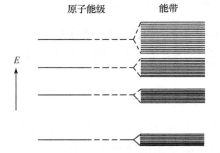

图 3-14　能级与能带的对应的示意图

首先，它提供了允带的一种简化理解方法。以 s 轨道电子为例。不计自旋时，s 态本来没有简并，但由求解过程可知，其余原子势场微扰使其解除简并后，它最多可能分裂为 N 个十分靠近的非简并能级，从而形成一个密集的允带。以此类推，2p 态不计自旋本是 3 度简并，它最能分裂成 $3N$ 个能级组成的能带。不考虑能带交叠的话，每个晶体的允带都可以看作是由单原子模型中的一个分立能级分裂而成，如图 3-14 所示。但实际情况中能带交叠是十分常见的，它也就是常说的轨道杂化。越到高能级，轨道半径越大，交叠部分越大，越容易形成上下贯通的允带。这时就很难再有原子能级与晶体能带的简单对应关系。

其次，它能较精确地算出允带的宽度，具体分析如下例题。

【例 3.3】　利用紧束缚电子气模型的解，分析简单立方晶体中由孤立原子 s 态分裂成的能带。

解：首先写出交叠积分的具体形式：

$$\int \varphi_s^*(\boldsymbol{r}-\boldsymbol{R}_n)[U(\boldsymbol{r})-V(\boldsymbol{r}-\boldsymbol{R}_m)]\varphi_s(\boldsymbol{r}-\boldsymbol{R}_m)\mathrm{d}r = -J(\boldsymbol{R}_n-\boldsymbol{R}_m) \tag{3-75}$$

被积函数中 $\varphi_s^*(\boldsymbol{r}-\boldsymbol{R}_n)$ 和 $\varphi_s(\boldsymbol{r}-\boldsymbol{R}_m)$ 表示相距为 $\boldsymbol{R}_s=\boldsymbol{R}_n-\boldsymbol{R}_m$ 的两原子的 s 态。它们的球对称电子云有交叠时，J 才不为零。$\boldsymbol{R}_s=0$ 时交叠最大，用 J_0 表示。$\boldsymbol{R}_s$ 越大，交叠可能越小。所以除了 $\boldsymbol{R}_s=0$ 外，可以只取最邻近格点对应的 $\boldsymbol{R}_s$。于是则式(3-74)简化为：

$$E(k) = E_i-J_0-\sum_{\boldsymbol{R}_s=near} J(\boldsymbol{R}_s)e^{-i\boldsymbol{k}\cdot\boldsymbol{R}_s} \tag{3-76}$$

对于简立方晶体，最近邻格点有 6 个，$\boldsymbol{R}_s$ 分别为 $(a,0,0)$，$(0,a,0)$，$(0,0,a)$，$(-a,0,0)$，$(0,-a,0)$，$(0,0,-a)$。对于 x 空间球对称的 s 态，$J(\boldsymbol{R}_s)$ 只与 $|\boldsymbol{R}_s|$ 距离有关，所以上述 6

个格点有相同的 $J(R_s)$，记为 J_1。将这些条件代入式（3-74），简单运算后得到 k 空间的 E-k 关系，即该 s 态分裂成的能带为：

$$E(k) = E_s - J_0 - 2J_1(\cos k_x a + \cos k_y a + \cos k_z a) \tag{3-77}$$

简立方晶格的第一布里渊区，即 k 空间维-塞原胞仍是简立方，如图 3-15 所示。由 E-k 关系得到 k 空间中 Γ、X、R 点对应的能量 E 如下。

Γ 点： $\qquad k=(0,0,0),E(\Gamma)=E_s-J_0-6J_1$

X 点： $\qquad k=\left(\dfrac{\pi}{a},0,0\right),E(X)=E_s-J_0-2J_1$ $\qquad$ (3-78)

R 点： $\qquad k=\left(\dfrac{\pi}{a},\dfrac{\pi}{a},\dfrac{\pi}{a}\right),E(R)=E_s-J_0+6J_1$

不难看出，Γ 点和 R 点分别对应允带底和允带顶。因此整个允带宽度为 $12J_1$。带宽决定于 J_1，而 J_1 大小主要取决于近邻电子云的交叠程度。交叠越多，能带就越宽。

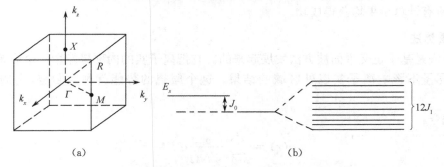

图 3-15 （a）简立方的第一布里渊区；（b）由 s 态分裂成为允带

3.3.4 布洛赫电子的实际情况

以上两种方法各自定性分析了能带图的主要特征，但是它们与定量的实际结果仍有不小的差异。即使在可以用软件辅助计算的今天，要想精确地计算出复杂晶体的能带图仍然有一定难度，合理精简的理论模型对提高计算速度和精度都十分重要。本节简单介绍人们在处理实际晶体时使用的一些方法。

1. 正交平面波方法

晶体中的价电子通常既可能是近自由电子也可能是紧束缚电子，更可能是两者兼有之。当这些价电子在离子实区域附近时，受到很强的局域势作用，波态与孤立原子类似，起伏十分剧烈。但在远离离子实区域时，波函数较平滑。

为了描述这种实际形状，先按紧束缚方法将孤立原子的轨道波函数线性组合起来，描述内层电子的状态：

$$\Phi_j(k,r) = \frac{1}{\sqrt{N}}\sum_m e^{ik\cdot R_m}\varphi_i(r-R_m) \tag{3-79}$$

再将此函数与平面波函数线性组合：

$$\phi_i(k,r) = \frac{1}{\sqrt{N\Omega}}e^{i(k+K_h)\cdot r} - \sum_{j=1}^{l}\mu_{ij}\Phi_j(k,r) \tag{3-80}$$

求和遍及 l 个内层电子波函数。同内层电子波函数正交的平面波必然会在离子实区域内引进强烈变化成分，这恰好与价电子的特征吻合，所以构造的波函数 $\phi_i(k,r)$ 必须同时与内层电子

的波函数正交。因此 μ_{ij} 可由正交条件决定:

$$\int_{N\Omega} \Phi_j^*(\boldsymbol{k},\boldsymbol{r}) \cdot \phi_i(\boldsymbol{k} \cdot \boldsymbol{r})\mathrm{d}r = 0 \tag{3-81}$$

与内层电子态正交的平面波称为正交平面波。这种构建波函数进行求解的方法就称为正交平面波方法。但由于原子波态的的局域性,Φ_j 在离子实区域之外变得很小,$\phi_i(k,r)$ 接近平面波。得到正交化平面波形式后,可由它构造价晶体电子波函数:

$$\psi_k(r) = \sum_i^p \alpha_i \phi_i(k,r) \tag{3-82}$$

式中 α_i 为待定参量,个数 p 的选取视具体情况而定。这样得到的波函数在离原子核较远时,接近于平面波;在离原子核较近时,接近于原子核的束缚态。将式(3-82)代入薛定谔方程能得到本征解。

这种方法曾被用作计算 Be、金刚石、Si 和 Ge,以及一些Ⅲ-Ⅴ族和Ⅱ-Ⅳ族化合物半导体的能带,所有计算结果均获得成功。

2. 赝势法

赝势法是基于正交平面波方法发展起来的。它把离子实的内部势能用一个假想的势能取代,同时尽量不影响离子实以外区域的结果。这个假想的势能就称为赝势,它的假设原理如下。

首先令:

$$\varphi(\boldsymbol{r}) = \sum_{i=1}^p \frac{\alpha_i}{\sqrt{N\Omega}} \mathrm{e}^{\mathrm{i}(\boldsymbol{k}+\boldsymbol{K}_h)\cdot\boldsymbol{r}} \tag{3-83}$$

将式(3-83)代入式(3-82),可以写成如下形式:

$$\psi_k(\boldsymbol{r}) = \varphi(\boldsymbol{r}) - \sum_{i=1}^p \sum_{j=1}^l \alpha_i \mu_{ij} \Phi_j(\boldsymbol{k},\boldsymbol{r}) \tag{3-84}$$

将式(3-84)代入薛定谔方程:

$$\left[-\frac{\hbar^2}{2m}\nabla^2 + V(\boldsymbol{r})\right]\psi_k(\boldsymbol{r}) = E\psi_k(\boldsymbol{r}) \tag{3-85}$$

并注意到,

$$\left[-\frac{\hbar^2}{2m}\nabla^2 + V(\boldsymbol{r})\right]\Phi_j(\boldsymbol{k},\boldsymbol{r}) = E_j\Phi_j(\boldsymbol{k},\boldsymbol{r}) \tag{3-86}$$

E_j 是内层电子能量。因此有:

$$\left[-\frac{\hbar^2}{2m}\nabla + V(\boldsymbol{r}) - E\right]\varphi(\boldsymbol{r}) - \sum_{i=1}^p \sum_j^l \alpha_i \mu_i (E_j - E)\Phi_{jk} = 0 \tag{3-87}$$

整理后写成如下形式:

$$\left[-\frac{\hbar^2}{2m}\nabla + \widetilde{V}(\boldsymbol{r})\right]\varphi(\boldsymbol{r}) = E\varphi(\boldsymbol{r}), \widetilde{V} = V(\boldsymbol{r}) + \frac{\displaystyle\sum_i^p \sum_j^l \alpha_i \mu_{ij}(E-E_j)\Phi_{jk}}{\displaystyle\sum_{i=1}^p \frac{\alpha_i}{\sqrt{N\Omega}}\mathrm{e}^{\mathrm{i}(\boldsymbol{k}+\boldsymbol{K}_h)\cdot\boldsymbol{r}}} \tag{3-88}$$

式中 $\widetilde{V}$ 就是赝势,且式(3-88)称为赝势方程,$\varphi(r)$ 称为赝波函数。

式(3-83)表明 $\varphi(r)$ 由有限的平面波构成,因此它比较平滑,对应起伏很小的势场。所以赝势 $\widetilde{V}$ 是一个较小的量。因为价电子能量大于内层电子的能量,所以赝势中 $(E-E_j)$ 总是正值,相当于排斥势。另一方面,晶格的周期势场 $V(r)$ 总是负值,是吸引势。排斥势将抵消部分吸引势，使得赝势较小。

图 3-16 给出了赝势、赝波函数与周期势、布洛赫波函数的比较。对比后可以看出，赝势法的基本思想就是适当选取一平滑势，波函数用少数平面波展开，使计算量减小，但算出的能态仍与真实接近。确定赝势的方法不是唯一的。

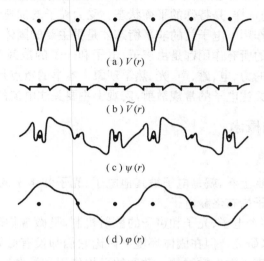

(a) $V(r)$

(b) $\widetilde{V}(r)$

(c) $\psi(r)$

(d) $\varphi(r)$

图 3-16　(a)周期势；(b)赝势；(c)布洛赫波函数；(d)赝波函数

3. 密度泛函理论

密度泛函理论直接用概率密度 $n(x)$，而不是波函数 $\psi(x)$ 来描述电子运动。它的基本量 n 具有直观的电子云密度的含义。泛函是把函数看作自变量求极值的一种数值分析方法。简单地说，密度泛函理论证明了电子数不变时，在所有可能的电子云密度分布中，真实解会使电子气基态能量 E 取最小值。

3.1.1 节的多电子态 $\psi(r_1, r_2, \cdots, r_N)$ 转化为电子云密度 n，即为

$$n(r) = \int \psi^*(r_1, \cdots, r_N) \sum_i \delta(r - r_i) \psi(r_1, \cdots, r_N) \mathrm{d}r \tag{3-89}$$

基态能量 E 可以转化密度的函数为：

$$
\begin{aligned}
E &= \int \psi^* H \psi \mathrm{d}\tau = \int \psi^*(T_e + V_{e-e}) \psi \mathrm{d}\tau + \int \psi^* V \psi \mathrm{d}\tau \\
&= \int \psi^*(T_e + V_{e-e}) \psi \mathrm{d}\tau + \int V(r) n(r) \mathrm{d}r \\
&= F[n] + \int V(r) n(r) \mathrm{d}r
\end{aligned}
\tag{3-90}
$$

以密度 n 为自变量进行极值分析就能得到真实的密度解。同波函数的各种合理近似一样，密度函数也能进行各种合理近似。

随着数值分析理论的发展和高性能计算机的普及应用，凝聚态物理的模拟软件也得到很好的发展。目前已有很多软件能够快速、精确地计算固体结构和能带，如 Material Studio、VASP、Wein2K、PWSCF、Gaussion、ABINT，等等。

3.4　外界作用下的电子

到目前为止,讨论的都是静止周期势场下的单电子波函数和热平衡下的电子气统计态。它们就像粒子的匀速运动一样,是特殊的平衡状态。受力粒子的加速运动,才是粒子物理的主要规律。同样,任意外界作用下电子气的非平衡态才是更主要的固体物理。

从微观角度,固体中的所有作用都是由声子、电子和光子的散射和作用组成的,从宏观角度,它们呈现出各种固体的力、电、磁、声、光、热学现象。本书的重点是普及日常应用的电子工程物理,因此微观上主要关注电子的常规散射,宏观上主要关注电流的运动规律。

3.4.1　固体中电子的概念

1. 定域统计电子

所谓外界作用,从微观上看,就是电子被其他电子、光子和声子的散射作用。声子只能在固体中存在,固体中的电子指布洛赫电子。

一个电子与一个或多个电子、光子和声子的散射机制,是微观物理中很重要的内容,由量子电动力学等专业理论来研究。但在固体环境下讨论它们却没有必要,因为每个电子是在不停地与大量电子、光子和声子发生散射的。散射的平均作用和被散射的平均行为才是关注的重点。

因此,作为分析对象的被散射的电子,一定是统计平均的电子。它常被描述为一个统计电子,代表一团电子气中所有电子的统计平均状态。热平衡态下,这个统计电子不动,只有平均能量,用温度 T 表征,粒密度 n 在 E 空间呈热平衡态 $n(E)$ 分布,它可以用统计物理方法转化为 x 空间的 $n(x)$ 分布。也就是常说的浓度分布。

与前两节不同的是,现在关注的是外界作用下的非平衡态,因此现在每个电子不一定是全部区域(简称全域)所有电子的统计平均态。如果外界作用只加在特定 x 区域(简称为定域),那么把该定域内的电子单独统计平均成一个定域统计电子显然是合理的做法。由于较大尺度的微元/点中,实际上都包含大量电子,已经是统计体,所以每个微元/点中所有电子都可以统计平均为该微元/点的定域统计电子,如图 3-17 所示。

从纯粹的统计物理角度来说,不管 x 和 k 每处的电子到底如何分布,始终可以用一个 $n(E)$ 分布的统计粒子代表全域所有电子的统计平均态。它不用在乎 x 和 k 空间的细节,只要整个问题空间没有达到热平衡,$n(E)$ 分布就在发生变化,其规律由统计物理描述。如果每个微元/点内部还有更细节的非平衡分布,那么该微元/点的定域统计电子实际也是该定域空间内的全域统计粒子。

虽然固体中的电子通常都是统计电子的概念,但具体选取多大范围做统计平均,要由问题性质和处理需要来决定。选取每个 x 空间的宏观微元/点作定域统计平均的做法较为符合常识。这种方法下,每个 x 点的统计电子的统计分布 $n(E)$ 都可以是不同的,它们的差异导致了电子气的各种运动。

统计平均的结果未必一定要是无序的。例如,1000 个粒子同向同速运动也能统计平均成一团有序运动的经典粒子。统计平均后最无序的情形对应统计物理的热平衡态,例如,1000个粒子在封闭空间内无序碰撞而最终均布在空间中。

如果统计后势场在宏观上有序,那么统计电子响应该势场的那部分行为必定也是宏观有

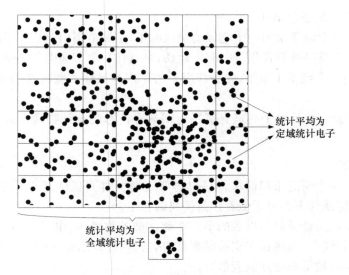

图 3-17　全域和定域的统计电子

序的。该问题就化简为单个电子在有序势场下的跃迁运动。微观行为上，这些势场下的运动常被描述成一个电子吸收/放出/散射其他一个或多个光子、声子和电子的过程。宏观现象上常体现为电、磁、光的作用与特性，如光电性、导电性、磁性等。在响应有序势场前，统计电子是处于热平衡态的。所以响应的态是叠加在无序热平衡态上的。叠加结果必定是无序的非平衡态。

　　如果统计后的势场宏观上无序，那么统计电子的行为也是无序的，这就回到电子气、光子气和声子气混合的统计分布问题上，可应用统计物理。微观行为上体现为一个统计电子的各种非平衡态统计物理特性，宏观现象上常体现为热、力、声和粒数的作用与特性。电子气只要不在非平衡态，就会试图返回热平衡态。如果外界停止作用，它很快就能返回。如果外界持续作用，它就会达到新的稳定的非平衡态。不论外界作用是否有序，非平衡态中必定包含返回平衡态的统计物理行为，如图 3-18 所示。

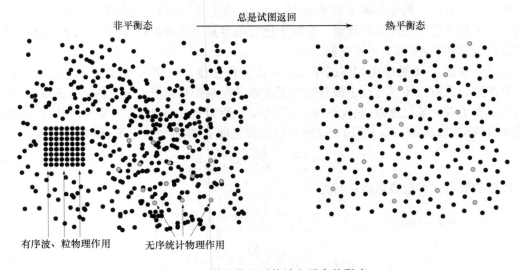

图 3-18　外界作用对统计电子态的影响

外界作用的非平衡态总结如下：

（1）固体中的一个电子常为一个定域的统计电子，定域范围由分析需要决定。

（2）统计电子在有序外界作用下的有序运动，可看作一个普通电子在势场下的运动，描述为一个电子与其他一个或多个电子、光子和声子的作用。该运动叠加在热平衡态上形成统计电子的非平衡态。

（3）每个非平衡态统计电子一定有试图返回热平衡态的统计物理行为，描述为它的非平衡态特性。

2. 准经典电子

接下来将介绍一个听起来很简单，但只有学到这里才能真正认清原因的常识，就是在固体中，每个电子在一定条件下都可近似看作是经典的粒子。

电子被视为波动是量子时代以后的事。在此之前的物理中，电子一直以经典粒子面貌出现在电流、电压和射线中，与理论和实验结果都符合得很好。因此人们希望并且也相信能找到一种把电子当作经典粒子来处理的近似方法。

下面将以一维问题为例，不计自旋和交换反对称性。

固体电子的 E-k 图就是能带图，图上每个态/点对应一个布洛赫态 $Ce^{ikx}u_k(x)e^{-iEt/\hbar}$。它的相速度是 ω/k。它常表述为电子的共有化运动。表面上看它不能看作经典电子。

但能带图是统计电子的 E-k 图，每个态都是统计电子态的一部分，可以直接叠加。一共 N 个电子按状态幅值（下简称态幅）模方粒密度 $n(E)=f(E)g(E)$ 的规律分布在这所有态上。因此，费米能级以下及其附近的点/态都是可叠加，近似连续的。总能从中选取若干个，按 $\sqrt{n}$ 叠加成一个波包：

$$\phi(x,t) = \int_k \sqrt{n}Cu_k(x)e^{i\left(kx-\frac{E}{\hbar}t\right)}dk = \int_k Au_k(x)e^{i\left(kx-\frac{E}{\hbar}t\right)}dk \tag{3-91}$$

因为费米能级往下每个态几乎被电子填满，即近满，所以该波包中通常不止一个电子。但总能通过等比例选取每个波函数幅度的一部分进行叠加的方法，使波包归一化后只包含一个电子，记归一化系数为 A。下面一步步说明，这一个波包电子非常接近一个经典粒子电子。

首先它具有明显的平均能量 E 和动量 p。Δk 很小时，它们就近似为 $E=E_0$ 和 $p=\hbar k_0$。这就是经典粒子电子的能量和动量。事实上还有很多其他物理参数，因为能量和动量最重要，足够分析日常问题，所以只讨论它们。

按波动理论，ω-k 曲线的切线斜率 $d\omega/dk$ 表示群速度。只要 E-k 关系不是线性，就会出现色散现象。当波包传播过程中散开时则无法将其视为经典粒子。电子的 E-k 图通常都不是线性的。为了避免波包色散，只能选任一 E_0-k_0 点附近很小的 $\pm\Delta k/2$ 范围内的态以相同系数叠加成波包，如图 3-19(a) 所示。这样它们的群速度 v_g 就近似为定值，且简单地等于：

$$v_g = \frac{d\omega}{dk} = \frac{dE}{\hbar dk} \approx \frac{dE}{\hbar dk}\bigg|_{k_0} \tag{3-92}$$

按此选取条件可把波包态重写为：

$$\phi(x,t) \approx Au_{k_0(x)}e^{i\left(k_0x-\frac{E_0}{\hbar}t\right)} \int_{-\Delta k/2}^{\Delta k/2} e^{i[\xi(x-v_gt)]}d\xi$$

$$= Au_{k_0}(x)e^{i\left(k_0x-\frac{E_0}{\hbar}t\right)} \frac{\sin\frac{\Delta k}{2}(x-v_gt)}{\frac{1}{2}(x-v_gt)} \tag{3-93}$$

它的模方,即 x 空间粒密度分布为:

$$|\phi(x,t)|^2 = |Au_{k_0}(x)|^2 \cdot \left[\frac{\sin\frac{\Delta k}{2}(x - v_g t)}{\frac{\Delta k}{2}(x - v_g t)}\right]^2 \cdot \Delta k^2 \tag{3-94}$$

其瞬时的形状大致如图 3-19(b)所示,该形状以群速度 v_g 前进。$|u_{k_0}(x)|^2$ 会按正格矢周期调制该波包的细节,但不会影响其总体形状。

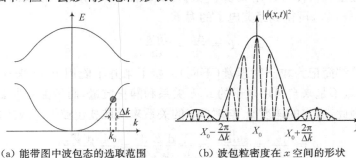

(a) 能带图中波包态的选取范围   (b) 波包粒密度在 x 空间的形状

图 3-19　等效为准经典粒子的波包

从图 3-19 中看,波包在 x 空间主要集中在:

$$|\Delta x| \leqslant \frac{2\pi}{\Delta k} \tag{3-95}$$

范围内。为了能呈现定域性,波包的展开范围 Δx 应该足够小。但 Δx 越小,Δk 就越大,E-k 曲线就越不能视为线性,波包色散越严重,越不能视为经典粒子。这正是 x-k 不确定关系的自然体现,说明 Δk 和 Δx 的选取要兼顾双方的实际限制。

Δk 的限制主要来自布里渊区的尺度 $2\pi/a$。从能带图上看,E-k 曲线反射对称,半侧第一布里渊区内的曲线大多已经偏离线性。所以如果想避免色散,必定要求:

$$|\Delta k| \ll \frac{2\pi}{a} \tag{3-96}$$

另一方面,因为布洛赫波的同波效应,只有第一布里渊区内的电子才符合动量守恒,超出第一布里渊区就只符合准动量守恒。经典粒子当然应该满足动量守恒,所以它们应该尽量落在第一布里渊区范围内。

Δk 的另一个限制来自波包的平均自由寿命。上文只是理想地假设 Δk 内 E-k 曲线近似线性,但实际上再小的 Δk 范围内它都是非线性的,波包总是要色散的。Δk 越大,色散速度就越快。如果在电子的平均自由寿命内波包已经完全散开,它就很难再展现出经典的碰撞行为。但通常如果已经满足上个限定条件,E-k 曲线变化就不剧烈,Δk 范围内的相速度差异就远小于群速度,波包来不及色散。

Δx 的限制主要来自电子气的平均自由程 l。相比宏观尺度,Δx 再大都仍是足够小的。但当 Δx 大到超过电子气的平均自由程 l 时,电子气就不能看作经典粒子气,各种统计结论就要失效。3.4.3 节会看到平均自由程对电学特性影响是很大的。因此要求:

$$|\Delta x| \ll l \tag{3-97}$$

综合两方面的限制,最后要求:

$$a \ll |\Delta x| \ll l, \frac{2\pi}{l} \ll |\Delta k| \ll \frac{2\pi}{a} \tag{3-98}$$

一般固体中电子平均自由程在 100 Å 量级上,原子尺度在 1Å 量级上,所以该条件能够满足。

这些限制最终使得波包电子的概念只适用于固体中的电子。一个自由电子也可以在连续 k 轴上取出小范围的本征态按系数叠加成波包，但随着时间 t 的推移，它最终要色散开来。固体中电子远在色散之前就已经发生碰撞，因而能近似保持经典行为。对于弹道导电、超导这样平均自由程很大的晶体来说，波包电子的概念都不再适用，此时要应用电子的波动理论。

作为经典粒子，我们希望粒子其他的物理量也能用经典方法来描述。根据第 1 章的量子化方法，波动的物理量算符都可以用 $\hat{x}$ 算符和 $\hat{p} = i\hbar \mathrm{d}/\mathrm{d}t$ 算符按经典关系推得。因此，只看布洛赫波的核心部分 e^{ikx}，可得到经典电子的力 F：

$$F = \frac{\mathrm{d}p}{\mathrm{d}t} = \frac{\hbar \mathrm{d}k}{\mathrm{d}t} \tag{3-99}$$

式中，把物理量算符都简记为粒子物理量（下同）。接下来并不能用 F/m 来求加速度 a，因为这个波包电子的质量不是来自自由电子的 E-k 关系和静止质量，而是由能带图的 E-k 关系及选取范围决定的，因此，由它的速度 v_g 与时间 t 的关系来反推波包粒子等效的加速度 a：

$$a = \frac{\mathrm{d}v_g}{\mathrm{d}t} = \frac{\mathrm{d}E}{\hbar \mathrm{d}k \mathrm{d}t} = \frac{1}{\hbar} \frac{\mathrm{d}^2 E}{\mathrm{d}k^2} \frac{\mathrm{d}k}{\mathrm{d}t} = \frac{1}{\hbar^2} \frac{\mathrm{d}^2 E}{\mathrm{d}k^2} F \tag{3-100}$$

和质量 m^*：

$$m^* = \hbar^2 / \frac{\mathrm{d}^2 E}{\mathrm{d}k^2} \tag{3-101}$$

式中，m^* 也称有效质量。

$\mathrm{d}^2 E/\mathrm{d}k^2$ 的几何意义很明确，它近似等于 E-k 曲线的曲率，它的倒数就是曲率半径。因此不同位置的有效质量从 E-k 图上一眼就能看出来，如图 3-20 所示。能带底部 $k=0$ 附近曲率为正，电子有效质量是正值。能带越弯曲，曲率半径越小，有效质量越小。该范围内布洛赫电子的 E-k 图与自由电子相似，因此它们的行为也相似。

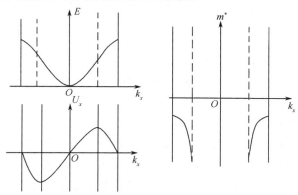

图 3-20　E-k 图中群速度和有效质量的几何意义

在能带顶部第一布里渊区边界附近，曲率为负，电子有效质量是负值，同样也是越弯曲越小。负质量表示电子的行径与经典情况是相反的。简单地理解，它对应所有能使电子受力后反向运动的区域。

因为实际中 x 和 k 都是三维的，所以实际的 E-k 图是四维的而且常为各向异性，此时波包粒子的群速度 v_g 为三维矢量：

$$v_g = \frac{1}{\hbar} \nabla_k E(\boldsymbol{k}) \tag{3-102}$$

有效质量 m^* 为二阶对称张量：

$$m^* = \frac{1}{\hbar^2} \begin{bmatrix} \dfrac{\partial^2 E}{\partial k_x^2} & \dfrac{\partial^2 E}{\partial k_x \, \partial k_y} & \dfrac{\partial^2 E}{\partial k_x \, \partial k_z} \\[3mm] \dfrac{\partial^2 E}{\partial k_y \, \partial k_z} & \dfrac{\partial^2 E}{\partial k_y^2} & \dfrac{\partial^2 E}{\partial k_y \, \partial k_z} \\[3mm] \dfrac{\partial^2 E}{\partial k_z \, \partial k_x} & \dfrac{\partial^2 E}{\partial k_z \, \partial k_y} & \dfrac{\partial^2 E}{\partial k_z^2} \end{bmatrix}^{-1} \tag{3-103}$$

通常可以通过坐标系变换将它对角化为：

$$m^* = \begin{bmatrix} m_x^* & 0 & 0 \\ 0 & m_y^* & 0 \\ 0 & 0 & m_z^* \end{bmatrix} \tag{3-104}$$

式中 m_x^*、m_y^*、m_z^* 是三个新坐标系主轴上的有效质量，它们不一定相等。

【例 3.4】 求例 3.3 紧束缚近似下简立方晶格的 s 能带的有效质量。

解：将 s 能带的 E-k 关系代入式(3-103)，得到：

$$\frac{\partial^2 E}{\partial k_i \, \partial k_j} = 0 \quad (i = j)$$

$$m_x^* = \frac{\hbar^2}{2a^2 J_1}(\cos k_x a)^{-1}, \quad m_y^* = \frac{\hbar^2}{2a^2 J_1}(\cos k_y a)^{-1}, \quad m_z^* = \frac{\hbar^2}{2a^2 J_1}(\cos k_z a)^{-1} \tag{3-105}$$

在能带底，$k = (0, 0, 0)$，有效质量为：

$$m_x^* = m_y^* = m_z^* = \frac{\hbar^2}{2a^2 J_1} \tag{3-106}$$

因为三个主轴质量相等，它可以简写成 $m^* = \hbar^2 / (2a^2 J_1)$。

在能带顶，$k = (\pm \pi/a, \pm \pi/a, \pm \pi/a)$，有效质量为：

$$m_x^* = m_y^* = m_z^* = -\frac{\hbar^2}{2a^2 J_1} \tag{3-107}$$

可简写成 $m^* = -\hbar^2 / (2a^2 J_1)$。

通过上述分析，我们从电子气中找出具有所有经典物理量的波包电子。它可以很好地解释为什么工程应用中可以无视电子的波动性，仍把电流看作经典电子的流动。但它毕竟不是真的经典粒子，在波包的尺度范围（即动量/能量范围）、有效质量等问题上有各种限制和差异，因此被常称作准经典电子，这种近似方法称为准经典近似。

准经典近似为半导体物理中对晶体中载流子输运特性的分析提供了便利。现在统计电子 E-k 图上的每个点，既可以视为电子的波动态，也可以粗略地视为该点附近很小范围内适当选取波态叠加出的准经典电子态。每当我们就这张 E-k 图讨论一个电子波动态的跃迁问题时，几乎就是在讨论一个经典电子的运动问题。不仅如此，既然每个电子波动态都能近似为粒子态，那么电子气也就能近似为经典粒子气。因此，固体中所有的"电子"概念，都可以近似用经典粒子电子的概念代替。这其实就是在未学习电子工程物理之前，我们心里默认的一种模糊观念。现在通过理论推导，对它做出了合理的解释，也指明了它不适用的情形。

3.4.2 固体中电子的运动

因为上节已经介绍了固体中所有的电子概念以及它们的联系，以后就只用"电子"这个词简化叙述。它具体指代的概念请读者根据上下文判断。

把上节的结论合在一起，就整理出我们要分析的最主要的问题：

（1）固体中电子如何与其他粒子散射。

（2）固体中电子如何响应外界作用。

（3）响应后电子如何回到热平衡态。

1. 微观散射机制

固体中电子最主要的散射就是与电子、光子和声子散射。

回顾准经典近似的分析会发现，它自始至终都是以波动理论为框架，所有的结论都是从 E-k 图中派生出来的。核心的物理仍是 E-k 图，它所展现的动量/准动量 p、能量 E，以及它们遵循的动量/准动量守恒和能量守恒定律。

因此，完全一样的分析可以照搬到光子和声子上，得到光子和声子的准经典粒子、动量/准动量、能量、群速度、有效质量……声子的 ω-k 关系前文已述。在真空和匀质固体中，光子 ω-k 呈线性，不色散，没有静止质量。但在折射率周期性变化的固体中它也可以有有效质量和准动量，具体可参见专业光学理论。

既然三者有相似的理论基础，它们的相互作用就可以放在一起讨论。按常规情况把第一布里渊区内的简约 E-k 图画在一起，会呈现出图 3-21(a)的局面。E-k 曲线每点具有能量 E，准动量/动量 $\hbar k$ 含义，到原点斜率 E/k 具有相速度含义，切线斜率 dE/dk 具有群速度含义，曲率 d^2E/dk^2 的倒数曲率半径具有质量的含义。

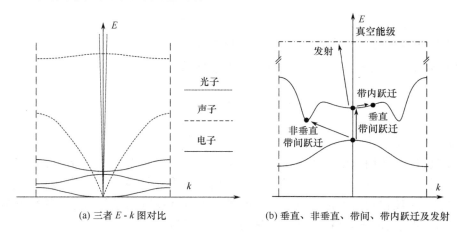

(a) 三者 E-k 图对比　　(b) 垂直、非垂直、带间、带内跃迁及发射

图 3-21　固体中光子、电子和声子的散射机制

在此基础上就可以讨论三者的散射行为。全部的散射机制是非常大的话题，本书作为入门学习，只普及一些为了形成连贯物理思维所需的基本知识。以电子行为为主要对象，依次介绍如下问题。

（1）选择定则。

三者之间不管如何作用，必定符合能量守恒和准动量守恒定律。在远离第一布里渊区边界和动量较小时符合动量守恒。除动量和能量外，还要满足准角动量守恒关系。这些合在一起，构成了散射的选择定则，它决定了粒子之间可以发生的微观作用。这些作用统计后体现为各种宏观现象和特性。

（2）玻色子和费米子。

声子和光子是玻色子，电子是费米子。它们的定义不同，行为不对称。电子就像容器，可以任意吸收/辐射/散射光子和声子，之后它还是同一个电子，只是状态改变。光子和声子就像容器里装的单元，它们的状态是固定的，数量不守恒，可以待在电磁波/格波里，也可以待在电子中。较常规的情况是一个电子在一次散射中吸收/辐射/散射一个或多个光子和/或声子，以及电子与电子散射时交换一个或多个光子和/或声子。

（3）准动量守恒。

电子和声子一样显著受到周期场作用，都有准动量问题。但一般半导体都只用 $k=0$ 或第一布里渊区内特定 k 位置附近很小范围的态来形成电流，所以工程理论中准经典电子一般都符合动量守恒。普通晶格除非按光子晶体技术特别设计，否则对光的周期性调制不明显，所以这里也不讨论光子的准动量限制。

（4）垂直和非垂直跃迁。

光速最大，光子 E-k 曲线极陡，相同能量 E 下的 k 极小。因此，常规电子吸收/辐射/散射单个光子时几乎不改变动量，体现为图 3-21（b）的 k 几乎没有变化的垂直跃迁，也称直接跃迁。直接跃迁在有的文献中被用作其他定义，所以称垂直跃迁不容易产生歧义。如果电子吸收/辐射/散射声子，或是它与相似 k 的电子散射，就很容易发生图 3-21（b）中的非垂直跃迁，也称间接跃迁。垂直跃迁有一个很大的好处，它一般只伴随着光子的吸收/辐射，这使得它在光/电磁波和吸收/辐射器件的工作中发挥着重要的作用。

（5）带间、带内跃迁。

如图 3-21（b）中所示。电子要想从一个允带越过禁带跃迁到另一个允带，就必须吸收或辐射能量大于禁带宽度的光子和/或声子，称为带间跃迁。电子只在同一允带内跃迁称为带内跃迁。从跃迁机制上看，它们没有什么本质区别，但按 3.4.3 节所述，因为不同允带的电子行为不同，它们会对宏观特性造成影响。如果电子的跃迁是垂直的带间跃迁，则称为垂直带隙跃迁，否则为非垂直带隙跃迁。电子通过任何方式获得足够能量从允带向上跃迁到自由状态对应的真空能级，都称为发射，如图 3-21（b）中所示。费米能级 E_F 到真空能级的距离称为功函数，或称为逸出功。

2. 宏观势场作用

大量微观粒子的散射作用统计起来就形成固体受到的为外界作用。有序的外界作用全都能体现为电子的势场，从而把问题转化为电子在势场下的运动问题。具体如下。

（1）静电场。

静电场作用可视为大量光子对电子有序散射传递动量的作用。具体机制要用到量子电动力学，这里不再展开。

静电场是最常见的外加势场。通常它就是电路学中的外加电压。空间电荷也都会产生静电场。

静电场的基本模型可以是线性势场下的薛定谔方程问题，也可以准经典地近似为粒子的牛顿力学问题。

（2）电磁场。

电磁场作用可视为大量光子对电子的有序散射传递能量的作用，也可简单视为大量光子的有序叠加。

宏观中它最常体现为光照作用和电磁波辐射作用。施加变化电场和变化磁场也能产生电磁场。施加或者改变静电场/静磁场后，在到达稳定状态前的瞬态过程中，也是电磁场在发挥作用。高频电路中以交变电流产生的是电磁场，而不是电流为信号载体。

如果外加电磁场只是单频简谐平面波施加在匀质固体上，它的基本模型就是交变势场下的电子跃迁模型。此时电子吸收或辐射光子发生垂直跃迁。但如果电磁场和固体电学结构复杂，就演变为宏观电磁场问题。

（3）静磁场。

静磁场作用可视为大量光子对电子的有序散射传递角动量的作用。

静磁场下电子运动常被独立成磁学或电磁耦合问题专门研究。因为通常电子速度远小于光速，日常固体的磁学运动弱于电学运动。所以本书不讨论这类问题。

静磁场下单个电子运动也是经典薛定谔方程问题。

（4）力与声。

压力、拉力、剪力与声波分别是大量声子对电子的有序散射传递动量、角动量和能量的作用，本质上是大量原子核和电子对电子的有序散射作用。因为对固体的力必定是以改变压强和体积的形式加在整个电子气上的，所以它是无序统计作用的一种形式。

任何宏观的力和振动都能施加力和声场。热膨胀在受到约束时候也能产生热应力。精细的声波需要用专业方法产生。力与声作用下的电子运动使电子器件具有传感和驱动力学运动的重要能力。

力与声直接改变了电子的晶格周期势场，因而能改变 $E\text{-}k$ 能带图。因此它们可以看作能直接改变固体电子本性的作用。通常都能作为势场的微扰项进行分析。

（5）热度和温度。

所有微粒的无序散射作用都能产生热，并改变温度的分布，它是宇宙中最普遍的运动，也是最根本的无序统计作用形式。

热通常靠温度场来施加。但所有的有序势场都只是一种特殊的非平衡态统计势场，它们一直都处在返回热平衡态的运动中。

热平衡态电子气分布一直是前文分析的重点。非平衡态电子气运动构成了本书最关注的电流运动，因而对它的分析放在第 4 章和第 5 章专门介绍。

（6）粒数。

粒数作用是指外界以有序方式直接增加或减少电子数量的作用。因为增加数量会导致扩散，所以它是也无序统计作用的一种形式。

上述任一种外界作用在改变电子的其他物理量的同时，都有可能间接改变电子数量（或浓度）。如果只从粒数的增加或减少角度观测，它们就构成粒数作用。此外，只要设定了所关注对象的边界，边界以外位置不管什么方式流入或流出的电子数量，都可看作一种粒数作用，常称为注入或抽取。用化学方法改变、渗入和扩散原子分子，用电子束/射线轰击固体也都属于粒数作用。

粒数作用主要行为是改变空间的 $n(x)$ 浓度分布，它是一种类 $n(E)$ 统计分布在 x 空间的体现，也是非平衡统计运动的内容，因此放在后续第 4 章和第 5 章专门介绍。

3. 非平衡态特性

有序和无序势场都会使电子偏离热平衡态。势场稳定时，最终会达到稳定的非平衡态，也可称为势场下热平衡态。势场不稳定或被撤销后尚未返回平衡态的瞬态,是更广泛的非平衡态。

(1) 所有非平衡态都存在着返回热平衡态的运动。对电子而言,这就是自发跃迁。如果电子需要降低能量才能返回热平衡态,就称为自发辐射。反之称为自发激发。常态下外界作用都会使高能级电子数增多,因此自发辐射是常见情形。

(2) 所有热平衡态都存在着返回绝对零度热平衡态的运动。该运动必定与从绝对零度产生该热平衡态的温度作用相互抵消。这种运动可以同上一点的运动合并为同一种统计运动,也就是统计体试图回到最无序状态的运动。对电子而言,这就是回到不相容性允许的最低能态的自发辐射运动。

(3) 非平衡态最简单的模型,就是假设非平衡态回到热平衡态的概率是一个定值。按此假设,得到:

$$\frac{\mathrm{d}\Delta n/\Delta n}{\mathrm{d}t} = -\frac{1}{\tau} \tag{3-108}$$

式中,Δn 表示非概率态偏离热平衡态的粒数;$\mathrm{d}\Delta n/\Delta n$ 是按粒数归一化的变化概率;$1/\tau$ 表示该概率的待定值,负号表示非平衡态消失的趋势。该式的解为:

$$\Delta n(t) = \Delta n_0 \mathrm{e}^{-\frac{t}{\tau}} \tag{3-109}$$

式中 Δn_0 是初始值。由此得到:

$$\tau = \frac{\int_0^\infty t\Delta n(t)\,\mathrm{d}t}{\int_0^\infty \Delta n(t)\,\mathrm{d}t} \tag{3-110}$$

它表明 τ 的物理意义是每个电子在非平衡态的平均存在时间,也就是平均寿命,寿命。非平衡态随时间的变化如图 3-22 所示。

水分蒸发、产品变质、原子核衰变这些实例都较好地符合了这个模型。更复杂的非平衡态机制大都可转化为寿命非定值或不同寿命的情况加以处理。对于电子来说,只要找到非平衡电子的寿命,就有了最简单的处理手段。有关非平衡电子的寿命将在第 4 章具体详述。

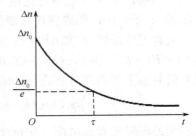

图 3-22　非平衡态随时间的变化

3.4.3　固体的导电性

1. 导电电子数量

在所有外加势场引起的非平衡态电子运动中,电子工程物理最关注的是电场导致的电子的定向运动,它能形成电流。

这种运动本来是 $E\text{-}k$ 空间统计分布 $n(E,k)$ 的非平衡运动在 $x\text{-}t$ 空间的体现形式,按道理应该用统计物理对 $n(E,k)$ 分析结果转化来得到。但因为电子可以被准经典近似为粒子,所以大量电子在 x 空间的运动可看作大量粒子的运动,以我们熟悉的牛顿力学为主的方法来加以分析,它往往比以统计为主的分析方法更直观有效。但这种运动又不完全是我们熟知的单个粒子的经典运动,因为它还包含有粒数/浓度 $n(x)$ 在空间的分布变化问题,第 4 章的后半部分将以半导体中电流运动为例专门介绍这种方法。但在此先提前普及一些常识,介绍加入了浓度变数后,以浓度 n、速度 v 和电流密度 qnv 为关注对象的电流运动常识。

先看看电子气与经典粒子气不同的地方。

经典粒子的性质是稳定的,它的数量、质量和运动规律都不会随着外力作用而改变。但准经典电子的数量、有效质量和运动规律都是来自 $n\text{-}E\text{-}k$ 能带图的。外加电场既改变了布洛赫波的势场,也改变了统计分布的势场。因此理论上 $E\text{-}k$ 关系和 $n\text{-}E$ 分布都会变化。但日常应用中电场相对变化较小,稳定速度较快,可把它们分别看作周期势场的微扰问题,以及势场下的热平衡问题。此时 $E\text{-}k$ 图不变,外电场以电势形式叠加在电子气的粒数势上,$n\text{-}E$ 分布随粒数势的分布而发生变化,这是以下分析的前提。

先看 $J = qnv$ 中的 n。它表示能导电的电子浓度。给定固体的成分、体积和质量,就能算出固体所含的电子数和浓度,但是这些电子并不都能用来导电(否则所有物质都应该能导电)。大量电子不能导电,是因为它们不够自由,这同 3.2.2 节的问题是一样的。

定性地说,不相容性和最低能量原理使常态下电子只能按能量从低向高填充能态,低能态电子除非获得很高能量,否则因为邻近能态全被占据,几乎没有跃迁或运动的自由。只有费米能级附近的电子有运动自由。如果这部分电子较多,导电的电子浓度 n 就大,导电性就好且稳定,这种固体称作导体。如果自由电子较少,导电的电子浓度 n 就小,这种固体称作半导体。如果费米能级恰好出现在禁带中间而且禁带宽度较大,那么费米能附近的电子又会被禁带堵住。不能获得足够能量时,所有电子全被堵在禁带以下,导致该物质不能导电,这种固体称作绝缘体。这就如同半瓶的水可以晃动,而满瓶的水无法晃动,半瓶水也只有表面的水会晃得厉害。同样的结论不仅适用导电,也适用所有与电子气运动自由相关的物理性质。例如,绝缘体不用考虑自由电子气的热容。

下面结合 $n\text{-}E\text{-}k$ 能带理论进一步讨论导电的电子浓度 n 的细节,以一维情形为例。为简化作图,$n\text{-}E\text{-}k$ 图取阴影密度代表粒密度程度的投影 $E\text{-}k$ 图画法。

先看无外场情况,如图 3-23 所示。$E\text{-}k$ 能带图总是关于 k 反射对称,一维时即偶对称,$E(\boldsymbol{k}) = E(-\boldsymbol{k})$。因此 $v(k) = \mathrm{d}E/\mathrm{d}(\hbar k)$ 总是奇对称,$v(k) = -v(-k)$。热平衡时 $n(E)$ 在 E 的所有简并态上等概率分布,因此 $n(k)$ 是偶对称,$n(k) = n(-k)$。于是总电流为:

$$J = \sum_{k>0} qn(k)v(k) + \sum_{k<0} qn(k)v(k) = \sum_{k>0} n(k)\big[v(k) - v(k)\big] = 0 \tag{3-111}$$

说明无外场时没有总电流。注意此时电子都是在做微观运动,它们只是统计电流为零。

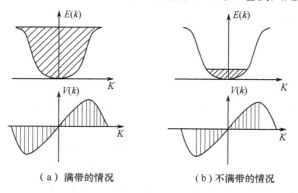

（a）满带的情况　　　　　　　　　（b）不满带的情况

图 3-23　无外场时晶体电子 $E\text{-}k$ 能带图

再看有外电场情况,如图 3-24 所示。小电场下可假设 $E\text{-}k$ 图不变,但每个定域 x 位置上的 $n\text{-}E$ 分布都可能随该处的电场或电势而不同,这里只关注给定 x 位置定域统计的一般情况,也可理解为无限 x 空间中均匀电场的一般情况。一维时电场只能朝一个方向,设为 $+x$

向。把图 3-23(b)的统计叠加结果视为统计单电子态的初始条件,把电场视为势场作用,代入单电子近似薛定谔方程求解,则单电子态会发生稳定的变化,它可以表示为原本征态按新系数的叠加,叠加系数的模方概率密度 n 会呈现出如图 3-24(b)的分布趋势。单电子近似的解就是统计电子的解,所以它也是最终的 n-E 分布。在此分布下,n 关于 k 不对称,所以必定有:

$$J = \sum_{k>0} qn(k)v(k) + \sum_{k<0} qn(k)v(k) \neq 0 \tag{3-112}$$

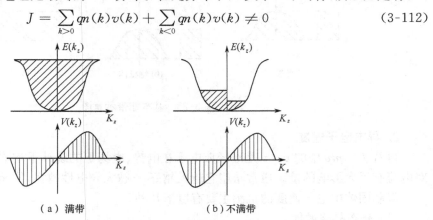

图 3-24　有电场时晶体电子的 E-k 图

这样一来,允带有没有填满,就成为衡量它能不能导电的重要依据。我们把填满的允带称为满带,全空的允带称为空带。未填满的允带称为不满带,根据其填充程度可分为近满带、半满带、半空带、近空带。

按照统计分布常态可以预料,如果禁带上侧允带是半满带,那么该允带上的电子即可能参与导电,产生电流。因而它被称作导带,其中的电子为导带电子。导带主要由原子最外层电子态在原子靠近形成固体时交叠而成。导带下面的那个允带,常被称作价带,其中的电子为价带电子,或称价电子。导带和价带间的禁带仍称为禁带,但它常为工程理论中默认的禁带。价带再往下的允带或者与价带贯通,或者都是满带,不常被讨论。

在此基础上就可以按导电性对固体进行分类。

至少有一个半满带或半空带的晶体就是导体。导体的常态为费米能级在导带中,离价带很远,因此价带是满带,导带是半满带。金属基本上都是导体。金属的导带常由外层电子交叠而成,如 Na;也可由外层和次外层电子态杂化而成,如 Mg。

只有满带和空带的晶体就是绝缘体。典型绝缘体的费米能级处在禁带中央,且禁带很宽。因此价带是满带,导带是空带。能形成强烈且稳定价键的单质和化合物晶体大都是绝缘体,如金刚石 C,NaCl 等。

导电性介于导体和绝缘体之间的晶体就是半导体。一般,半导体的费米能级仍在禁带中央,但其禁带较小。因此导带是近空带,而价带是近满带。这两个能带都能导电,但是导电性都不够强。只要外界稍有作用,价带电子就能获得足够能量跃迁到导带,使价带和导带的导电性都发生显著变化。Si、Ge 和 GaAs 是最常用的半导体。作为对比,绝缘体金刚石 C 的禁带宽度可以达到 Si 的 5 倍以上。

图 3-25 给出了导体、绝缘体和半导体的对比图。半导体在低温和外场微弱时是绝缘体,而高温和外场强烈时就变为导体,它作为导电性质最容易被调节的晶体得到了广泛的应用。更具体的关于半导体导电性的讨论在第 4 章的半导体理论中展开。

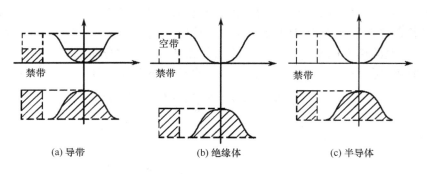

(a) 导带   (b) 绝缘体   (c) 半导体

图 3-25 基本能带示意图

2. 导电电子速度

再看 $J=qnv$ 中的 v。v 是准经典电子在电势、电场下的统计平均群速度。它同样是一个对电流有巨大影响的量。通常希望它越大越好，v 越大导电性越强，传递信息的速度越快。

限制固体中电子速度的机制主要有以下几种。

（1）静态晶格散射。

宏观或微观作用下，随着 k 的增大，自由电子能按 $E=(\hbar k)^2/(2m)$ 的 E-k 关系，像宏观粒子一样加速。但晶体的布洛赫电子不行。从图 3-20 上看，它只在允带底部附近有与自由电子相似的 E-k 特征，此时它波包电子的行为最接近经典粒子。当外力 $F=\mathrm{d}(\hbar k)/\mathrm{d}t$ 使电子 k 增大到第一布里渊区边界附近位置时，E-k 曲线就会发生严重扭曲，有效质量变负，群速度降低。有效质量变负意为正向力使粒子减速，直接的效果就是群速度降低。因此，只靠静态晶格产生的周期场就已经严重地限制了准经典电子的群速度。

更特别的是，如果继续加力使 k 超出第一布里渊区边界时，因为同波效应，准经典电子会把多余的动量传给晶体质心，自己散射回第一布里渊区内，发生与声子 U 形过程散射一模一样的翻转行为。以一维为例，k 刚刚超出 π/a 的电子，会立刻回到 $(k-2\pi/a)$ 的态。在图 3-20 的 E-k 图上，这两个 k 态附近的群速度大小相同，方向相反。此时电子就不只是降低群速度了，而是直接碰撞反弹。这当然会严重限制它的速度上限。固体中电子受力运动到底有多不合常规，是由 E-k 图的具体形状决定的，上述只是它为图 3-20 形状时的特例。这就是为什么 E-k 图很重要的原因，它才是真正决定电子运动规律的图。

（2）晶格振动散射。

晶格振动散射虽然也来自晶格势场，但与静态晶格散射大不相同。静态不变的晶格势场本身已经能对电子产生散射作用。晶格振动时会进一步动态改变周期势场，从而动态改变 E-k 能带图和布洛赫电子态，用变化的势场给电子施加变化的力，体现在微观过程上就是声子与电子的散射。

从图 3-21 可以看出，常态下数量占主导的低能级声学波声子与电子的 E、k 很接近，可以预料大量声子与电子的散射会十分显著地改变电子的运动行为，以增加散射概率，缩短电子平均自由时间和自由程，进一步降低电子定向移动的平均速度。因此，晶格振动散射是常态下最重要的散射机制，它在所有常规固体中都普遍存在，并随着温度变化而显著变化。

（3）电离杂质散射。

电离杂质晶格势场中引入额外的静电势场。如果它们的浓度达到了一定程度，那么就会严重改变晶格势场，进而改变整个 E-k 图和电子运动规律。但如果它们的浓度很低，就不会

显著改变 E-k 图,可以视为孤立带电中心,对电子产生额外的散射作用。如果我们把杂质和缺陷都看作不完美的晶格,那么它本质上也是一种特殊的晶格散射。

杂质和缺陷通常都是难以避免的,对尺寸日渐缩小的电子器件而言更是如此。因此,电离杂质散射也是重要的散射机制。它只与杂质电离的浓度有关,当杂质全部电离后,不再随温度变化,在低温时相对于晶格振动散射表现尤为显著。

（4）电子与电子的散射。

电子气的 E-k 关系是用单电子近似方法得到的,单电子近似把大量电子和原子核对电子的作用转化为一个势场下的统计电子。如果去掉原子核引入的势场,E-k 曲线中剩下的偏离自由电子抛物线的部分就包含了电子与电子散射的结果。它也可以细分为静态和动态两种情形。

电子对电子的动态作用,就是一个电子非定态运动后产生的动态势场对另一个电子的作用,这就是通常意义上的电子散射电子。常识上我们会认为电子和电子的散射是很多很强的,但因为实际运动的只是费米能级附近的电子,它们的数量相对来说很少,所以常态下运动电子的相互散射并不强,常被声子和杂质离子的散射所掩盖。

谈论电子对电子的静态作用,就是问一个定态电子会不会同另一个定态电子相互作用。如果我们指的是电子气中的两个定态电子,例如两个定态自由电子,两个定态布洛赫电子,那么答案是不会。因为它们都是同一个统计电子定态解的一部分,既然是定态就已经不随时间变化,所以没有相互作用。如果指的是两个确定群速度的准经典电子,那么会发生相互作用。因为无论自由电子还是布洛赫电子,它们的 E-k 曲线通常都是非线性的,准经典波包电子一定会色散,而且群速度越大,E-k 切线斜率越陡,k 邻域内相速度差距越大,色散越明显。色散导致波包电子的分解和重组,可以变相地看作若干个波包电子间的作用。但无外界作用时,无论定域准经典电子如何相互作用,总的作用必定相互抵消,因为此时统计电子态是定态,不随时间改变。

（5）统计约束。

以上都是只看两个微观粒子的有序散射时的影响。把有序作用分出去后剩下的,或是许多有序作用无序叠加产生的都是无序统计作用。它常常能抛开单个电子运动的微观机制,直接对电子的统计平均速度产生决定性影响。最简单的例子就是低能电子气不活跃,不导电,即使有外界作用,平均速度仍然为零。这对于单个或少量电子来说是难以想象的。

温度 T 会以自由度均分能量 $kT/2$ 的形式决定电子平均速度,但在低温时电子自由度下降,观测温度和速度都降低。

除温度以外,总粒数 N、总能量 E、费米能级 E_F 和体积 V/应变,外力/压强 P 都是常见约束。知道统计分布 $n(E, k)$ 就能叠加出统计电子态 Φ。如果统计电子态是热平衡或非平衡的定态,那么不管电子与其他粒子间有着多么复杂的微观散射机制,它们的统计速度必定为零。

（6）电子、光子和声子的非常规散射和作用。

除了最简单的弹性散射外,电子、光子、声子和其他微观粒子还存在多种多样的非常规散射和互作用方式,体现为组合成新单元、单元与单元间耦合作用、反应出新粒子等许许多多微观作用机制。真实的微观世界可能一点也不比宏观世界简单。这也是为什么凝聚态物理始终能保持旺盛的活力不断产生有趣和惊人发现的原因。

根据这些影响机制,就能得到如下提高固体电子速度的基本思路。

（1）利用电子的波动特性。

最理想的情况是，电子不以准经典电子的群速度导电，而直接以电子波态的相速度导电。例如一个本征态的布洛赫电子，它理论上的导电性是无限大的，因为电荷量是随概率粒密度 $n(x)$ 同时分布在整个 x 空间中的。只要在一个定域位置改变电子态，那么全域的电子态就同时发生变化。这正是所有全域波动在理论上都能量子超距通信的原因。

当材料尺寸减小到平均自由程以下后，电子在运动过程中就几乎不发生常规散射，称为弹道输运。继续减小尺寸后，准经典近似也不再适用。此时粒波电子固有的波动性就会展露出来，例如隧穿、干涉，以及利用波包色散后重组特性产生的非稳非本地输运，等等。

（2）利用微粒间作用改变散射机制。

利用固体电子与电子、光子、声子乃至其他粒子的相互稳定作用，形成某种特定性质的稳定微观结构或过程，它从本质上能自然避免某种常见的电子散射机制，从而轻易超越该散射机制下群速度的极限。例如目前主流的超导机制就是利用一对电子与声子组成的稳定耦合结构，避免了主要的晶格振动散射，从而获得超强的导电性。又如，电子在用于导电的非垂直带内跃迁中，常与声子和光子发生散射，但因为两者散射效果和速率都不同。与光子散射只显著改变能量，常为垂直跃迁；与声子散射显著改变动量/速度，常为斜或近水平跃迁，所以如果后者速率快于前者速率，那么通过减小尺寸缩短时间就能提高近水平跃迁的比重，从而变相提高速度。这被称作速度过冲效应。

（3）利用新材料获得优越的晶格与能带结构。

从固体结构上展开探索，寻找晶格结构稳定，缺陷少，E-k 能带结构在特定区域有极大曲率、极小有效质量的固体材料，用该处的准经典电子导电。有效质量小，相同电场下获得的平均速度就大，导电性就强。石墨烯 C 结构就兼具上述特点。控制能带结构除了能提高速度外，也能改变运动规律，产生特殊的导电效果。具体在第 4 章介绍。

（4）改善常规材料的结构，减少杂质和缺陷。

这是成本较低也较实用的方法。例如提高工艺清洁度，减小全部或特定维度上的尺寸，降低杂质数量，利用外力微弱改变 Si 晶格常数以显著改变 E-k 图曲率的应力硅技术，等等。

问题与习题

3-1 按照经典的观点，在室温下，金属中每个电子对比热的贡献为 $3k_0/2$，按照量子论的观点，如取 $E_F = 5\text{eV}$，则反为 $k_0/40$，只及经典值的 $1/60$。试解释何以两者相差这么大。

3-2 限制在边长为 L 的正方形中的 N 个自由电子。电子能量

$$E(k_x, k_y) = \frac{\hbar^2}{2m}(k_x^2 + k_y^2)$$

① 求能量 E 到 $E+\text{d}E$ 之间的状态数；
② 求此二维系统在绝对零度的费米能量。

3-3 设有一金属样品，体积为 10^{-5}m^3，其电子可视为自由电子，试计算低于 5eV 的总的状态数。

3-4 在低温下金属钾的摩尔热容量的实验结果可写成

$$C = (2.08T + 2.57T^3) \times 10^{-3}\text{J/mol} \cdot \text{K}$$

若一个摩尔的钾有 $N=6 \times 10^{23}$ 个电子，试求钾的费米温度 T_F 和德拜温度 θ_D。

3-5 一维周期场中电子波函数 $\psi_k(x)$ 应当满足布洛赫定理，若晶格常数是 a，电子的波函数

如下,试求电子在这些状态的波矢。

① $\psi_k(x) = \sin\dfrac{\pi}{a}x$;

② $\psi_k(x) = i\cos\dfrac{3\pi}{a}x$;

③ $\psi_k(x) = \displaystyle\sum_{i=-\infty}^{\infty} f(x-la)$ (f 是某个确定的函数)。

3-6 证明,当 $kT \ll E_F^0$ 时,电子数目每增加一个,则费米能变化如下,其中 $g(E_F^0)$ 为费米能级的能态密度。

$$\Delta E_F^0 = \frac{1}{g(E_F^0)}$$

3-7 试证明布洛赫函数不是动量的本征函数。

3-8 电子在周期场中的势能:

$$V(x) = \frac{1}{2}m\omega^2[b^2 - (x-la)^2] \quad (la-b \leqslant x \leqslant la+b)$$
$$= 0 \qquad\qquad [(l-1)a+b \leqslant x \leqslant (a-b)]$$

式中,$a = 4b$;ω 是常数。试画出此势能曲线,并求此势能的平均值。

3-9 用近自由电子模型处理上题。求此晶体的第一个以及第二个禁带宽度。

3-10 在一维周期场中运动的电子,每一个状态 k 都存在一个与之简并的状态 $-k$,为什么只在 $\dfrac{n\pi}{a}$ 附近才用简并微扰,而其他 k 值却不必用简并微扰处理呢?

3-11 能带宽窄由什么因素决定? 它与晶体所包含的原胞总数 N 有无关系?

3-12 布里渊区的边界面一定是能量的不连续面吗?

3-13 已知一维晶体的电子能带可写成

$$E(k) = \frac{\hbar^2}{ma^2}\left(\frac{7}{8} - \cos ka + \frac{1}{8}\cos 2ka\right)$$

其中 a 是晶格常数,试求:①能带的宽度;②电子在波矢 k 的状态时的速度;③能带底部和顶部电子的有效质量。

3-14 用紧束缚方法处理面心立方晶体的 s 态电子,若只计最近邻的相互作用,试导出能带为:

$$E(k) = E_0 - A - 4J\left(\cos\frac{k_x a}{2}\cos\frac{k_y a}{2} + \cos\frac{k_y a}{2}\cos\frac{k_z a}{2} + \cos\frac{k_z a}{2}\cos\frac{k_x a}{2}\right)$$

并求能带底部电子的有效质量。

3-15 紧束缚方法导出体心立方晶体 s 态电子的能带

$$E(k) = E_0 - A - 8J\left(\cos\frac{k_x a}{2}\cos\frac{k_y a}{2}\cos\frac{k_z a}{2}\right)$$

试画出沿 k_x 方向($k_y = k_z = 0$),$E(k_x)$ 和 $v(k_x)$ 的曲线。

3-16 用图示法表示出金属、绝缘体、本征半导体的能带填充情况。画出费米能级的位置。并注明能隙的典型数据。

3-17 为何引入密度泛函理论处理能带问题,有何优点?

第4章 半导体电流理论

导体和绝缘体相比,半导体是唯一能灵活控制体内电流的材料。在半导体中人们能找到各种办法控制电流的大小、流向、时序等,使受控的电流能够携带数学信息,产生理性功能,发展出层出不穷的电子器件和系统,将机器理性不断渗透到生活的各个领域。

4.1 半导体常识

4.1.1 晶格和能带

x 空间结构图

硅(Si)、锗(Ge)和砷化镓(GaAs)晶体是最常用的半导体材料。下文主要以这几种材料为例,介绍半导体理论的具体内容。

按第2章的介绍,Si 和 Ge 能形成如图 4-1(a)所示的金刚石结构,GaAs 能形成图 4-1(b)所示的闪锌矿结构,它们总体上都是由两个面心立方晶胞套构而成,原子密度高,价电子都能饱合成键,结构在各个方向上都很稳定。与同为金刚石结构的金刚石 C 相比,元素序数较高的 Si、Ge 和 GaAs 在保留金刚石结构优点的同时,减轻了原子核对外层电子的束缚,使材料在常温下就可能成为半导体。

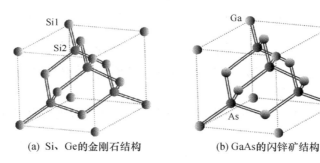

(a) Si、Ge的金刚石结构   (b) GaAs的闪锌矿结构

图 4-1 常见半导体 x 空间结构

因为三维结构画起来不方便,所以工程中常画成二维简化图。如图 4-2 所示,每个 Si 或 Ge 原子都能和 4 个最近邻原子共享价电子形成 4 个非极性共价键。Ga 最外层有 3 个价电子,而 As 有 5 个,因此 Ga-As 键的正、负电荷平均位置分离,偏向电负性较高的 As,属极性共价键。图中键上有黑点表示电子留在价带成键,成为价电子。如果键上出现黑点空缺表示价带电子跃迁到导带后成为自由电子。

以上这些都是静止的 x 空间结构图,如果要描述电子的运动,就需画出 x-t 图。但比起 x-t 图来,电子运动的规律更适合在与之相倒的 E-k 空间中进行描述。

E-k 能带图

因为同波效应,电子处于周期势场下时只需画出 k 空间第一布里渊区内的信息。第一布

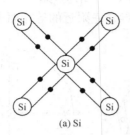

(a) Si

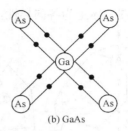

(b) GaAs

图 4-2　x 空间结构的二维简化图,黑点表示形成共价键的电子

里渊区就是 k 空间的维-塞原胞,而 k 空间晶格是 x 空间
晶格的倒晶格,因此,对三维 x 空间面心立方套构而成的
金刚石结构,它的能带图只需画在三维 k 空间的维-塞原
胞内,也就是图 4-3 的截角八面体中。

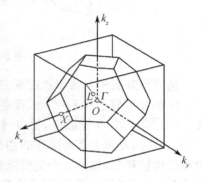

图 4-3　三维 Si、Ge 和 GaAs 晶体
在 k 空间的第一布里渊区

　　三维 k 空间布里渊区中无法画出四维 E-k 能带图,
所以工程中有两种方法来表述它。一种就是图 4-4 的二
维简化画法。它只画出 k 空间最主要晶列方向[100]和
[111]上的二维能带图。因为能带图必定反射对称,所以
每种只要画一半。Γ 是布里渊区中心,X 和 L 分别为晶向
[100]和[111]与第一布里渊区边界的交点。在 3.4.3 节
已经介绍,导带底 E_c/价带顶 E_v 附近能态对导电最重要。
从图 4-4 上可明显看到它们未必都在 $k=0$ 附近。设导带底在 (k_{cx}, k_{cy}, k_{cz}) 附近,用主轴有效
质量 m_x^*、m_y^* 和 m_z^* 可将该处导带底附近的能带结构近似表示为:

$$E(k)=E_c+\frac{\hbar^2}{2}\left[\frac{(k_x-k_{cx})^2}{m_x^*}+\frac{(k_y-k_{cy})^2}{m_y^*}+\frac{(k_z-k_{cz})^2}{m_z^*}\right] \tag{4-1}$$

价带顶部位于波数 $k=0$ 处,由于能带简并,价带结构也很复杂,在此对该能量表达式不做具体
描述了。

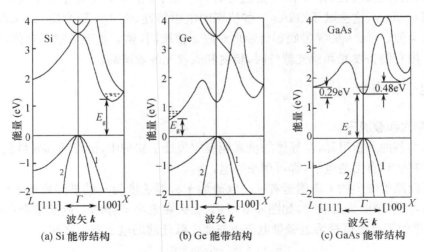

(a) Si 能带结构　　　　　(b) Ge 能带结构　　　　　(c) GaAs 能带结构

图 4-4　Si、Ge 和 GaAs 的简化 E-k 能带图

另一种就是借助 k 空间三维等能面间接反映四维 $E-k$ 结构,如图 4-5 所示。因为 Si、Ge 和 GaAs 的 $E-k$ 图总体上为各向异性,所以价带顶/导带底附近的等能面多为椭球面。

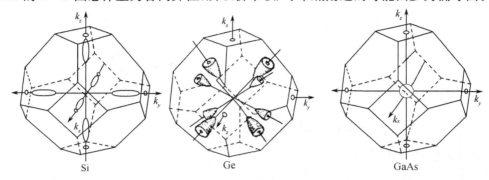

图 4-5　Si、Ge 和 GaAs 的等能面形状

这两种方法相互参照就得到完整的能带图。

Si 的导带底不在 $k=0$ 处,而是沿[100]轴位于布里渊区长度的 0.85 倍处。根据立方对称性,[100]有 6 个等效晶向,另 5 个分别为[$\bar{1}$00],[010],[0$\bar{1}$0],[001],[00$\bar{1}$],常统一记为 $\langle 100 \rangle$。这些方向上都有同样的能带结构,共形成 6 个导带底及其附近的椭球等能面。Si 的价带结构较复杂,包含 3 个交叠能带。因为自旋-轨道耦合作用,第 3 个能带能量下降,与另两个价带分开,离开价带顶,因此一般只关注前两个价带。图 4-4 中只画出 $k=0$ 时能量相重合的两个价带。Si 的导带底和价带顶并不在同一个 k 位置上,因此属非垂直带隙半导体,也称**间接带隙半导体**。

Ge 的导带底也不在中心处,而是沿[111]轴位于布里渊区边界位置。根据立方对称性,$\langle 111 \rangle$ 方向共有 8 个等效方向,共形成 8 个导带底。每个等能面只有一半在第一布里渊区内,因此区内一共只有 4 个整的椭球面。Ge 的价带结构与 Si 相似,导带底和价带顶也不在同一个 k 位置上,也是非垂直带隙半导体。

GaAs 的导带底就在 $k=0$ 处,等能面是球面。但 GaAs 的导带不止一个极小值,在[111]和[100]方向的布里渊区边界 L 和 X 处还各有一个极小值。L 处的能量极小值比布里渊区中心处的仅高 0.29eV,这会赋予 GaAs 一些特别的电学特性(在 4.5 节介绍)。GaAs 价带的情形与 Si、Ge 类似。GaAs 的导带底和价带顶对应 k 值相同,属于垂直带隙半导体,或称**直接带隙半导体**。用它制备发光和感光器件时,辐射和吸收光的效率高。

4.1.2　电子和空穴

电子、空穴和载流子

按 3.2.2 节的分析可知,半导体的费米能级应该处于禁带中,价带顶和导带底电子都是费米能级附近有运动自由的电子,都可用来导电。

现在假设满价带顶的 k 态附近有一个电荷为 $-q$,群速度为 v 的准经典电子跃入导带,留下一个空态,使价带变为近满带,如图 4-6 所示,那么在电场 $\mathscr{E}$ 作用下近满带会产生非零的电流 I。满价带的零电流可视为近满带电流 I 与那个跃迁前的电子电流之和:

$$I+(-q)v=0 \tag{4-2}$$

说明该近满带电流等效于一个正电荷 q 的粒子以速度 v 的运动。同样的,满价带电子气在电场作用下不运动,受力为零,因此有:

$$m_n^* \frac{\mathrm{d}v}{\mathrm{d}t} + (-m_n^*) \frac{\mathrm{d}v}{\mathrm{d}t} = 0 \tag{4-3}$$

第一项是跃迁前电子受到的电场力,第二项是近满带电子气等效的正电荷粒子受到的电场力。它们之和为零要求该正电荷粒子具有与该电子相反的有效质量。价带顶电子的有效质量 m_n^* 均为负值,因此该正电荷粒子有效质量 $-m_n^*$ 为正值。

综上所述,每个价带顶电子所占据的 $E-k$ 态成为空态后,都可视为一个具有正电荷 q、正有效质量 $-m_n^*$ 的粒子,这个粒子就被称作空穴。除了电荷和质量符号不同外,价带顶空穴的其他理论形式都与导带底电子相同。

单个电子和空穴携带的电荷总是固定的,为单位电荷 q,因此有效质量是可以区别它们的物理属性。从能带图上看,Si、Ge 和 GaAs 的导带底都只有一条 $E-k$ 曲线,常将沿椭球长轴方向的有效质量称为**纵向有效质量**,记作 m_l;沿椭球短轴方向的两个**横向有效质量**相等,记作 m_t。但 Si、Ge 和 GaAs 的价带顶都有两条 $E-k$ 曲线,曲率大的那条对应有效质量小,记作 m_{pl},称为**轻空穴**;曲率小的有效质量大,记作 m_{ph},称为**重空穴**。表 4-1 给出了它们实测的电子和空穴有效质量数据。

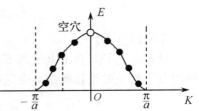

图 4-6　近满价带中的空穴

表 4-1　Si 中载流子的有效质量

材料	$\frac{m_l}{m_0}$	$\frac{m_t}{m_0}$	$\frac{m_{ph}}{m_0}$	$\frac{m_{pl}}{m_0}$
Si	0.92	0.197	0.48	0.16
Ge	1.64	0.083	0.28	0.044
GaAs	0.067	0.067	0.45	0.082

携带电荷运动产生电流的粒子可统称为**载流子**。导带电子和价带空穴都参与导电,所以半导体中有两种不同的载流子。工程上常用 negative 的首字母 n 或 N 来表示电子,用 postive 的首字母 p 或 P 表示空穴。就像水瓶盛水少时水的运动适合用瓶底的水来描述,盛水多时适合由顶部的气泡来描述一样,价带顶的电流更适合用价带顶空穴电流来描述。

两种载流子在两种导电通道上导电是半导体非常重要的特点和优点。如果这两个通道中电流的大小、方向及时序都能被精确控制,就能实现用电流承载信息的目的,这正是半导体结构和器件技术努力的方向(将在第 5 章介绍)。

最概然分布 $f(E)$

有了载流子空穴后,半导体的所有统计理论也都被分为两个部分,分别应用于导带底电子和价带顶空穴。为了确定它们的统计分布,依次要确定两者的最概然分布 $f(E)$、态密度 $g(E)$ 和外界作用/约束。

先看最概然分布 $f(E)$。导带底电子气分布沿用 3.2.1 节和 3.2.2 节的结论,热平衡态时符合费-狄分布:

$$f_n(E) = \frac{1}{e^{\frac{E-E_F}{kT}} + 1} \tag{4-4}$$

表示每个能级 E 上每个电子简并态的粒密度。空穴所占据的概率 f_p 就是电子不占据的概率，热平衡态时有：

$$f_p(E) = 1 - \frac{1}{e^{\frac{E-E_F}{kT}} + 1} = \frac{e^{\frac{E-E_F}{kT}}}{e^{\frac{E-E_F}{kT}} + 1} \tag{4-5}$$

表示每个能级 E 上每个空穴简并态的粒密度。半导体的 E_F 常常出现在禁带中央区域，导带顶和价带底到它的距离远，通常大于常温下的 $kT \approx 0.026\text{eV}$，分别满足 $E_v - E_F \gg kT$ 和 $E_F - E_c \gg kT$ 条件。此时费-狄分布退化为各自的麦-波分布，与经典粒子气的统计分布一致：

$$f_n(E) = e^{-\frac{E-E_F}{kT}}, \qquad f_p(E) = e^{-\frac{E_F-E}{kT}} \tag{4-6}$$

态密度 $g(E)$

导带底电子与自由电子的 $E\text{-}k$ 图很接近，差异就是有效质量。把自由电子气的态密度中的电子静止质量替换成导带底**电子状态密度有效电子质量 m_{dn}**，就能得到它的态密度：

$$g_n(E) = 4\pi V \left(\frac{2m_n^*}{h^2}\right)^{3/2} (E - E_c)^{1/2}$$
$$m_n^* = m_{dn} = s^{2/3}(m_l m_t^2)^{1/3} \tag{4-7}$$

式中，m_{dn} 综合考虑了导带底椭球等能面上长、短轴有效质量 m_l、m_t 的影响（推导从略）。根据表 4-1，对于 Si 为 $s=6$，$m_{dn}=1.08m_0$；对 Ge 为 $s=4$，$m_{dn}=0.56m_0$。

同理价带顶电子气可用价带顶**空穴状态密度有效空穴质量 m_{dp}** 表述，式(4-7)改为：

$$g_p(E) = 4\pi V_0 \frac{(2m_p^*)^{3/2}}{h^3}(E_v - E)^{1/2}$$
$$m_p^* = m_{dp} = [(m_p)_l^{3/2} + (m_p)_h^{3/2}]^{2/3} \tag{4-8}$$

式中，m_{dp} 综合价带顶轻、重空穴的影响，对 Si 为 $m_{dp}=0.59m_0$；对 Ge 为 $m_{dp}=0.37m_0$。

外界作用

之前的统计分析主要针对热平衡态，本章除 4.2 节以外的分析重点都在非平衡态上。就像在静止或匀速粒子上施加外力就产生加速度一样，在热平衡态粒子气基础上施加外界作用就会产生非平衡态。

约束，条件，作用，载荷，激励，力，源，势场……这些名词代表的都是同一个意思，即能确定物理对象内部属性和状态的外部条件。具体用哪一个条件，因场景和习惯而定。载流子较常用的有作用，势场和约束。作用是所有可能改变的条件的统称。人们习惯把还不知究竟的机制归为内部作用，而将已经明了且可以控制改变的条件全部都算作外界作用。力和势场都专指粒子受的外界作用，如载流子的电场力和电场；约束指能直接确定对象状态的作用，如边界条件、初始条件、已知物理量，等等。

外界作用可能改变体系的任何物理量。后文会详细阐述载流子气的各种外界作用，这里先简介一些基本常识。

载流子有三种直接的外界作用。

第一种是改变温度 T 的作用，常体现为给定或改变环境温度。温度能直接改变 $f(E)$ 从而改变 $n(E)$ 和载流子数。非热力学零度的热平衡态都自然承受了这种作用。

第二种是单独改变粒数 N 的作用，常体现为给定温度下的粒数注入/抽取作用，它是本章新出现的外界作用。

从 3.2.1 节知,热平衡态电子气的约束既可以是总电子数 N,也可以是总能量 E 或费米能级 E_F,给定 $f(E)$ 和 $g(E)$ 时它们彼此等价。因此,这种外界作用也可视为对费米能级 E_F 的作用。

从式(4-6)可以看出,热平衡态 E_F 能同时约束两种载流子粒数。但非平衡态时两种载流子粒数可能任意变化,不能由一个费米能级 E_F 描述。就像水流东、西但同归大海一样,只要作用不是太强烈和混乱,足够小范围内的定域导带电子气和价带空穴气仍会倾向遵守热平衡分布,只是它们合在一起和更大范围内的电子气不再遵循热平衡分布。此时常见的做法是认为 $g(E)$ 形式不变,用**电子准费米能级 E_{Fn} 和空穴准费米能级 E_{Fp}** 按费-狄分布分别表示两者在定域的 $f(E)$ 分布状态:

$$f_n(E)=\frac{1}{\mathrm{e}^{\frac{E-E_{Fn}}{kT}}+1}\xrightarrow{E\gg E_{Fn}}\mathrm{e}^{-\frac{E-E_{Fn}}{kT}}\qquad f_n(E)=\frac{\mathrm{e}^{\frac{E-E_{Fp}}{kT}}}{\mathrm{e}^{\frac{E-E_{Fp}}{kT}}+1}\xrightarrow{E\ll E_{Fp}}\mathrm{e}^{-\frac{E_{Fp}-E}{kT}}\qquad(4\text{-}9)$$

第三种是改变电场 $\mathscr{E}$ 的作用,也就是加电场或电压。只要粒子带电荷,就一定会受到电磁场的作用。电路学问题中最常见的是加电场。它也是本章新出现的外界作用。

按电磁场理论,电场 $\mathscr{E}$、电势 φ 都由电荷浓度 Q 产生,其运动规律由电磁场方程描述。准静态问题中它可简化为泊松方程与电场定义形式,一维时为:

$$\frac{\mathrm{d}^2\varphi}{\mathrm{d}x^2}=-\frac{\mathrm{d}\mathscr{E}}{\mathrm{d}x}=-\frac{Q}{\varepsilon}\qquad(4\text{-}10)$$

式中 ε 是介电常数。

改变电场 $\mathscr{E}$ 的同时也会改变费米能级 E_F。按 3.2.2 节,费米能 E_F 具有粒数势 V_N 的含义,即每增加一个电子后系统增加的能量。在电势 φ 处每增加一个电子系统会增加 $-q\varphi$ 的能量,因此电势 φ 会简单地改变费米能级 E_F,使其变为:

$$V_N=E_F=(E_F+q\varphi)-q\varphi\qquad(4\text{-}11)$$

从能带图上可以直观看出等式右侧两项的区别。如图 4-7 所示,$-q\varphi$ 是有了电势后电势能等效的粒数势,它提高了能带结构的能量起点。$E_F+q\varphi$ 是费米能 E_F 到能量起点的距离,所以它仍然是电子按不相容性从低到高填充能态所达到的能量,也就是传统意义上统计粒数势。

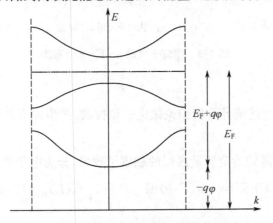

图 4-7　电势 φ 处的费米能级 E_F

因为电场 $\mathscr{E}$ 能改变费米能级 E_F,电荷浓度 Q 能改变电场 $\mathscr{E}$,而未被中和的载流子浓度和离子浓度乘以单位电荷量就是电荷浓度 Q,所以除了对粒数 N 和费米能级 E_F 的直接约束外,载流子统计分布还有一种普遍的约束条件是描述净电荷总量的电中性约束条件:

$$Q = qp + Q_+ - qn - Q_- \tag{4-12}$$

式中,Q 是空间净电荷浓度;Q_+ 和 Q_- 分别表示外界作用引入的正、负离子电荷浓度,它们可能来自杂质和缺陷;n 和 p 分别为电子浓度和空穴浓度。对热平衡态匀质半导体,结构的对称性必定要求其处处电中性:

$$qp + Q_+ - qn - Q_- = 0 \tag{4-13}$$

这将构成热平衡态分析的最常用的约束条件。非匀质半导体即使在热平衡态也未必处处电中性,具体将在 4.5.3 节讨论。

$n(E, k)$ 分布

给定外界作用后,根据此时的 $f(E)$、$g(E)$ 和 E_F 就能求出每种载流子的统计分布 $n(E)$。$n(E)$ 分布和 E-k 关系合起来就得到 $n(E, k)$ 分布。

我们对 $n(E,k)$ 分布并不陌生,它的来源是费-狄分布的 $f(E,k)$ 分布。当相同能级 E 上有 g 个 k 简并态时,费-狄分布可以直接确定的值是每个 k 简并态上的 $f(E,k)$,而不是 $f(E)$。$f(E,k)$ 乘以 $g(E)$ 后才是该能级上真正的分布 $n(E)$。热平衡时能量均分律使每个简并态的 $f(E,k)$ 相等,$n(E,k)$ 分布关于 k 轴对称,出于简化和习惯用 $f(E)$ 表示 $f(E,k)$,用 $n(E)$ 表示 $n(E,k)$。但非平衡态时 $f(E,k)$ 可不相等,$n(E,k)$ 可不对称,此时更普适的统计分析应该是基于 $n(E,k)$ 分布进行的。

为了简化作图,下文在需要作三维 n-E-k 图时都采用二维投影图画法,把每个 (E,k) 态的粒密度 n 都用它从该态开始在 E 轴上的投影长度来表示,如图 4-8 所示。

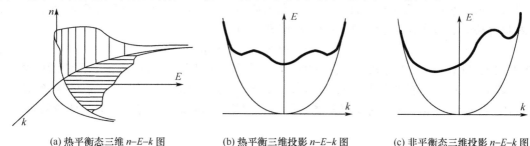

(a) 热平衡态三维 n-E-k 图　　(b) 热平衡三维投影 n-E-k 图　　(c) 非平衡态三维投影 n-E-k 图

图 4-8　载流子气的 n-E-k 分布图

4.1.3　半导体术语

利用半导体理论对上述统计分析结论做进一步推演,产生如下各种新的物理量和术语。

$n(x)$ 分布

由 n-E-k 分布可得到给定能量区间的载流子数量,分为电子数 N 和空穴数 P。

$$N = \int_E f_n(E) g_n(E) \mathrm{d}E = \int_k n(E,k) \mathrm{d}k \quad P = \int_E f_p(E) g_p(E) \mathrm{d}E = \int_k p(E,k) \mathrm{d}k$$

$$\tag{4-14}$$

从 3.4.1 节知,工程分析是以每个 x 处微元/点上的定域统计电子/空穴为基本单元的,所以更实用的结论是该微元/点中单位体积内的载流子数,即载流子浓度。x 处电子和空穴浓度分别记为 $n(x)$ 和 $p(x)$,简写作 n 和 p,热平衡态时浓度写作 n_0 和 p_0。

E_F 远离导带底和价带顶时，可用麦-波分布代替费-狄分布简化推导，得到热平衡时载流子浓度为：

$$n_0 = \frac{1}{V} \int_{E_c}^{\infty} 4\pi V \left(\frac{2m_n^*}{h^2}\right)^{3/2} (E-E_c)^{1/2} \cdot e^{\frac{-(E-E_F)}{kT}} dE$$

$$= \frac{4\pi (2m_n^*)^{3/2}}{h^3} e^{\frac{-(E_c-E_F)}{kT}} \int_{E_c}^{\infty} \eta^{1/2} e^{-\eta} d\eta = N_c e^{\frac{-(E_c-E_F)}{kT}} \tag{4-15}$$

式中：

$$N_c = 2\left(\frac{2\pi m_n^* kT}{h^2}\right)^{3/2}, \qquad \eta = (E-E_c)/(kT)$$

$$p_0 = \frac{1}{V} \int_{E_v}^{\infty} f_p(E) g_p(E) dE = N_v e^{\frac{-(E_F-E_c)}{kT}} \tag{4-16}$$

式中：

$$N_v = 2\left(\frac{2\pi m_p^* kT}{h^2}\right)^{3/2}$$

式中，N_c 和 N_v 分别称为导带和价带**有效状态密度**；E_c 和 E_v 一般定义为导带底能量和价带顶能量。这 4 个参数都是由能带结构决定的，因此只要给定材料，它们就可视为常数。外加电压 φ 时，导带底和价带顶能量会增加 $-q\varphi$，但按此定义 E_c 和 E_v 不变。本来式中应积分到导带顶/价带底，但考虑到电子/空穴只分布在导带底/价带顶，因此将积分上限延伸到无穷大后，对积分结果影响就很小。这种处理使计算变得简单，但仍能保证分析精度。

不均匀的势能 V 会使粒子气浓度按 $n \sim e^{-V/kT}$ 不均匀分布。因此，考虑晶格周期势场后，x 空间电子气浓度本来不是均匀分布的，但晶格势场的起伏尺度是微观尺度，而半导体理论关注的微元/点常为宏观尺度，因此用该点内部的平均浓度已能满足宏观精度要求。如果势场的分布尺度也在宏观量级，那么载流子浓度就会呈现出宏观分布，如 4.5.3 节所述的非均匀半导体。

需要特别提醒的是，本书用同一个符号 n 表示了两种不同的粒密度，即统计分布 $n(E)$ 和 x 空间浓度 $n(x)$。$n(E) = dN/dE$ 是能量 E 空间中的粒密度，而浓度是 x 空间粒密度。它们定义不同，本该采用不同的物理符号。但因为它们都是粒数 N 在不同物量空间衍生的密度量，为了避免引入过多物理符号，仍然都用 n 表示。根据上下文不难看出每处 n 的含义。

常用术语

从结论上看，费米能级 E_F 对电子和空穴浓度都有着指数级的调节作用。E_F 的一点点移动，会使 n 和 p 发生剧烈的变化。$n(x)$ 和 $p(x)$ 的变化是半导体理论关注的重点。根据它们的分布态势产生了一些半导体专用的术语。

如果半导体中一种载流子远多于另一种，多的就被称作多数载流子，简称**多子**。少的称作少数载流子，简称**少子**。如果半导体中多子是导带电子，就称作 **n 型半导体**。如果多子是价带空穴，称作 **p 型半导体**。如果两者数量相当，称作**中性半导体**，呈现本征特性。不难预料，热平衡时 n 型半导体的 E_F 必定靠近导带底 E_c，p 型半导体 E_F 靠近价带顶 E_v。

如果费米能级 E_F 离 E_c 或 E_v 很近，就不满足 $E_c - E_F \gg kT$ 或 $E_F - E_v \gg kT$ 条件，不能把费-狄分布简化为麦-波分布。与远离 E_F 能态的载流子相比，E_F 附近的载流子的简并度 $g(E)$ 更大，$n(E)$ 更密集，所以此时的半导体被称作**简并半导体**，具体在 4.2.3 节介绍。本章讨论的主要是**非简并半导体**。

将式（4-15）与式（4-16）相乘得到：

$$n_0 p_0 = N_c N_v e^{\frac{E_g}{kT}} \tag{4-17}$$

式中 $E_g = E_c - E_v$ 是禁带宽度，给定材料时它也是较稳定的值。该式称为热平衡载流子浓度积公式。它与费米能级 E_F 的具体位置无关,是热平衡时的普遍关系,给定材料时是定值,估算载流子浓度时很方便。

外界作用会使载流子气进入非平衡态。如果不改变温度 T,只加电场 $\mathcal{E}$ 或改变粒数 N,载流子就只在热平衡态分布基础上发生变化。习惯上将偏离给定温度下热平衡态的分布的载流子称为**非平衡载流子**,其浓度常记作 Δn 和 Δp:

$$\Delta n = n - n_0, \qquad \Delta p = p - p_0 \qquad (4\text{-}18)$$

如果假设非平衡态电子和空穴不改变热平衡时的分布形式,只改变数量,就可以将其写作:

$$n = N_c e^{-\frac{E_c - E_{Fn}}{kT}}, \qquad p = N_v e^{-\frac{E_{Fp} - E_v}{kT}} \qquad (4\text{-}19)$$

此时载流子浓度积变为:

$$np = n_0 p_0 e^{\frac{E_{Fn} - E_{Fp}}{kT}} \qquad (4\text{-}20)$$

这种假设并不是自然成立的,但正如前文所述,对于足够小的微元中定域载流子气,有理由认为它能很快达到热平衡,所以它成为半导体理论中一个重要的隐性假设。

$E\text{-}x$ 能带图

为了便于形象直观地描述载流子在 x 空间中的运动,工程中还会把 x 各处载流子气的 $E\text{-}k$ 能带图转化为一张 $E\text{-}x$ 能带图。

具体做法如图 4-9 所示。先根据理论求得各 x 位置上定域统计载流子的 $E\text{-}k$ 图,只取其 E 轴得到三个主要的能量点,即价带顶 E_v、导带底 E_c 和费米能级 E_F。将每处的能量点沿 x 轴依次连接得到三条曲线,分别对应 $E_v(x)$、$E_c(x)$ 和 $E_F(x)$。E_F 连线常用点画线表示。它们分隔出的区域就是导带、价带和禁带在 x 空间的分布。因为它们也呈带状分布,所以称其为 $E\text{-}x$ 能带结构。$E\text{-}x$ 图通常只画 E_v 和 E_c,价带以下和导带向上能带都不画。有时导带最上方也会示意性地画出真空能级。最后根据载流子浓度 $n(x)$ 和 $p(x)$ 的分布结果,用适量黑点或阴影线填充导带底区域,用白点或留白填充价带顶区域,填充面积视浓度大小而定。注意 $E\text{-}x$ 图的本质是能量分布,而这种浓度画法反映的是浓度分布,它是根据统计分析结果添加能量分布图上辅助理解的标记。

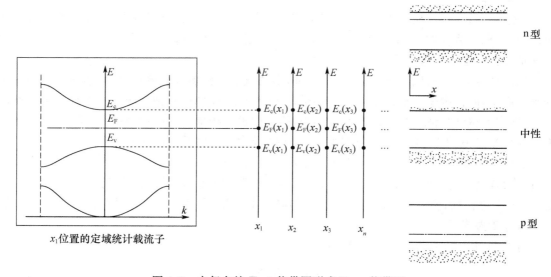

图 4-9 由每点的 $E\text{-}k$ 能带图形成 $E\text{-}x$ 能带图

无外场同质均匀材料的热平衡态是最简单的情形。此时每个 x 点上都有相同的统计分布，$E_v(x)$、$E_c(x)$ 和 $E_F(x)$ 都是水平直线，载流子浓度分布均匀。更多情况下 E-x 能带图会有各种变化，在后文依次展开。

除了反映 E-k 图外，E-x 图与 x 空间结构图也有密切联系。如图 4-10 所示，E-x 图上每个 x 位置上的载流子浓度标记反映的是该处载流子气的平均运动状态。因为 E-x 图是宏观尺度，结构图是微观尺度，所以 E-x 图上一般画不出原子、键和载流子细节。可如果结构特征尺寸大到宏观水平，就能在 E-x 图上得到反映，例如 4.2.2 节的掺杂半导体。E-x 图上的导带电子对应于晶格中自由运动的电子，价带空穴对应于共价键内的空态，禁带宽度 E_g 就是共价键对电子的束缚能。

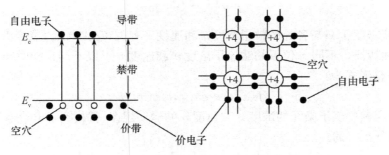

图 4-10　E-x 能带图与 x 空间结构图

如果我们把自然界水流在重力势能下的势能分布也画成 E-x 图，并添加对应水量的标记，会发现它与载流子运动的 E-x 图十分相似，如图 4-11 所示。借助对水流的想象可以很快了解载流子运动的基本概念：

（1）河水沿地上和地下两条河道流动，载流子也分处导、价两个通道。

（2）土质和统计规律会控制总体的水位，材料和温度也能控制热平衡态下载流子浓度 n，将在 4.2 节介绍。

（3）下雨、蒸发和地下渗透等能改变每处的水量，外界作用也能在定域产生和复合非平衡态载流子、将在 4.4 节介绍。

（4）河床起伏和密度差异会迫使河水定向流动，能带起伏和浓度差异也能引起载流子的定向流动将在 4.5 节介绍。

（5）以上所有运动共同构成实际的水流，所有载流子运动也构成实际的电流，将在 4.5 节介绍。

图 4-11　借助水流理解载流子运动的基本概念

电流概念

从 x 空间结构图中画出一个足够小的载流子气微元，就能说清电流的物理来源。

粒子携带电荷定向运动就构成电流。单位时间在运动方向上通过给定截面 S 的总电荷量就是电流的值：

$$I = \frac{\mathrm{d}\sum q}{\mathrm{d}t} \tag{4-21}$$

对图 4-12 的载流子气微元，它的截面积为 S，长度为 $\mathrm{d}x$，平均浓度为 n，平均速度为 v，每个载流子所带电荷 q 相同，因此它形成的电流 I 为：

$$I = \frac{qn(v\mathrm{d}t)S}{\mathrm{d}t} = qnvS \tag{4-22}$$

而单位截面积上的电流 I，即电流密度 J 为：

$$J = \frac{\mathrm{d}I}{\mathrm{d}S} = \frac{I}{S} = qnv \tag{4-23}$$

可以看出，电流密度 J 只与各处的粒子浓度 n 和速度 v 有关，它比电流 I 更能反映每个 x 定域微元/点的物理特征。不同 x 位置的载流子浓度 n 和速度 v 可以不同且随时间 t 变化，因此电流密度 J 的完整形式为：

$$J(x,t) = qn(x,t)v(x,t) \tag{4-24}$$

只要找到一个定域载流子微元的浓度 n 和速度 v 的运动规律，就找到了电流运动的全部规律。这就是本章的分析目的。

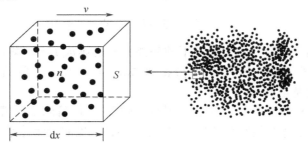

图 4-12　载流子气微元中的电流

到了宏观电路学，分析对象由微元变为器件，不再关注载流子浓度 n 和速度 v 的微观分布，而着眼于电流运动的宏观特征。电路工程常用细长结构在长度方向上导电，截面上电流分布细节不太重要，使电流 I 比电流密度 J 更常用，成为电路学的基本量。虽然电场 $\mathscr{E}$ 和电势 φ 都方便进行宏观观测，但电势 φ 对应只与位置相关的保守静电势能 $q\varphi$，与重力势能 mgh 很相似，更符合人们的认知习惯，所以它成为另一个电路学的基本量，常写作电压 V。这样电场下的载流子运动就全都被归纳为电流 I 和电压 V 的基本关系，体现为图 4-13 中的电容 C，电阻 R，电感 L 和更多器件模型的形式，在 4.5.4 节介绍。

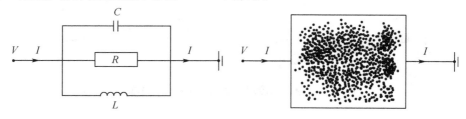

图 4-13　宏观器件中的电流

4.2 热 平 衡

为了形成可控的电流，首先要产生稳定可控的载流子。只靠环境温度能自然产生热平衡态载流子，称为热激发。

4.2.1 本征半导体

先看最简单的情形。纯净无杂质和缺陷的半导体称为**本征半导体**，它的热激发成为**本征热激发**。因为没有杂质和缺陷能态，本征半导体的载流子只能处于价带和导带。

假如热力学零度时本征半导体是绝缘体，价带全满，导带全空。给定环境温度 T 后，每个价带电子激发到导带时产生一个导带电子和一个价带空穴，因此电中性约束条件简单写作：

$$n_0 = p_0 \tag{4-25}$$

将式(4-15)和式(4-16)代入式(4-25)，由此求得费米能级 E_F 为：

$$E_F = E_i = \frac{E_c + E_v}{2} + \frac{kT}{2}\ln\frac{N_v}{N_c} = \frac{E_c + E_v}{2} + \frac{3kT}{4}\ln\frac{m_p^*}{m_n^*} \tag{4-26}$$

本征半导体的 E_F 是很重要的参数，故用符号 E_i 专门表示它，称为**本征费米能级**。对于常温下的 Si 和 Ge，式(4-26)右边的第一项远大于第二项，使 E_i 近似位于禁带中心位置，此时也可称其为中心能级。将 E_F 代回式(4-15)、式(4-16)，有：

$$n_0 = p_0 = n_i = (N_c N_v)^{1/2}\exp\left(-\frac{E_g}{2kT}\right) \tag{4-27}$$

n_i 是同样重要的**本征载流子浓度**。

用 E_i 和 n_i 可把载流子分布解重写为：

$$n_0 = n_i\exp\left(\frac{E_F - E_i}{kT}\right), \qquad p_0 = n_i\exp\left(\frac{E_i - E_F}{kT}\right) \tag{4-28}$$

$$n_0 p_0 = n_i^2 \tag{4-29}$$

它们在工程物理中使用率很高。

表 4-2 列出了 Si、Ge 和 GaAs 的本征半导体参数。图 4-14 是实验测得的 Si、Ge 和 GaAs 材料的 $\ln n_i$ 与 $1/T$ 关系的曲线。实测结果很好地验证了理论模型。

表 4-2 300K 下 Ge、Si、GaAs 的相关参数及本征载流子浓度

各项参数	E_g/eV	m_{dn}	m_{dp}	N_c/cm^{-3}	N_v/cm^{-3}	$n_i(cm^{-3})$计算值	$n_i(cm^{-3})$测量值
Ge	0.67	$0.56m_0$	$0.29m_0$	1.05×10^{19}	3.9×10^{18}	1.7×10^{13}	2.33×10^{13}
Si	1.12	$1.062m_0$	$0.59m_0$	2.8×10^{19}	1.1×10^{19}	7.8×10^9	1.02×10^{10}
GaAs	1.428	$0.068m_0$	$0.47m_0$	4.5×10^{17}	8.1×10^{18}	2.3×10^6	1.1×10^7

这些结果都能直观地画到 $E-x$ 能带图上。

室温下 Si、Ge 和 GaAs 的本征载流子浓度 n_i 都在 $10^{13}\,cm^{-3}$ 量级以下，尤以 GaAs 最小。这个数量比它们原子密度的 $10^{22}\,cm^{-3}$ 量级要小得多。至少要 10^9 个原子才能提供 1 个本征载流子。与此同时，n_i 对温度又非常敏感，温度只上升 10K 左右，n_i 就会增长 1 倍。这些结论说明，虽然本征热激发原理简单，但产生的载流子数量太少，受环境影响太大。因此本征半导体的热激发并不是最好的提供稳定可控载流子的办法。实际中，本征半导体常常只被用作后续加工的基底，或近似用作绝缘体，如图 4-15 所示。

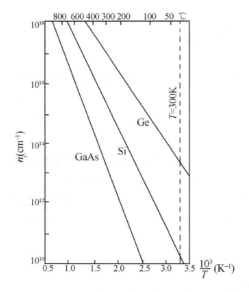

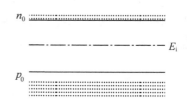

图 4-14　本征 Si、Ge、GaAs 载流子浓度的实测结果　　　图 4-15　本征半导体的 E-x 能带图

4.2.2　浅能级杂质半导体

为了能产生足够多可控的热平衡载流子,不但不希望半导体纯净,反而会刻意掺入杂质。有序掺入杂质控制导电性的半导体称为**掺杂半导体**,杂质半导体,非本征半导体。例如,只要在纯 Si 中掺入 $1/10^6$ 的硼(B),其电阻率就会从 $2.0 \times 10^6 \Omega \cdot \mathrm{cm}$ 下降到 $0.4 \Omega \cdot \mathrm{cm}$,导电性提高 50 万倍。但比起金属约 $10^{-6} \Omega \cdot \mathrm{cm}$ 量级的电阻率来,它又不至于成为导体,导电性仍可自由调节。

为了达到精确控制的目的,掺杂工艺本身就能构成一门理论。因为本书是工程物理教材,所以跳过掺杂工程所必需的设施、设备、工艺、模型、质量控制等知识,假设杂质已经按需要掺入半导体中。这并非是因为这些技术不重要,而是因为很重要,不适合在这里草草介绍,半导体工艺类课程会对此进行专述。

E-x 能带图
浅能级轻掺杂能最精确地控制载流子浓度。图 4-16 是其期望达成的 E-x 能带图。我们先用这张图展开思考和设计,最后再看设计结果是否达标。它的特征为:

(1) 杂质可以提供载流子,也就是杂质原子中的电子/空穴很容易电离成为自由载流子。

(2) 只掺一种杂质,即单质掺杂。

(3) 轻掺杂,杂质浓度很低。杂质原子微观上相距很远分散在 x 空间中,相互之间几乎没有影响。因此在 E-x 能带图上呈现为用小短线标示的孤立能级,称为杂质能级。

(4) 浅能级掺杂,杂质能级离导带底或价带顶距离较近。

(5) 均匀掺杂,杂质能级在 x 空间均匀分布。各 x 位置的特性均一。

利用这些特征能得到以下定性结论。靠近导带底的浅杂质能级上,杂质中电子只要获得 ΔE_D 的电离能就能跃迁到导带底,成为导带载流子。因为这些杂质很容易"施予"电子,被特称为**施主(Donor)杂质**,对应施主能级,如图 4-16(a)所示。施予电子后,施主原子变为离子带正电荷。如果半导体中只掺施主杂质,就会使导带电子成为多子,成为 n 型半导体。这种杂质/掺杂就称为 n 型杂质/掺杂。

靠近价带顶的浅杂质能级上,杂质中空穴容易跃迁到价带顶,成为价带载流子。换句话说,价带顶电子只要获得 ΔE_A 的电离能就能跃迁到这些杂质能级上。因为它们容易"接受"电子,称为**受主(Acceptor)杂质**,对应受主能级,如图 4-16(b)所示。接受电子后受主原子变为离子带负电荷。如果半导体只掺受主杂质,就会使价带空穴成为多子,形成 p 型半导体,称为 p 型杂质/掺杂。

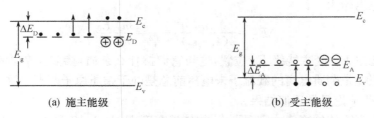

(a) 施主能级　　　　　　　(b) 受主能级

图 4-16　浅能级杂质在 $E\text{-}x$ 能带结构中的体现

x 空间结构图

为了实现这种 $E\text{-}x$ 能带结构,半导体应该具有以下 x 空间晶格结构。

对 Si、Ge 进行施主掺杂时,可选择其相邻的 V 族元素为杂质,常用的如磷(P)和砷(As)。如图 4-17(a)所示,P 原子和 Si 原子尺寸相差不大,掺入后很容易占据 Si 原子位置,形成替位式掺杂。P 有 5 个价电子,其中 4 个与 Si 形成共价键。剩下 1 个束缚很弱,容易电离为导带自由电子,对应 $E\text{-}x$ 图中施主能级到导带底的跃迁。电离后 P 变为 P^+ 离子。注意化学反应中 P 常见的离子是 P^{3-},这里却是 P^+,它们来自不同的原子互作用方式。

对 Si、Ge 进行受主掺杂时,可选择其邻族 Ⅲ 族元素为杂质,常用的如硼(B)。如图 4-17(b)所示,B 原子比 Si 小,它除了能占据 Si 原子位置,还可能会留在晶格间隙中。通过适当工艺可促使其产生替位式掺杂。B 容易获取 1 个价电子,形成 4 个饱和共价键,对应 $E\text{-}x$ 图中价带顶到受主能级的跃迁。电离后 B 变为 B^- 离子。

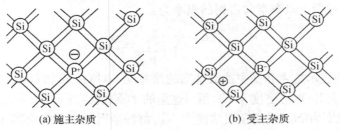

(a) 施主杂质　　　　　　　(b) 受主杂质

图 4-17　二维 x 空间结构图

$E\text{-}k$ 关系

日常应用中杂质浓度很低,距离很远。比如在 x 空间结构图中要画出 10^6 个 Si 原子后,才能找到 1 个 P 或 B 原子。因此它们几乎不影响本征半导体的周期势场,每个杂质离子和它所能电离的载流子可视为类氢原子模型,独立出来分析。氢原子的能级结构已在第 1 章介绍,这里关注不同之处。

以施主 P(磷)为例,它可看作 P^+ 离子和电子构成的类氢原子。氢原子中电子的能量 E_n 为:

$$E_n = -\frac{m_0 q^4}{(4\pi\varepsilon_0)^2 \cdot 2\hbar^2} \cdot \frac{1}{n^2} \tag{4-30}$$

氢原子基态电子的电离能为 $|E_1| = 13.6\text{eV}$。与氢原子模型相比,晶体的相对介电常数 ε_r 不为 1,P^+ 离子电离的电子是导带底电子,有效质量为 m_n^*。所以它的电离能应改为:

$$\Delta E_D = \frac{m_n^* q^4}{2(4\pi\varepsilon_0\varepsilon_r)^2 \cdot \hbar^2} = \frac{m_n^*}{m_0}\frac{E_0}{\varepsilon_r^2} \tag{4-31}$$

同理受主杂质电离能为:

$$\Delta E_A = \frac{m_p^* q^4}{2(4\pi\varepsilon_0\varepsilon_r)^2 \cdot \hbar^2} = \frac{m_p^*}{m_0}\frac{E_0}{\varepsilon_r^2} \tag{4-32}$$

这样就可确定施主 E_D/受主能级 E_A 位置,这与它们掺什么杂质,掺多少杂质都没有关系。这些结论的前提假设是杂质电离的载流子未电离前总是处于杂质原子基态。这个假设不是自然成立的,因此这些结论只是近似结果。

表 4-3 是电离能的估算值。室温下 Si 的禁带宽度 E_g 是 1.12eV,Ge 为 0.67eV。比较起来杂质电离能确实很小,是名副其实的浅能级。

表 4-3　Si 和 Ge 中的杂质电离能

各项参数	ε_r	m_n^*	ΔE_D	m_p^*	ΔE_A
Si	12	$0.26m_0$	0.025eV	$0.49 m_0$	0.046 eV
Ge	16	$0.12m_0$	0.0064 eV	$0.28 m_0$	0.015 eV

n-E 分布

杂质浅能级是孤立的类氢原子能级,而不是周期势场下的能带能级,所以电子气在杂质能级上的分布规律 $f(E)$ 和 $g(E)$ 不同于周期场结论。可以证明每个施主能级 E_D 被施主电离电子占据的概率为:

$$f_D(E) = \frac{1}{1 + \frac{1}{g_D}e^{\frac{E_D - E_F}{kT}}} \tag{4-33}$$

每个受主能级 E_A 被受主电离空穴占据的概率为:

$$f_A(E) = \frac{1}{1 + \frac{1}{g_A}e^{\frac{E_F - E_A}{kT}}} \tag{4-34}$$

式中 g_D 和 g_A 分别表示施主和受主能级基态的简并度。对 Ge、Si 和 GaAs 等,$g_D = 2$,$g_A = 4$。因为式中已经包含了简并度/态密度 $g(E)$,所以这里的 $f(E)$ 就相当于前文中 $n(E) = f(E)g(E)$。

设施主杂质浓度为 N_D,受主杂质浓度为 N_A,每种杂质最多只能电离 1 个载流子,则占据施主能级的电子浓度 n_D 和占据受主能级的空穴浓度 p_A 为:

$$n_D = N_D f_D(E) = \frac{N_D}{1 + \frac{1}{g_D e^{\frac{E_D - E_F}{kT}}}} \tag{4-35}$$

$$p_A = N_A f_A(E) = \frac{N_A}{1 + \frac{1}{g_A e^{\frac{E_F - E_A}{kT}}}} \tag{4-36}$$

已从杂质能级上电离出来的导带电子浓度 n_D^+ 和价带空穴浓 p_A^- 分别为:

$$n_D^+ = N_D - n_D = N_D[1 - n_D(E)] = \frac{N_D}{1 + g_D e^{\frac{E_D - E_F}{kT}}} = Q_+ \tag{4-37}$$

$$p_A^- = N_A - p_A = N_A[1 - p_A(E)] = \frac{N_A}{1 + g_A e^{-\frac{E_F - E_A}{kT}}} = Q_- \qquad (4\text{-}38)$$

它们同时也分别是已电离的施主离子浓度 Q_+，和已电离的受主离子浓度 Q_-。

因为杂质并没有显著改变半导体本来的周期势场，所以由周期势场产生的本征热激发仍然起作用。两者叠加后得到热平衡时导带电子总浓度 n_0 与价带空穴总浓度 p_0 为：

$$n_0 = n_D^+ + n_i \qquad (4\text{-}39)$$

$$p_0 = p_A^- + n_i \qquad (4\text{-}40)$$

均匀同质掺杂半导体热平衡时处处电中性，因此电中性约束条件写作：

$$n_0 + Q_- = p_0 + Q_+ \qquad (4\text{-}41)$$

在已知 E_c、E_v、E_D、E_A、g_D、g_A、N_D 和 N_A 的前提下，这些对浓度的约束条件都等效于约束费米能级 E_F。

随着温度不同，杂质电离出载流子数量不同，会产生不同的载流子分布。这里先只关注其中最常用也是最简单的情形（更多分析在 4.5.5 节温度效应中介绍）：

① 只掺一种杂质。

② 杂质几乎全部电离，称为强电离。此时 $n_D \approx 0$ 或 $p_A \approx 0$，$n_D^+ \approx N_D$ 或 $p_A^- \approx N_A$。从式 (4-35) 和式 (4-36) 上看，这要求 $E_D - E_F \gg kT$ 或 $E_F - E_A \gg kT$。常温下 kT 只有约 0.026eV，ΔE_D 和 ΔE_A 同此数量级或更小，E_g 常在 1eV 数量级，因此只要 E_F 不是太靠近导带底/价带顶，几乎都满足强电离条件。

③ 杂质浓度远大于对应本征载流子浓度，即 $N_D \gg n_0 = n_i$ 或 $N_A \gg p_0 = n_i$。这也很容易达成。常温下 n_i 只有 $10^{10}/cm^3$，哪怕在 $10^{22}/cm^3$ 个 Si 原子中只掺 $1/10^6$ 的杂质，$10^{16}/cm^3$ 的杂质浓度也远大于 $10^{10}/cm^3$ 的本征载流子浓度。

这种情形下，电中性约束条件得到简化，对施主掺杂为：

$$n_0 = p_0 + N_D = n_i + N_D \approx N_D \qquad p_0 = n_i \qquad (4\text{-}42)$$

对受主掺杂为：

$$p_0 = n_0 + N_A = n_i + N_A \approx N_A \qquad n_0 = n_i \qquad (4\text{-}43)$$

因为情况过于简单，所以该约束本身已经是统计分布的解。根据式 (4-15) 和式 (4-16) 得到费米能级为：

$$E_F = E_c + kT\ln\left(\frac{N_D}{N_c}\right) \quad \text{或} \quad E_F = E_v - kT\ln\left(\frac{N_A}{N_v}\right) \qquad (4\text{-}44)$$

从该式可以反过来看出，只要 $N_D \ll N_c$ 或 $N_D \ll N_A$，就能满足强电离条件。由此可见，日常情形下只掺一种浅能级杂质且掺杂范围在 $n_i \ll N_D \ll N_c$ 或 $n_i \ll N_A \ll N_c$ 之间时，就可只靠精确控制掺杂浓度来控制载流子浓度。精确受控的 n 型/p 型半导体，是电子工程物理最基本的器件单元的材料基础。

因为这种情形下杂质并没有显著改变晶格和能带结构，所以绘制 E-x 能带图时常常省略杂质能级，只画出费米能级和载流子浓度，如图 4-18 所示。

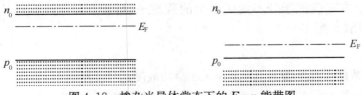

图 4-18　掺杂半导体常态下的 E-x 能带图

4.2.3 其他掺杂情况

既然常规的掺杂是提供载流子如单质掺杂、轻掺杂、浅能级掺杂和均匀掺杂,那么非常规的掺杂就可能是消除载流子,如补偿掺杂,重掺杂,深能级掺杂和非均匀掺杂。非均匀掺杂涉及物理知识较多,将在 4.5.3 节专述。

陷阱

施/受主杂质可视为多带了电子/空穴的杂质,它献出这个电子/空穴后才达成统计平衡。陷阱却是少带了电子/空穴的杂质,它得到电子/空穴后才达成统计平衡。因此,陷阱杂质的主要功能是俘获载流子,使载流子数量减少。意外掺入的杂质离子或是未饱和成键的晶格缺陷都可能成为陷阱杂质。

一种极性的陷阱只能俘获一种载流子,因此有电子陷阱和空穴陷阱之分。因为陷阱杂质对载流子起的是反作用,只要把施/受主杂质模型中的杂质浓度都取相反的符号,就得到陷阱杂质模型,具体不再展开。

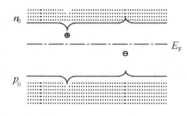

图 4-19　陷阱杂质的 $E\text{-}x$ 能带图

虽然陷阱也能改变载流子数量,但对半导体而言这不是常规的用法,陷阱出现的时候多半是意外的,孤立的,不均匀的。在能带图上它们也不会统一地改变费米能级,而是根据陷阱位置使 $E\text{-}x$ 能带图出现高低起伏(见图 4-19)。对绝缘体而言,因为它常态下没有载流子,所以如果有办法能控制体内陷阱的数量和位置,那么俘获载流子的绝缘体就能提供确定的空间电荷,产生实用价值。

补偿掺杂

非单一掺杂就是有计划地掺入多种杂质。半导体工程中它的重要应用是浅能级杂质的补偿掺杂。

就像精美的妆容不可能一步到位一样,受工艺方法的限制,人们也很难在微小的半导体中一次性把所有区域的掺杂同步完成,而是按工艺步骤依次掺入不同类型杂质。这些掺杂肯定都会对载流子浓度产生不同影响。但如果都是浅能级杂质,就不怕这种影响,反而能加以利用。例如,先掺入 P 原子后再掺入 B 原子,且 $N_D > N_A$,因为 P 多 1 个价电子,而 B 少 1 个价电子,且 $E_D > E_A$,所以 E_A 能态很容易俘获 E_D 能态上的 N_A 个电子,使它们不到导带上成为载流子,只有多出来的 $N_D - N_A$ 的电子才能电离到导带上成为载流子。

由此可见,依此掺入不同极性的浅能级杂质后,载流子浓度会按掺杂极性和大小作简单叠加,后次掺杂会部分或者全部补偿前次掺杂结果,因此该方法被称为**补偿掺杂**,这是一项很实用的工程技术。利用它可以调整载流子浓度,改变半导体的导电性和类型。特别是当 $N_D \approx N_A$ 时掺杂被高度补偿,半导体除了本征载流子外不提供多余的载流子,可近似作为绝缘体使用(见图 4-20)。

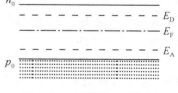

图 4-20　补偿掺杂至本征半导体的 $E\text{-}x$ 能带图

重掺杂

重掺杂就是浓度很高的掺杂,例如 Si、Ge 掺杂浓度达到 $10^{18}\,\mathrm{cm^{-3}}$ 以上, n 型 GaAs 和 p 型 GaAs 掺杂浓度分别达到高于 $10^{16}\,\mathrm{cm^{-3}}$ 和 $10^{18}\,\mathrm{cm^{-3}}$ 时的掺杂。重掺杂虽然能够获得更高的导

电性，但是它会改变能带图，产生新的效应。

随着杂质浓度增加，杂质原子间距不断减小，越来越不可能被视为本征周期势场中的孤立原子。它会与本征材料的原子序列合在一起，改变原有的 $E-k$ 关系，产生新的杂质能带。体现在 $E-x$ 能带图上，杂质能级不再是一根根分立的短线，而是一条具有一定宽度的杂质能带（见图 4-21）。

如果掺杂浓度过高，按 3.3.3 节所述，杂质能级分裂严重，杂质能带变宽。这时它很容易与导带/价带发生交叠，变相地扩大导带/价带范围，减小禁带宽度，改变半导体的本性，E_c、E_v、E_D、E_A 和 E_g 这些参数都会发生改变。

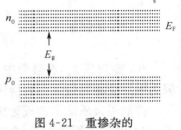

图 4-21　重掺杂的
$E-x$ 能带图

不仅如此，施主/受主掺杂浓度变高后，费米能级 E_F 的位置也会不断上升/下降，越来越靠近甚至超过 E_c 或 E_v。这会使**非简并半导体**变为**简并半导体**，经典麦-波分布变回费-狄分布。E_F 低于 E_c 或高于 E_v 约 $2kT$ 时可视为非简并，$0\sim2kT$ 视为弱简并，高于 E_c 或低于 E_v 视为简并。

将费-狄分布分别代入式（4-15）和式（4-16）中，导电电子/价带空穴浓度最终可写作：

$$n_0=N_c\frac{2}{\sqrt{\pi}}F_{1/2}\left(\frac{E_F-E_c}{kT}\right),\qquad N_c=2\frac{(2\pi m_n^* k_0 T)^{3/2}}{h^3}\qquad(4\text{-}45)$$

$$p_0=N_v\frac{2}{\sqrt{\pi}}F_{1/2}\left(\frac{E_v-E_F}{kT}\right),\qquad N_v=2\frac{(2\pi m_p^* kT)^{3/2}}{h^3}\qquad(4\text{-}46)$$

式中 $F_{1/2}(\xi)=\displaystyle\int_0^\infty\frac{x^{1/2}}{1+e^{x-\xi}}\,\mathrm{d}x$ 称作费米积分。图 4-22 给出了按两种统计分布计算结果的区别。

这一系列效应的显著结果是，载流子浓度并不能随着掺杂浓度增大而线性增加。所以对半导体的常规用法而言，重掺杂不是理想的掺杂方法。但在充分理解其物理机制的基础上，人们想出了一些办法，使重掺杂也能发挥重要作用，详见第 5 章。

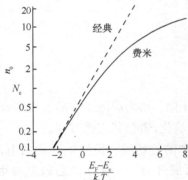

图 4-22　非简并与简并条件下
载流子浓度计算值的差异

深能级掺杂

如果在 Si、Ge 中掺入的不是常规的 III 族或 VI 族杂质，那么它们对能带的影响，就不能用仅电离一个载流子的类氢原子模型来描述。多数情况下，它们可能在离导带底或价带顶更远的禁带深处引入杂质能级，称作**深能级杂质/掺杂**。

金（Au）是一种常用的深能级杂质。图 4-23 给出了用 Au 掺杂 Si 和 Ge 时所引入杂质能级的情形。因为深能级杂质的物理模型很复杂，所以该图不是理论计算结果而是实测结果。

Au 是 I-B 族元素，有一个价电子。Au 原子很大，在 Ge 中以替位的方式存在。因此 Au 原子的这个价电子可以电离到导带，产生施主能级 E_D。但因为 Au 对价电子的束缚较强，所以电离能较大，结果 E_D 反而靠近价带，距价带只差 0.04eV。另一方面，Au 也可以依次电离出三个价带空穴，对应三个受主能级 E_{A1}、E_{A2} 和 E_{A3}。从图中看，E_{A2}、E_{A3} 距离价带远，距离导带近，与导带底距离仅为 0.20eV 和 0.04eV。E_{A1} 则离价带相对较近，距离约 0.15eV，但它仍比 III 族杂质的受主能级深得多。

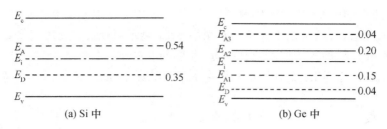

图 4-23　用 Au 掺杂 Si 和 Ge 的 E-x 能带图

Au 掺杂 Si 时,在禁带中只能实测到一个施主能级和一个受主能级。其他杂质能级可能因为电离能相对过大而直接进入导带或价带。

深能级杂质除了能成为施主和受主外,也可以成为陷阱。尤其是处于中间价位的那些离子,它们既可以得到电子/空穴,也可以失去电子/空穴,具体只能依据计算和实测结果来确定。

由此可见,深能级杂质在禁带中产生能级的机制复杂,没有普遍规律。既然深能级的电离能大,那么常温下就不能通过强电离精确控制载流子浓度。这些都是不利于工程设计的一面。但只要它有重复性,可以控制,就能设法发挥它的作用,深能级的应用在 4.3.3 节叙述。

4.3　产生-复合

热平衡态只是载流子气的基准状态,零状态,不动的状态。半导体功能总是通过外界作用下的非平衡运动来实现的。因为电流理论着重关注载流子气浓度 n 和速度 v 的变化,所以从这种角度来看,非平衡运动可分为三种:只改变 n 的运动;只改变 v 的运动;n 和 v 耦合相互影响的运动。

本节分析第一种运动,即只改变载流子浓度 n 的产生-复合运动。它是有序的受激跃迁和无序的自发回复跃迁的结果。

4.3.1　跃迁常识

n-E-k 分布与 $\Phi(x,t)$ 波态

非平衡态载流子气的运动总能体现为其 n-E-k 分布的变化。因为载流子本质上来自布洛赫电子,所以这个问题的性质是求解布洛赫态随外界作用的演化,遵循薛定谔方程。

时空中电子态用 $\Phi(x,t)$ 描述,外界作用写作薛定谔方程中的势场项。给定电子初始态,用薛定谔方程总能求出势场下 $\Phi(x,t)$ 的变化。每个 $\Phi(x,t)$ 可展开为归一化本征态的叠加 $\Phi = \sum T_i(t) X_i(x)$,每个本征态 $X_i(x)$ 常对应 E-k 能带图上的一个 E-k 点/态,系数 $T_i(t)$ 的模方代表电子在 t 时刻处于该态的概率 P,也就是 n-E-k 分布离散化为 N-E-k 分布时概率粒数 N 的含义:

$$N(E,k,t) = P(E,k,t) = |T_i(t)|^2 \tag{4-47}$$

由此可见,n-E-k 分布的变化与波态 $\Phi(x,t)$ 的变化是一一对应的,如图 4-24 所示。

单电子近似后的电子气内部的态可以直接叠加,电子气的 n-E-k 分布可视为许多电子 n-E-k 分布叠加的结果。但因为它本质上仍是单电子,所以这个单电子仍然遵循薛定谔方程。

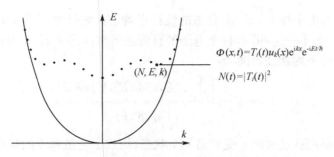

图 4-24　二维投影 n-E-k 分布与 $\Phi(x,t)$ 关系

跃迁基本概念

每次观测一个电子时，它不是处在这个本征态，就是处在那个本征态，它在不同本征态上概率性呈现的行为就如同跳跃一样，被称作跃迁。出于历史原因，这个术语被广泛接受，以至于人们在描述波态变化时习惯用"跃迁"，而不常说"演化""变化""处于"。因此 $P(t)$ 的演化过程常被称作跃迁过程，$P(t)$ 常被称作电子在 t 时刻跃迁到 $X_i(x)$ 态的概率，即**跃迁概率**。

跃迁概率 P 随时间 t 变化的速度称为跃迁速率 ω：

$$\omega = \frac{\mathrm{d}P}{\mathrm{d}t} \tag{4-48}$$

如果跃迁的来回是对称的，它也会被称为跃迁频率。

假设一个电子初始态处于 $X_0(x)$ 和 E_0-k_0 态，最终跃迁到目标态 $X_i(x)$ 和 E-k 态。如果该电子花了 τ 时间完成这段过程，就称它的跃迁时间为 τ。由该定义它应满足：

$$\tau = \frac{1}{\omega} \tag{4-49}$$

给定势场和初始态时，到所有可能目标态的跃迁概率、速度和时间都可由薛定谔方程求得。求解结论表明，衡量跃迁速率 ω 和时间 τ 有两个简单的依据。一个是跃迁时间 τ 与跃迁 E 间隔和 $|k|^2$ 间隔呈正比；另一个是跃迁时间 τ 与势场强度呈反比。跃迁幅度越大，时间越长；作用强度越大，时间越短。这个结论在后文所有动态问题的定性分析中都发挥着重要的作用。

假设一个电子初始态处于 $X_0(x)$，$E_0 - k_0$ 态，最终跃迁到多个目标态概率叠加而成的 $P(E,k)$ 叠加态，那么计算平均跃迁时间应该用：

$$\frac{1}{\tau} = \omega = \int_k \omega(E,k)\mathrm{d}k = \int_k \frac{\mathrm{d}P(E,k)}{\mathrm{d}t}\mathrm{d}k \tag{4-50}$$

也就是说跃迁时间不能直接叠加/平均，而应该用跃迁概率或速率叠加/平均再求倒数来得到它。

如果有多个电子都发生了相同的跃迁，跃迁速率 ω 再乘以粒密度 n 就是单位时间内跃迁到该态的粒密度，称为粒密度的变化率：

$$\frac{\mathrm{d}n}{\mathrm{d}t} = n\omega = \frac{n}{\tau} \tag{4-51}$$

对 $n(E,k)$ 按式(4-15)积分平均后能得到 x 空间浓度 $n(x)$，这里的两个 n 不是一个意思，但积分运算是线性的，所以粒密度 n 的变化率能积分转化为浓度 n 的变化率，它的形式与上式完全相同。

统计电子是所有电子按 $n\text{-}E\text{-}k$ 分布的统计平均态。统计电子发生状态跃迁时,内部每个电子的初始态 $E\text{-}k$ 不一定相同,每个电子的目标态可能由多个 $E'\text{-}k'$ 态概率叠加而成,综合这些因素后得到它的平均跃迁时间为:

$$\frac{1}{\tau} = \omega = \frac{\int_k \int_{k'} n(E,k)\omega(E',k')\mathrm{d}k'\mathrm{d}k}{\int_k n(E,k)\mathrm{d}k} \tag{4-52}$$

统计电子从一个状态用跃迁时间 τ 变到另一个状态,构成了它最基本的运动形式。

跃迁衍生概念

从 $n\text{-}E\text{-}k$ 分布上看,有几种跃迁过程,它们的特征也很显著,并有专门的术语。这些概念在 3.4.2 节已经介绍,再复习一遍:

- E 不变 k 变的跃迁称为**动量跃迁**;k 不变 E 变的跃迁称为**能量跃迁**,它同时也是**垂直跃迁**。k 变化的跃迁都属于**非垂直跃迁**。
- 初始态能量低于目标态的跃迁必定是电子吸收声子或光子引起的,称为**吸收**。初始态能量高于目标态的跃迁是电子辐射声子或光子引起的,称为**辐射**。
- 只在同一个能带内跃迁称为**带内跃迁**。在能带之间跃迁称为**带间跃迁**。跃迁到真空能级称为**发射**。

除了这些以始末态特征命名的普适行为外,本节将进一步关注以改变载流子数量为特征的运动过程,并产生新的术语。

外界作用使电子跃迁称为**受激跃迁**。不用外界作用,由非平衡电子自发回复到热平衡态的跃迁称为**自发跃迁**。这两种跃迁都可以继续分出吸收和辐射两个过程。交变势场作用下电子既会受激吸收,也会受激辐射。能量高于热平衡态水平的电子会自发辐射,低于该水平的会自发吸收。

载流子分布随时间变化的态称为**瞬态**,分布稳定时称为**稳态**。稳态不是不跃迁的状态,而是所有态上跃出和跃入的跃迁率处于平衡的态。热平衡态是最常见的稳态。从一个稳态经历瞬态变化到另一个稳态的过程称为**弛豫**,所花时间称为**弛豫时间**。

这里增加载流子浓度的运动称为**产生**,减少载流子浓度的运动称为**复合**。通过受激跃迁改变载流子浓度称为**受激产生**和**受激复合**。通过自发跃迁改变载流子浓度称为**自发产生**和**自发复合**(见图 4-25)。

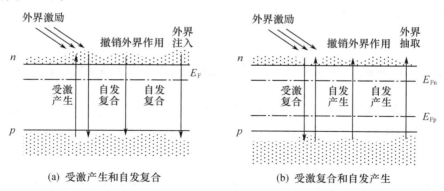

(a) 受激产生和自发复合　　　　(b) 受激复合和自发产生

图 4-25　外界作用下载流子的产生和复合运动(图中夸大了载流子浓度变化,忽略了能带结构变化)

从微观过程上看,价带电子受激吸收到导带会同时受激产生两种载流子。导带电子受激辐射到价带会同时受激复合两种载流子。杂质缺陷能态上电子受激跃迁到导带/价带会只产生导带电子/只复合价带空穴,反过来跃迁时会只复合导带电子/只产生价带空穴。从宏观作用上看,静电场、电磁场或光、静磁场、外力、振动、温度变化都可能受激产生和复合载流子。载流子数量高于热平衡态水平时会自发复合,低于时会自发产生。

"产生"作为术语用时只对应数量增加,但"产生"也常作为普通词语使用。常识上每当说"产生了某个作用/状态/结果/效应"时,既可以指从无到有,从少到多的运动,也可以指产生后并维持某稳定状态的行为。例如,用热激发"产生"的热平衡态载流子就是产生并维持的情形。这两种情形的物理性质是不同的,前者是非平衡的瞬态,后者是平衡的稳态。"复合"也是个多义词。半导体理论中有两个英语术语都会被翻译成复合。一个是 Combine,意为组合,综合,混合,复式,多样,例如复合材料,复合机制。另一个是 Recombine,指两个分开的事物重新合并起来,这是本节的用法。这些请读者注意分辨。

常态下价带电子近满,导带电子近空,受激吸收几率大,受激辐射几率小。外界作用很容易在热平衡态基础上使价带电子受激吸收跃迁到导带上,受激产生一对非平衡载流子。非平衡电子会自发带间辐射回到价带,自发复合一对非平衡载流子。最终所有受激跃迁与自发跃迁运动相互平衡,载流子分布进入新稳态。这一过程构成了半导体中常见的载流子气运动。下文就以这种常态为例,分析受激产生和自发复合的基本过程。同样的方法可以分析受激复合和自发产生,不再多述。

4.3.2 受激产生

首先定义载流子浓度增加的速率称为产生率 g,减少的速率称为复合率 r,且

$$g_n = \frac{dn}{dt}, \qquad g_p = \frac{dp}{dt} \tag{4-53}$$

$$r_n = -\frac{dn}{dt}, \qquad r_p = -\frac{dp}{dt} \tag{4-54}$$

对于每种外界作用,找到它对应的势场形式后,用 4.3.1 节介绍的方法总能求得 $n-E-k$ 分布的变化。对每个初始态为 $E-k$ 态的电子,挑出它能改变载流子数量的那些跃迁,就可得到它们的跃迁概率 P,跃迁速率 ω,跃迁时间 τ 和跃迁率 $n\omega$。增加载流子的部分用增加下标 g 表示;减少载流子的部分用增加下标 r 表示。

$$\frac{1}{\tau_g} = \omega_g = \frac{dP_g}{dt} \qquad \frac{1}{\tau_r} = \omega_r = \frac{dP_r}{dt} \tag{4-55}$$

把体积 V 内所有 $E-k$ 态电子的到目标态 $E'-k'$ 的产生率和复合率相减,就得到该外界作用的净产生率 g:

$$g = -r = \frac{1}{V} \int_k \int_{k'} [n(E,k)\omega_g(E',k') - n(E,k)\omega_r(E',k')] dk' dk \tag{4-56}$$

电子作带间跃迁,或者杂质能态跃迁到导带和价带都可以产生载流子。这里只以电子从价带到导带的带间跃迁为例作定性介绍,如图 4-26 所示。其他情况类推。常态下价带满导带空,净产生行为主要由价带电子承担。因为带间跃迁间隔较大,对跃迁速率和时间起决定性作用,所以每个 $E-k$ 态价带电子跃迁到导带的速率和时间差异不大,可近似认为它们相等,用一个跃迁速率 ω_g 代替,于是有:

$$g \approx \frac{1}{V}\int_E n_v(E,k)\omega_g dk = n_v(x)\omega_g \qquad (4\text{-}57)$$

式中，$n_v(E,k)$ 表示 E 空间价带电子粒密度；$n_v(x)$ 表示 x 空间中价带电子浓度。这个速率 ω_g 又可细分为价带电子跃迁到导带上每个空态速率的概率叠加。它可以用价带电子从一个价带满态跃迁到导带空态的平均速率 ω_g 来表示。这些导带空态可简单看作导带的空穴，记其 x 空间浓度为 $p_c(x)$，于是受激产生率可继续写作：

$$g \approx n_v\omega_g = Gn_vp_c \qquad G \approx \frac{\omega_g}{p_c} = V\omega_{gj} \qquad (4\text{-}58)$$

式中 G 常被称作产生系数，它正比于价带态到导带态跃迁的平均速率 ω_{gj}。

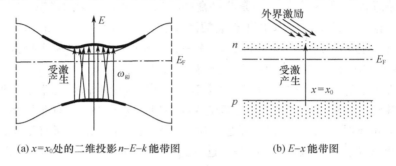

(a) $x=x_0$ 处的二维投影 n-E-k 能带图   (b) E-x 能带图

图 4-26　受激产生的能带图

按前文分析，态到态的跃迁速率 ω_{gj} 只由态间 E-k 间隔和势场强度决定。电子只在价带底和导带顶附近跃迁时，可认为其 E-k 间隔固定，只由能带结构决定。因此给定势场和能带结构时 ω_{gj} 和 G 都是确定的系数。因为跃迁时间 τ 与 E-k 间隔呈正比，而受激产生多为带间跃迁，所以它比带内跃迁时间长。但又因为跃迁时间 τ 与势场强度呈反比，所以当该 E-k 间隔对应势场较强时，它的跃迁时间仍然是很短的，可看作是瞬间完成。常规的有序势场作用如光照/电磁场/振动都可这样看待。

除了有序势场外，无序的温度作用本身也在提供激励作用。给定环境温度 T 后，它一边会使声子气和光子气达成该温度下的热平衡 n-E-k 分布，一边用它们在每段 E-k 间隔上叠加而成的电磁场和格波势场作用在电子气上。因为它把势场能量分散到所有 E-k 态上，所以同样能量下势场强度通常不如有序作用强，温度 T 改变后的受激跃迁时间更长。

4.3.3　自发复合

直接复合

无论有序的还是无序的作用，只要有净产生的载流子，就一定会启动自发回复热平衡态的统计运动，使载流子自发复合。当自发复合与受激产生平衡时，就形成稳定的载流子浓度。这种"产生并维持"的稳态载流子数习惯上也被视为"产生"的结果，典型的如 4.2 节热平衡态"产生"的载流子。因此完整的统计运动分析一定要包括自发复合过程。

非平衡电子直接从导带自发带间跃迁到价带，复合一对载流子，称为**直接自发复合**，常简称**直接复合**，如图 4-27 所示。在杂质能态与导带和价带间自发跃迁复合载流子称为**间接自发复合**，常简称**间接复合**。讨论受激产生时我们没有刻意区分带间直接跃迁和杂质能带间接跃迁，而在这里做了区分，这是因为直接和间接跃迁对自发复合的影响远大于对受激产生的影响，在后文细述。

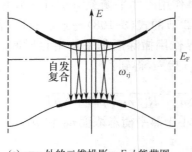

(a) $x=x_0$处的二维投影n-E-k能带图

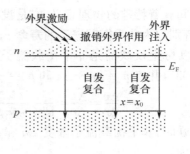

(b) E-x能带图

图 4-27 直接自发复合的能带图

自发跃迁和受激跃迁的物理本质不同,它不是由外界作用直接造成的,而是没有外界作用也能进行的自发运动,按理不能用受激跃迁模型来分析。但用经典图景来做类比,受激跃迁和自发跃迁的经典图景分别对应谐振子在外力下的受迫振动和撤销外力后的阻尼振动。从该图景上看,这两种振动的运动形式没有太大差异,由此可假定载流子的自发跃迁和受激跃迁形式上也相似,仍按受激跃迁的理论框架,得到自发复合率的形式为:

$$r \approx n\omega_r = Rnp \qquad R = \frac{\omega_r}{p} = V\omega_{rj} \tag{4-59}$$

式中,n 和 p 分别是 x 空间导带电子和价带空穴浓度;ω_r 是导带底电子自发跃迁速率;R 为自发复合系数,正比于每个导带底电子态到态自发跃迁到价带顶的速率 ω_{rj}。

既然自发回复跃迁可视为阻尼振动,那么自发回复速率必定与载流子的振动阻尼有关。用经典电子来说,它一振动时就会辐射电磁波,振动阻尼就是辐射阻尼,由电磁场方程决定,与外界作用无关。由此可假定 ω_{rj} 和 R 也只与载流子本身的物理属性有关,与外界作用无关。

热平衡时只有温度作用。温度作用下受激产生率 g_0 和自发复合率 r_0 满足:

$$r_0 = Rn_0 p_0 = g_0 = G_0 n_{v0} p_{c0} \tag{4-60}$$

式中的下标"0"表示都处于热平衡态。

给定温度下施加有序外界作用后,受激产生非平衡态载流子。因为自发复合系数 R,不随外界作用改变,所以载流子的自发复合率仍为 $r=Rnp$。如果一直保持该外界作用,例如持续光照,那么随着受激产生的载流子浓度 n 和 p 不断增大,最终自发复合率总能大到与受激产生率相互平衡:

$$r = Rnp = g = Gn_v p_c \tag{4-61}$$

使非平衡载流子进入新稳态。

因为自发回复运动无需外界作用就能进行,总是作用在非平衡载流子上,以回复到热平衡态为目的,所以它实际上是一种独立的运动,可以脱开温度以外的外界作用单独描述它的运动特征。给定温度下,只关注偏离热平衡态的非平衡载流子浓度 $\Delta n = n - n_0$ 和 $\Delta p = p - p_0$,可以得到非平衡载流子的自发复合率 Δr 为:

$$\Delta r = r - r_0 = R(np - n_0 p_0) \tag{4-62}$$

自发复合使非平衡电子跃回价带,非平衡空穴跃回导带,它们完成这种跃迁所需的平均跃迁时间 τ 满足:

$$\Delta r = \Delta n\omega = \Delta p\omega = \frac{\Delta n}{\tau} = \frac{\Delta p}{\tau} \tag{4-63}$$

这个跃迁时间有着特殊的物理意义，它是没有外界作用时非平衡载流子自发从有变为无的时间，因此被特别称为**非平衡载流子的寿命** τ。3.4.2 节的式(3-108)～式(3-110)表明，非平衡载流子寿命实际上反映的是非平衡载流子在外界作用撤除后的平均生存时间。结合式(4-62)和式(4-63)，并将 $n = n_0 + \Delta n$ 和 $p = p_0 + \Delta p$ 代入，得到：

$$\tau = \frac{\Delta n}{\Delta r} = \frac{\Delta p}{\Delta r} = \frac{1}{R[(n_0 + p_0) + \Delta n]} = \frac{1}{R[(n_0 + p_0) + \Delta p]} \tag{4-64}$$

外界作用不强时，非平衡载流子浓度 Δn 和 Δp 远小于热平衡态浓度 n_0 和 p_0，即小注入情况，该式可简化为：

$$\tau \approx \frac{1}{R(n_0 + p_0)} \tag{4-65}$$

此时非平衡载流子寿命 τ 近似为常数。外界作用很强，非平衡载流子剧增时，即大注入情况，式(4-64)简化为：

$$\tau \approx \frac{1}{R\Delta n} = \frac{1}{R\Delta p} \tag{4-66}$$

非平衡载流子的自发复合既是带间跃迁，能量间隔大，又是自发跃迁，不能被外界作用加强。因此它的跃迁时间即寿命 τ 是载流子所有跃迁时间中最慢的一个。它真正决定了载流子气从施加外界作用到重新进入稳定平衡所需的弛豫时间。这使得它成为一个独立的物理参数出现在后文所有的理论中。

间接复合

只要禁带中存在其他的能态，电子在带间跃迁的路径就不止一条。此时导电电子和价带空穴不光会直接复合，也能借助其他的能态间接复合。禁带中的施/受主杂质和陷阱杂质一般都能提供禁带中的能态，起到间接产生-复合作用。

间接复合运动可看作是多个直接复合运动的组合，分析方法上没有本质区别。如图 4-28 所示，导带电子/价带空穴与杂质能态空穴/电子的复合行为，称作杂质能态俘获电子/空穴。单位时间俘获电子/空穴浓度称为俘获率，分别记作 r_n 和 r_p。杂质能态向导带/价带电离电子/空穴的行为仍称作产生，分别记作 g_n 和 g_p。设 E_t 为杂质能级，N_t 为杂质浓度，n_t 为杂质能态上电子浓度，则 $p_t = N_t - n_t$ 为为杂质能态上空穴浓度。假设杂质能态无简并，则它们满足：

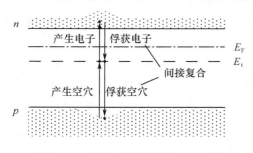

图 4-28　间接自发复合的 4 个过程

$$n_t = N_t f(E) g(E) = N_t \frac{1}{e^{\frac{E_t - E_F}{kT}} + 1}, \qquad p_t = N_t - n_t = N_t \frac{e^{\frac{E_t - E_F}{kT}}}{e^{\frac{E_t - E_F}{kT}} + 1} \tag{4-67}$$

求出杂质能态上电子和空穴浓度，就能推知间接复合运动的完整情形。

用与直接复合一样的方法，分析产生-俘获电子和俘获-产生空穴的行为，得到：

$$\begin{aligned} r_n &= R_n n p_t & g_n &= G_n n_t p_c \approx \omega_n n_t \\ r_p &= R_p n_t p & g_p &= G_p n_v p_t \approx \omega_p p_t \end{aligned} \tag{4-68}$$

$R_{n,p}$ 在这里称为电子/空穴俘获系数。比起 n_t 和 p_t 来，常态下导带空穴浓度 p_c 和价带电子浓度 n_v 几乎不变，因此产生运动中的产生速率 ω_n 和 ω_p 近似不变，可用它们代替 $G_n p_c$ 和 $G_p n_v$ 简化分析。

热平衡时，电子/空穴的产生率和俘获率是相等的，即

$$r_n = g_n \qquad r_p = g_p \tag{4-69}$$

结合式(4-68)，这使得：

$$\omega_n = R_n n_1 \qquad n_1 = N_c e^{-\frac{E_c - E_t}{kT}}$$

$$\omega_p = R_p p_1 \qquad p_1 = N_v e^{-\frac{E_t - E_v}{kT}} \tag{4-70}$$

稳定的非平衡态下，杂质能态上的载流子数是稳定的，不净产生载流子，因此电子和空穴的净俘获率是相等的：

$$r_n - g_n = r_p - g_p \tag{4-71}$$

联立上述各式得到：

$$n_t = \frac{N_t(R_n n + R_p p)}{R_n(n + n_1) + R_p(p + p_1)} \tag{4-72}$$

这样只要给定 n 和 p，就能知道杂质能态上 n_t 和 p_t 的分布结果。

杂质能态以相同净俘获率俘获电子和空穴，等价于电子和空穴通过该杂质能态间接复合，因此，净俘获率[式(4-71)]实际上就是载流子的复合率 r。将式(4-68)和式(4-72)代入式(4-71)，并结合 n_i 定义，有 $n_1 p_1 = n_0 p_0$，从而得到：

$$r = \frac{N_t R_n R_p(np - n_i^2)}{R_n(n + n_1) + R_p(p + p_1)} \tag{4-73}$$

由此得到非平衡载流子的净复合率为：

$$\Delta r = r - r_0 = \frac{N_t R_n R_p(n_0 \Delta n + p_0 \Delta n + \Delta n^2)}{R_n(n_0 + n_1 + \Delta n) + R_p(p + p_1 + \Delta n)} \tag{4-74}$$

因此非平衡载流子寿命为：

$$\tau = \frac{\Delta n}{\Delta r} = \frac{R_n(n_0 + n_1 + \Delta n) + R_p(p + p_1 + \Delta n)}{N_t R_n R_p(n_0 + p_0 + \Delta n)} \tag{4-75}$$

上两式中 Δn 都可换为 Δp，结论相同。

复合中心

用施/主杂质提供载流子，或者用陷阱杂质俘获载流子，是它们的常规用法。这些用法希望杂质要么只电离电子/空穴，要么只俘获电子/空穴。热平衡时能强烈电离/俘获某种载流子的杂质，必定也能强烈地复合/产生那种载流子。但它们都不能同时增强两种载流子的产生—复合率，因此并不能提高电子和空穴通过杂质能态的间接复合率。在半导体工程中，减少非平衡载流子寿命对提高器件工作速度有益，所以除了上述用法外，还希望有一种杂质专门用来提高载流子的间接复合率，它被称作复合中心。

按此要求看看复合中心杂质应具有怎样的特点。非平衡载流子数相对少时（小注入情况），有：

$$\tau \approx \frac{\dfrac{(n_0 + n_1)}{R_p} + \dfrac{(p_0 + p_1)}{R_n}}{N_t(n_0 + p_0)} \tag{4-76}$$

此时寿命近似为常数，只由 n_0、p_0、n_t 和 p_t 的相对关系和俘获能力 R 决定。通过控制费米能级 E_F 和杂质能级 E_t 的相对位置，可以调节这些浓度的相对关系，进而控制非平衡载流子的寿命。

作为复合中心，希望该寿命足够短。片面增大电子/空穴哪一方的产生-俘获系数 R 对这个目标都没有好处，因为增大一方，另一方就必然减小，总寿命会增大。当 $n_1 / p_1 = n_0 / p_0 =$

$R_p/R_n = 1$ 时是最佳状态。此时要求复合中心俘获电子和空穴的能力相等,且正好位于禁带中央。这是不难预料的结论,只有当复合中心不偏不倚时,它才能最大限度均衡俘获电子和空穴的能力。因此靠近禁带中央且处于中间离子价数的杂质最适合成为复合中心,而这正是 4.2.3 节介绍的深能级杂质常具有的特点,于是像 Au 这样的深能级杂质就有了用武之地。Au 可以在 Si 和 Ge 中以非饱和价离子地提供靠近禁带中央的深能级。适当增大和控制 Au 离子的掺杂浓度,可以显著缩短和控制非平衡载流子寿命。

除了用 Au 等深能级杂质均匀掺杂形成复合中心外,所有晶体的表面位置天生就有复合中心的潜质。巴丁(Bardeen)有句名言,"上帝创造晶体,魔鬼增添表面"。晶格表面因为排列不对称,晶格成长时间最晚,受内部缺陷累积效应最大,受表面处理工艺影响最大,受外界作用最强等种种因素影响,必定与体内晶格排列有着巨大区别。它们对能带的完整影响很复杂,是一门专业的学问。但引入深能级,形成复合中心却不是难事。

表面效应最简单的模型是将其视为独立机制,与体内复合率按粒数权重叠加:

$$\frac{1}{\tau} = n_V \frac{1}{\tau_V} + n_S \frac{1}{\tau_S} \qquad (4\text{-}77)$$

式中,n_S 和 τ_S 是受到表面复合影响的载流子浓度和寿命;n_V 和 τ_V 是体内非平衡载流子浓度和寿命。

如果晶体尺度较大,表面只占小部分体积,该材料称为体材料。此时只有表面位置载流子受到影响。如果晶体整体或局部维度上的尺度与晶格常数相近,则整个晶体都可称为表面,体现为纳米材料,表面材料,薄膜材料等。现代微电子器件的尺寸是在不断缩小的,所以表面效应对非平衡载流子寿命的影响越来越显著。为此人们会专门设计和优化工艺以减小外界对表面特征的影响。通过测量对比体材料和表面材料的复合率,可以间接评估表面效应的影响。

4.4 漂移-扩散

本节分析载流子的第二种运动,即只改变速度 v 的运动。这种运动也可分为有序和无序两种方式,分别体现为漂移流和扩散流。

4.4.1 近经典粒子气

从 n-E-k 分析到 n-v-τ 分析

从本节起我们将遇到一次分析方法上的突变。

从第 2 章至此的绝大多数分析都以微观粒子的统计物理为基础,以电子/光子/声子气的 n-E-k 分布为对象,分析它们在外界作用下的变化。按 3.4.1 节,将载流子 n-E-k 分布中每处的 $v = \frac{1}{h}\frac{dE}{dk}$ 按 $n(E,k)$ 进行加权平均,就可以得到它的平均速度 v。因此,理论上我们可以延续这种方法,仍然通过分析外界作用对 n-E-k 分布的影响来推论它们对速度 v 的影响。这正是玻耳兹曼的做法,外界作用对 n-E-k 分布的影响就写作玻耳兹曼连续性方程。这种做法普适性很强,在非常规问题分析时更有效。

但对于经典常规的问题这种方法有点复杂。所谓粒子速度 v 变化的运动实际上就是粒子受力运动,大量粒子的受力运动就是经典粒子气的统计运动。如果载流子气的行为接近经典粒子气,那么就可以用经典粒子物理的方法简化分析。

在半导体中,弱电场下载流子只在导带底或价带顶附近运动,此处 E-k 曲线接近抛物线,与自由粒子 E-p 关系相似。如果半导体是非简并半导体,那么电子和空穴的费-狄分布还可近似用经典粒子气的麦-玻分布来代替。于是对非简并半导体的导带底电子和价带顶空穴而言,它们的单体近似经典粒子,它们的统计体近似经典粒子气。我们将满足这些条件的载流子称为**近经典粒子**,对它们改用经典粒子气的分析方法。当载流子的运动偏离上述前提时就进入非经典运动。

近经典粒子气毕竟不是单个粒子,总带有粒子不具备的统计特性,所以实际采用的是粒子物理和统计物理结合的方法。两者结合后将形成 x 空间的单元物理,它以 x 空间微元为分析对象,除浓度 n 和速度 v 外添加自由时间 τ 为基本量,分析 n-v-τ 的运动规律。粒子气自身的统计物理仍然也在发挥作用,它能辅助单元物理得到更多基本量的关系,尤其是与温度 T 的关系。本节将以单元物理的 n-v-τ 分析为主,辅以部分经典统计物理结论。

除此以外,载流子还有一个区别于经典粒子的特点,就是它总是携带电荷。电荷一旦运动就会产生与电磁波的相互作用。这种运动从性质上与经典粒子气运动是相互独立的,从粒子物理的立场出发,本节只考虑荷电粒子受电场力作用的那部分运动,不考虑电荷还会产生电磁场使两者相互耦合。这样载流子气除了多带电荷受电场力以外,其基本运动规律和普通粒子气相同(见图 4-29)。至于电荷与电磁场的互作用部分将放在 4.5 节综合运动中介绍。4.2 节和 4.3 节都没有遇到这个问题,是因为之前只有 n 在变化,速度 v 一直是零,不必考虑电荷运动的影响。

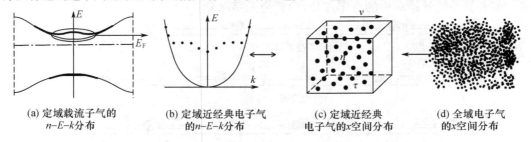

(a) 定域载流子气的　　(b) 定域近经典电子气　　(c) 定域近经典　　　(d) 全域电子气
　　n-E-k 分布　　　　的 n-E-k 分布　　　电子气的 x 空间分布　　的 x 空间分布

图 4-29　定域近经典载流子气的 n-E-k 分布和 n-v-τ 描述

统计粒子的受力运动

下面我们以最简化的一维经典粒子气为例,定性地说明它在 x 空间统计运动的规律。这种以统计粒子 x 空间运动为对象的视角就是单元物理的视角。

设粒子间距相等,也即浓度 n 均布。每个粒子从 $x=0$ 处出发,沿 $+x$ 方向 $t=\tau$ 时间运动到 $x=l$ 处时与下一个粒子发生一次碰撞。碰撞后沿原路返回到 $x=0$ 处时再次碰撞上一个粒子,如此往复不止。热平衡时往返过程对称,平均花了 τ 时间运动 l 距离后发生一次碰撞,τ 称为**平均自由时间**,l 称为**平均自由程**。由 τ 和 l 可计算出每段过程的平均速度 $v=l/\tau$,这个速度常被称作**热运动速度**、热速度,以下用 v_{T} 表示。因为往返过程对称,所以粒子总平均速度 $v=0$,质心不动。

这样分析时默认粒子没有体积,一维时粒子总能与相邻粒子撞个正着。此时平均自由程只由粒子平均间距决定。事实上,粒子完全可以与相邻粒子擦肩而过,而与更远的粒子发生碰撞。因此,我们还要引入一个量来反映粒子发生每种自由程碰撞占所有碰撞的比例。在三维问题中这个量体现为有效散射截面 S。总有办法把它归入其他物理量中变相表示,使常规讨论的载流子都与相邻载流子发生弹性碰撞。

自由时间 τ，自由程 l 和散射截面 S 已经描述了一个统计粒子碰撞运动的主要特征。因为散射截面 S 另有处理，给定 τ 时，v 和 l 的描述相互等价，而 v 的概念远比 l 直观，所以在实际中最常见到的是自由时间 τ 和速度 v 这两个量，以下分析都围绕它们展开。

　　一个统计粒子的常规运动是边受力边碰撞的运动，它相当于粒子的受力运动。

　　设粒子间距相等。在热平衡态下对粒子加 $+x$ 向力，例如，对电子加电场力后，往返过程不再对称。粒子的往过程速度都加快，而返过程减慢。间距相等时每个粒子与相邻粒子行为不同，与相隔粒子行为相同，分别设为粒子 A 和粒子 B，由这两类粒子可推理一维粒子气的完整情形。

　　如图 4-30 所示，在两次碰撞之间粒子 A 和粒子 B 必定经历了相同的自由时间 τ。对粒子 A，自由时间 τ 内，外力引入动量 $p=F\tau$。它使粒子 A 往过程末的速度在热速度 v_T 基础上增加了：

$$v=\frac{p}{m}=\frac{F}{m}\tau \tag{4-78}$$

变为 v_T+v。对粒子 B 则相反，它处于减速的返过程，末速度变为 $-v_T+v$。粒子 A 在 $t=\tau$ 时撞上粒子 B。弹性碰撞下粒子 A 获得 $-v_T+v$ 速度折返后退，粒子 B 获得 v_T+v 速度折返前进。以 v 为参照系速度来看，A 仍是以 $-v_T$ 速度返回，B 仍是以 v_T 速度前进。因此这整个过程可看为，粒子气受外力加速获得总平均速度 v，而粒子仍在其内部按热平衡态 $\pm v_T$ 速度往返碰撞。前者就是统计运动中的有序部分，后者为无序部分。

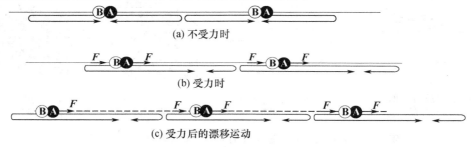

(a) 不受力时

(b) 受力时

(c) 受力后的漂移运动

图 4-30　定域统计粒子的运动

　　按道理在接下来的每段 τ 时间内粒子气会被不断加速，但如果我们讨论的问题是固体中的电子气或者声子气情况则不然。第 2 章和第 3 章中介绍过，固体中装满了电子和声子，电子气和声子气就有如置于大货车中来回碰撞的小球，它们在外力作用下不能无限地获得动量和能量，而是通过碰撞把多余的动量和能量传给固体，转化为固体质心的运动，而常规的电子气和声子气理论是不考虑这种运动的。因此，对固体电流问题而言，电子气的加速只能积累一次 τ 时间，每段时间 τ 结束时它以电子-声子散射形式撞上固体晶格，将多余动量和能量传给声子气运动和固体质心运动。

　　把这个结论落实到上述模型中，就是电场力下电子 A 和电子 B 并不直接发生碰撞，而是与图中未画出的声子相碰撞。碰撞后速度不是 $\pm v_T+v$，而是损失从电场中获得的动量和动能，回到 $\pm v_T$ 速度。如果忽略固体微弱的质心运动，这些损失的动能几乎全就被转化为声子气的动能，体现为晶格的热能。这正是固体通电流会发热的原因，它使器件的发热功率恒等于电场/电压对电子/电流做功使其获得速度 v 的功率。碰撞后粒子 A 和粒子 B 重复着与上一段相同的往返过程，如此构成电子气的受力统计运动。

粒子 A 在 $t=\tau$ 时碰上粒子 B。这种碰撞的本质是无序碰撞,它的作用是消除偏离热平衡态的有序特征。因此,每次碰撞后粒子 A 和粒子 B 都回到 $\pm v_{\mathrm{T}}$ 速度,动量守恒,动能损失转化为 $m_v^2/2$ 的热能。这也是通电流会发热的原因。碰后粒子 A 返过程与粒子 B 返过程相同,粒子 B 往过程与粒子 A 往过程相同,直至两者与前后相邻的粒子发生下一次碰撞。这种往复碰撞过程持续进行构成了粒子气的受力统计运动。

只从这个简单的一维模型来看,粒子 A 和粒子 B 相对运动的合速度始终不变,为 $2v_{\mathrm{T}}$。往过程自由程增加 $v\tau$,返过程减少 $v\tau$,平均自由程不变。所以只要粒子气密度不变,自由程不变,自由时间 τ 就不会改变。这说明粒子气受力时不会显著改变 x 空间的统计运动特征。如果想显著改变自由时间 τ,自由程 l 和热速度 v_{T},只能去改变统计物理量。例如,减小体积 V 或增加压强 P 或增加粒数 N 以缩短粒子间距,提高温度 T 增大粒子的热速度 v_{T},等等。实际问题中往往给定环境温度 T,载流子气符合近经典假设,$P=nkT$。这样浓度 n 均匀分布时压强 P 也均匀分布,载流子的 τ、l 和 v_{T} 都不变化,只有平均速度 v 会变化(将在 4.4.2 节分析)。浓度 n 不均匀分布时压强 P 也不均匀分布,它会产生额外的速度(将在 4.4.3 节分析)。

更细致地来看,考虑上述模型,粒子是按时间统计平均后的统计粒子,如果考虑三维模型,则要区分算术平均速度和均方根平均速度这两个不同的概念。外力和动量能直接改变的是受力运动方向上的算术平均速度。而热速度却是不区分方向的均方根平均速率,是它真正决定了自由时间。

当 $v \ll v_{\mathrm{T}}$ 时,外力作用后粒子 A 和粒子 B 的:

算术平均速度为 $(v+v_{\mathrm{T}}+v-v_{\mathrm{T}})/2=v$,

算术平均速率为 $(v_{\mathrm{T}}-v+v_{\mathrm{T}}+v)/2=v_{\mathrm{T}}$,

均方根平均速率约为 $\left[\dfrac{(v+v_{\mathrm{T}})^2}{2+(v-v_{\mathrm{T}})^2/2}\right]^{1/2} \approx v_{\mathrm{T}}$。

但当 v 接近 v_{T} 时,算术平均速度仍为 v,算术平均速率仍为 v_{T},均方根平均速率却会显著偏离 v_{T} 值。这会使粒子气的热速度增大,自由时间 τ 缩短。此时就不能再用自由时间 τ 不变的假设。因为它不是最常见的情形,所以有关该问题的细节将放在 4.5 节继续展开讨论。

4.4.2 漂移电流

载流子的漂移速度

上述模型中的总平均速度 v 是粒子气特有的受力运动速度。如果我们以粒子的轨迹 $x(t)$ 为关注对象,它确实是每个粒子和它们组成的粒子气的质心运动速度。这种分析方法常称为**拉格朗日分析法**。

但对于很多以给定体积范围内粒子气运动为研究对象的问题,例如,给定半导体体积的载流子气,给定水域的水流,等等,拉格朗日分析法反而不够方便,因为粒子气一旦运动后,其质心完全可能移出给定范围。相比之下,因为有着连续的补充,粒子气的定域浓度 $n(x)$ 和速度 $v(x)$ 反而容易成为定域内特征稳定的物理量。此时我们就会以 $n(x)$ 和 $v(x)$ 的分布取代轨迹作为研究对象,这种分析方法常称为**欧拉分析法**。因为改变了视角,v 不再具有粒子质心运动速度的含义,而被称为漂移速度。从名字上看,它可看作河水漂流的速度。虽然每处河水都在漂移,但给定区域的河流本身没有移走,河还在那里,如图 4-31(a)所示。从本质上说,漂移速度是全域的动量流对应的流速度,与波动的相速度含义类似,而不是粒子质心动量的质心速度或群速度。

虽然改变了观测方法,欧拉分析法下的粒子气仍然可以有质心运动,体现为质密度的运动。仍以河水漂流为例,即使给定水域,河水也可以从一处聚集向另一处,使质心发生偏移。特别是当上游没有补给时,孤立的一团河水从一处流到另一处的运动,就是欧拉法下的质心运动,如图 4-31(b)所示。以此反观固体理论,把固体体积看作给定区域,半导体中的声子气和电子气看作河水,则只有固体晶格本身发生质心位移时,声子气和电子气才可能有质心运动。常规电场下中性的固体几乎没有质心运动,所以第 2 章的声子气理论和第 3 章的电子气理论可以合理地把质心平动部分移出理论外,它们与本章的所有结论也都兼容。

虽然常规电场不足以立刻移动整个固体,但如果总是施加特定方向的电场,通过载流子一点点地把动量传递给晶格质心,时间一长,原子核或离子就会缓慢位移,改变晶格结构,产生电迁移现象。

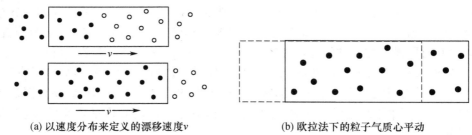

(a) 以速度分布来定义的漂移速度 v (b) 欧拉法下的粒子气质心平动

图 4-31　漂移速度的含义

本节分析的漂移速度都是指欧拉法下固定单元内的流速度。既然粒子移动速度和流速度不是一个概念,它们严格的定义和复杂三维情况下的具体求法本来是不同的。但对于一维匀质或可局部近似为此类情况的问题,这两个速度的差异很小,例如在上述模型中它们就是相等的。因此我们仍然可以把粒子物理分析得到的速度 v 的结论简单应用到单元物理中,看作是一个浓度为 n 的流单元的漂移(流)速度 v。

迁移率

把上述统计粒子受力运动模型应用到荷电粒子,就得到漂移电流的概念。以下先以带正电的荷电粒子作为普遍分析,再把它落实到电子和空穴上。该荷电粒子的运动规律与空穴一致。

因为载流子通常携带等量电荷 q,所以可将 q 并入迁移率中,只把电场 $\mathscr{E}$ 看作外界作用。定义漂移速度与电场的关系为迁移率 μ,且

$$\mu = \left| \frac{\mathrm{d}v}{\mathrm{d}\mathscr{E}} \right| \tag{4-79}$$

用绝对值定义迁移率只是出于早期认知习惯。从无到有施加电场 $\mathscr{E}$ 后,它引起的漂移电流密度 J_μ 可写作普遍形式:

$$J_\mu = qn\mu\mathscr{E} \tag{4-80}$$

在近经典粒子气和弱电场假设下,每个荷电粒子受电场力 $F = q\mathscr{E}$。按式(4-78)可得到其漂移速度为:

$$v = \frac{q\tau\mathscr{E}}{m} \tag{4-81}$$

这说明此时的迁移率 μ 为:

$$\mu = \frac{q\tau}{m} \tag{4-82}$$

上述结论落实到载流子上，即为：

$$J_{\mu n}=qn\mu_{n}\mathscr{E} \qquad \mu_{n}=-\frac{\mathrm{d}v_{n}}{\mathrm{d}\mathscr{E}}=\frac{q\tau_{n}}{m_{n}^{*}} \qquad (4-83)$$

$$J_{\mu p}=qp\mu_{p}\mathscr{E} \qquad \mu_{p}=\frac{\mathrm{d}v_{p}}{\mathrm{d}\mathscr{E}}=\frac{q\tau_{p}}{m_{p}^{*}} \qquad (4-84)$$

常用半导体中 $\mu_{n}>\mu_{p}$，两者相差数倍至数十倍，如表 4-4 所示。因此，相同电场下导带电子速度更高，电子电流更大，以电子为多子的半导体常具有更好的性能。

表 4-4　300K 时较纯净半导体样品的迁移率

材料	电子迁移率/cm²/(V·s)	空穴迁移率/cm²/(V·s)
Ge	3800	1800
Si	1450	500
GaAs	8000	400

三维载流子的 n-E-k 图经常不是各向同性。有效质量、散射率和迁移率都会随方向而不同。宏观问题中晶体常用固定方向导电，所以希望对不同方向的 μ 进行整合，仍以 $\mu=q\tau/m$ 的简单形式来分析问题。

以 Si 的导带电子为例，其 E-k 能谷附近的三维等能面为旋转椭球面，如图 4-5 所示。电场沿 x 向加载时，各能谷中电子沿 x 向运动的迁移率不同。$[001]$ 和 $[00\bar{1}]$ 及 $[010]$ 和 $[0\bar{1}0]$ 能谷中电子的 x 向迁移率为 $\mu_{1}=\mu_{2}=q\tau_{n}/m_{t}$，$[100]$ 和 $[\bar{1}00]$ 能谷中电子的 x 向迁移率为 $\mu_{3}=q\tau_{n}/m_{l}$。假定电场较小，没有显著改变 n-E-k 分布，那么相同 E 下电子分布在 6 个等效 k 方向态的比例相等，使电子在所有态上的平均速度为：

$$v_{n}=\frac{1}{3}(\mu_{1}+\mu_{2}+\mu_{3})\mathscr{E}=\frac{1}{3}\left(\frac{q\tau_{n}}{m_{t}}+\frac{q\tau_{n}}{m_{t}}+\frac{q\tau_{n}}{m_{l}}\right)E=\frac{q\tau_{n}}{m_{nc}}\mathscr{E} \qquad (4-85)$$

式中 m_{nc} 为用于描述该平均速度的有效质量。$m_{nc}=3\Big/\left(\dfrac{2}{m_{t}}+\dfrac{1}{m_{l}}\right)$ 这个有效质量与式(4-7)的静止的状态密度有效质量 m_{n}^{*} 不同，它们都只是物理框架下为了理论方便引入的人为概念。因为该质量与描述导电性有关，常称作**电导有效质量**。Si 的 $m_{nc}=0.26m_{0}$，Ge 的 $m_{nc}=0.1\,m_{0}$。

瞬态分析

以上分析的一直是电场恒定，电流稳定时结果。实际中两者都可能随时间变化。漂移电流的变化主要是由漂移速度 v 的变化引起的，可展开为：

$$\frac{\mathrm{d}v}{\mathrm{d}t}=\frac{\mathrm{d}(\mu\mathscr{E})}{\mathrm{d}t}=\mathscr{E}\frac{\mathrm{d}\mu}{\mathrm{d}t}+\mu\frac{\mathrm{d}\mathscr{E}}{\mathrm{d}t} \qquad (4-86)$$

用热平衡态下加电场的问题来说，$\mathrm{d}\mu/\mathrm{d}t$ 反映给定电场 $\mathscr{E}$ 时载流子从初始漂移速度 $v=0$ 增加到 $v=\mu\mathscr{E}$ 时的变化速度。用 n-E-k 图说就是它在热平衡态和非平衡态间瞬态跃迁的过程。使载流子漂移速度改变的跃迁都属带内跃迁，E-k 间隔小，跃迁时间 τ 短，从受激跃迁、自发回复跃迁到稳定的时间尺度常常远小于宏观电场变化的时间尺度。因此虽然 $\mathrm{d}\mu/\mathrm{d}t$ 引起的瞬时电流很大，但它作用时间极短，可认为载流子能紧跟电场 $\mathscr{E}$ 瞬间获得速度 $v=\mu\mathscr{E}$。因此实际分析时常移除这一项。注意移除不是忽略，而只是推迟运动过程的时间起点。载流子引起的瞬时电流可以很大，引起电感效应，火花放电等宏观现象。移除 $\mathrm{d}\mu/\mathrm{d}t$ 项后漂移电流的变化就只由电场变化 $\mathrm{d}\mathscr{E}/\mathrm{d}t$ 决定，也就是说 $J(t)$ 中 μ 是常量，只有 $\mathscr{E}(t)$ 随时间变化：

$$J_{\mu}(t)=qnv(t)=qn\mu\mathscr{E}(t) \qquad (4-87)$$

4.4.3 扩散电流

扩散电流

现在我们把统计粒子受力运动模型略做改动，允许一个位置上能同时出现多个统计粒子，这会引入新的运动方式。

如图 4-32 所示，设 A 处有 $N+\Delta N$ 个粒子，B 处有 N 个粒子，每个粒子质量都是 m，初始时每个粒子单程热速度都是 v_T。因为两处粒子数不同，即使不加外力，A 和 B 第一次碰撞后，无序碰撞使得两者恢复到 $\pm v_T$ 速度，按动量守恒定律，A 处多出的 ΔN 个粒子会转移到 B 处以速度 v_T 继续运动，它会使 B 处粒子变相增加运动速度 $v=\Delta N v_T/N$。如果 B 再往后的每处粒子都是一样多，这个速度在下一次碰撞后就会一直传递下去。ΔN 个粒子转移到哪里，哪里就多出来漂移速度。这是理想的一维粒子扩散运动。粒子从 A 处转移到 B 处的运动就形成扩散流。如果 A 处有粒子补给，与 B 始终保持 ΔN 的粒数差，最终各处都会形成稳定的扩散电流。

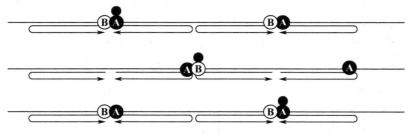

图 4-32　粒子浓度不均时的扩散电流

到了三维，粒子可以向所有方向上转移，随着转移范围扩大，每处转移的粒子数会不断减少，直到最后完全消失。这是标准的三维粒子扩散运动。实际分析中的扩散都是指这种扩散，所以要用三维结论。

直接套用三维自由粒子气结论，热平衡态浓度 n 的统计粒子对每个方向上的压强都为：

$$P=nkT \tag{4-88}$$

如果在 $\mathrm{d}x$ 范围内多出来 $\mathrm{d}n$ 个粒子，它沿 x 方向产生的压强为：

$$\frac{\mathrm{d}P}{\mathrm{d}x}=-kT\frac{\mathrm{d}n}{\mathrm{d}x} \tag{4-89}$$

这一压强所产生的外力，可使 $\mathrm{d}x$ 范围 $\mathrm{d}S$ 截面内，也即单位体积内 n 个统计粒子增加速度：

$$v=\frac{\tau}{nm}\frac{\mathrm{d}P}{\mathrm{d}x}=-\frac{\tau kT}{nm}\frac{\mathrm{d}n}{\mathrm{d}x} \tag{4-90}$$

根据迁移率 $\mu=q\tau/m$ 和电流 $J=qnv$ 可得到它对应的扩散电流为：

$$J_D=-qD\frac{\mathrm{d}n}{\mathrm{d}x} \tag{4-91}$$

式(4-91)就是扩散电流密度 J_D 的一般表达式。D 称为扩散系数，它必定满足：

$$\frac{D}{\mu}=\frac{kT}{q} \tag{4-92}$$

这就是**爱因斯坦关系**在电场下荷电统计粒子运动中的具体体现。从推导过程上看，只用到热平衡态三维经典粒子气的结论，因此这个关系适用于在热平衡态附近范围运动的近经典载流子气。

这些结论具体落实到电子和空穴上为：

$$J_{Dn} = qD_n \frac{dn}{dx} \qquad \frac{D_n}{\mu_n} = \frac{kT}{q} \tag{4-93}$$

$$J_{Dp} = -qD_p \frac{dp}{dx} \qquad \frac{D_p}{\mu_p} = \frac{kT}{q} \tag{4-94}$$

因为有这样简单的联系，所以迁移率 μ 的其他细节分析都可以直接应用到扩散系数 D 上，不再多述。因为扩散电流也只是带间跃迁的结果，所以它达成速度稳定的过程也是很快的，可以移除 $D(t)$ 的瞬态变化过程，认为 D 是常数，扩散电流的变化只由 $n(t)$ 决定：

$$J_D(t) = -qD \frac{\partial n(t)}{\partial x} \tag{4-95}$$

粒数势驱动下的电流

既然漂移流与扩散流只是同一种运动的两个部分，它们理应能表示为统一的电流形式。先把它们合写为：

$$J = J_\mu + J_D = -qn\mu \frac{d\varphi}{dx} - qD \frac{dn}{dx} = -qn\mu \frac{d\varphi}{dx} - \mu kT \frac{dn}{dx} \tag{4-96}$$

取和一般性载流子极性相同的空穴浓度分布形式 $n_i e^{(E_i - E_F)/kT}$ 代入后得到：

$$J = -qn\mu \frac{d\varphi}{dx} - \mu kTn \frac{1}{kT} \frac{d(E_i - E_F)}{dx} = n\mu \left[-\frac{d(-E_F + E_i + q\varphi)}{dx} \right] \tag{4-97}$$

E_i 总是靠近禁带的中心位置，它到 $E-k$ 图能量起点的距离是定值。电势 φ 会按势能 $V = q\varphi$ 改变能量 E 的起点值，因为电子气以电子能量为正，所以 E 要反转正负号，按 $V = -q\varphi$ 改变，从 $E = 0$ 移到 $E = -q\varphi$。因此 $E_i + q\varphi$ 仍然代表是 E_i 到原点的距离，恒为定值，$d(E_i + q\varphi)/dx = 0$。于是有：

$$J = n\mu \left[-\frac{d(-E_F)}{dx} \right] = n\mu \frac{dE_F}{dx} \tag{4-98}$$

据 3.2.2 节所述，电子气的费米能级 E_F 具有粒数势 V_N 的含义。因此电流可视为粒数势 V_N 梯度驱动下的电流。

由此带来的便利是，只要在 $E-x$ 能带图上看到费米能级 E_F 的相对位置和走势，就立刻能判断此时的载流子分布 n 和费米能级梯度 dE_F/dx，从而直观地看出电流大小，当费米能级梯度 dE_F/dx 为 0 时，$E_F =$ 常数，没有载流子流动。根据上述分析，电流中的漂移流和扩散部分始终对应：

$$J_\mu = n\mu \frac{d(-q\varphi)}{dx} \qquad J_D = n\mu \frac{d(E_F + q\varphi)}{dx} \tag{4-99}$$

因此，从能带的走势就能估量漂移电流，从费米能相对能带的走势就能估量扩散电流。

仿照电势能 $-q\varphi$ 与电势 φ 的关系，也常把费米能级 E_F 用费米势 φ_F 来表示：

$$E_F = -q\varphi_F \tag{4-100}$$

从而把两种电流写为更统一的形式：

$$J_\mu = -qn\mu \frac{d\varphi}{dx}$$

$$J_D = -qn\mu \frac{d(\varphi_F - \varphi)}{dx}$$

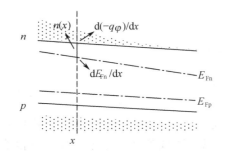

图 4-33 从 $E\text{-}x$ 能带图上估量电流

$$J = -qn\mu \frac{\mathrm{d}\varphi_F}{\mathrm{d}x} \qquad (4\text{-}101)$$

这有利于把费米势 φ_F 当作电势一样来思考问题。

上述分析可以落实到电子和空穴上,具体为:

$$J_n = n\mu_n \frac{\mathrm{d}E_{Fn}}{\mathrm{d}x} \qquad J_p = p\mu_p \frac{\mathrm{d}E_{Fp}}{\mathrm{d}x} \qquad (4\text{-}102)$$

热平衡时,电子准费米能级 E_{Fn} 与空穴准费米能级 E_{Fp} 重合为一条费米能级 E_F。非平衡时它们可能分开。只要电场不大,载流子气仍符合近经典假设,以上分析结论就都适用。

4.5 连续性运动

载流子的浓度 n 和速度 v 不仅能各自变化,而且会相互影响,紧密耦合,构成完整的电流运动。

4.5.1 连续性方程

粒子以速度 v 在 x 空间运动时必定会不断改变各处的粒数分布。如果每秒总有两个粒子流入某区域,而只有一个粒子流出,该区域处的粒子数就会以每秒一个的速度增加。定义单位时间流过单位面积的粒子数为粒数流密度 J。用和分析电流一样的方法不难得到:

$$J = nv \qquad (4\text{-}103)$$

粒子携带相同电荷量运动时,可以用电荷量代替粒数作为观测对象,此时流密度就变为电流密度 $J = qnv$。下文先分析粒数流密度,然后再落实到电流上。

如果各处的流密度不均匀,那么即使没有外界作用,也会因为流入流出粒数的差异而改变定域内的粒子浓度:

$$\frac{\partial n}{\partial t} + \frac{\partial (nv)}{\partial x} = 0 \qquad (4\text{-}104)$$

因为这个方程反映了 x 空间粒子数的守恒和连续条件,所以被称之为粒数连续性方程,简称**连续性方程**。因为它反映了粒数分布场 $n(x,t)$ 的运动规律,所以也称粒数场方程。

值得提醒的是,粒子数守恒和连续并不是最基本的物理定律。x 空间的粒子数完全可以不守恒,两个粒子可以在运动过程中合为一个粒子,或者发生反应形成更多粒子。但对于电子气和经典粒子气而言,常态下它们不会轻易改变粒子数,可认为遵守粒数守恒和连续条件。把 n 乘以每粒子质量 m 后,该方程就变为质量-动量守恒/连续性方程。乘以每粒子电荷 q 就变为电荷-电流连续性方程。质量和电荷守恒其实是比粒数守恒更普遍的守恒条件。

有外界作用时,无源连续性方程变为有源连续性方程:

$$\frac{\partial n}{\partial t} + \frac{\partial (nv)}{\partial x} = f \qquad (4\text{-}105)$$

除了增加源项 f 外,外界作用还可以体现为浓度的初始条件、边界条件以及特定位置的约束等。

常见的粒数源作用就是 4.3 节介绍的定域内的产生-复合作用。把受激产生和自发复合运动考虑进来后,方程变为:

$$\frac{\partial n}{\partial t}+\frac{\partial(nv)}{\partial x}=g-\frac{n-n_0}{\tau} \tag{4-106}$$

这个方程中速度 v 随外界作用的变化已经由 4.4 节分析清楚,体现为漂移和扩散两种形式。把它们代入到方程中,得到:

$$\frac{\partial n}{\partial t}+\mu\,\frac{\partial(n\mathscr{E})}{\partial x}-D\,\frac{\partial^2 n}{\partial x^2}=g-\frac{\Delta n}{\tau} \tag{4-107}$$

这就是综合产生、复合、漂移和扩散运动后得到的基本方程。因为它的主体框架仍然是连续性方程,所以仍称其为连续性方程。它落实到电子流和空穴流上即为:

$$\frac{\partial n}{\partial t}+\mu_n\,\frac{\partial(n\mathscr{E})}{\partial x}+D_n\,\frac{\partial^2 n}{\partial x^2}=g_n-\frac{n-n_0}{\tau_n}, \qquad \frac{\partial p}{\partial t}+\mu_p\,\frac{\partial(p\mathscr{E})}{\partial x}-D_p\,\frac{\partial^2 p}{\mathrm{d}x^2}=g_p-\frac{p-p_0}{\tau_p}$$
$$\tag{4-108}$$

以上是不带电荷的近经典粒子气满足的普遍规律。当粒子携带电荷运动时,它还要遵循电磁场物理,其中电场影响荷电粒子运动部分已经通过 4.4.2 节的方法考虑到漂移电流中,但荷电粒子运动影响电磁场的部分也同等重要。

因为电荷与电磁场相互作用直至稳定的电磁弛豫过程是以速度最快的电磁场为媒介的,而一般性粒子与粒子相互作用直至稳定的统计粒子弛豫过程是以普通速度碰撞的粒子为媒介的,所以前者一般远远快于后者,它的弛豫时间短得可以忽略,剩下的绝大部分时间里进行的仍然只是统计粒子一般性的弛豫运动。这样在统计粒子运动的时间尺度上看,电荷几乎不产生动态效应。此时可移除电荷与电磁场的互作用过程,将其简化视为电荷与静电场的准静态关系。一维问题中,每个 x 位置上未被中和的净电荷浓度 Q 与电场 $\mathscr{E}$ 和电势 φ 之间满足:

$$-\frac{\partial \mathscr{E}}{\partial x}=\frac{\partial^2 \varphi}{\partial x^2}=-\frac{Q}{\varepsilon}=-\frac{qp+qN_D-qn-qN_A}{\varepsilon}=-\frac{q\Delta p-q\Delta n}{\varepsilon} \tag{4-109}$$

也就是**泊松方程**。从方程上看,载流子浓度 n 的变化会影响电场 $\mathscr{E}$,从而影响载流子的漂移速度 v。这样一来,电荷 φ 电磁场的耦合作用等效于在连续性方程外引入了另一组 $n\varphi v$ 耦合关系。

除了粒子携带电荷 q 引入的额外的 $n\text{-}v$ 耦合外,携带磁矩 μ 和携带质量 m 也会引入额外的 $n\text{-}v$ 耦合,分别体现为各种磁学效应和相对效应,但在大多数低速平动电流问题中它们的影响不够显著,本书不再展开介绍。更短时间内准静态假设不成立,要把它替换为普适的电磁场方程。

把式(4-108)和式(4-109)中的方程联立在一起,就构成完整的**载流子运动方程组**。

从原理上说,给定边界条件就能解出浓度 n 和电场 $\mathscr{E}$,用 $\mathrm{d}n/\mathrm{d}x$ 和 $\mathscr{E}$ 能求出 v,用 n 和 v 能得到 J。这样电流密度 $J=qnv$ 的问题就得解。但考虑到两种载流子 4 种电流的密切耦合,这个问题实际求解是相当复杂的。但在特定场合下,连续性方程式(4-108)可以简化成较为简单的形式加以应用。例如:

半导体掺杂均匀时,有

$$\frac{\partial n_0}{\partial x}=0, \qquad \frac{\partial p_0}{\partial x}=0 \tag{4-110}$$

外界光照恒定时,有

$$\frac{\partial n}{\partial t}=0, \qquad \frac{\partial p}{\partial t}=0 \tag{4-111}$$

电场均匀时,有

$$\frac{\partial E}{\partial x}=0 \tag{4-112}$$

光均匀照射整个半导体时,有

$$\frac{\partial \Delta n}{\partial x}=0, \qquad \frac{\partial \Delta p}{\partial x}=0 \qquad (4\text{-}113)$$

对于更多的问题,我们还可以采用分而析之的方法,找出最基本的运动单元,用它们的组合来描述所有运动。这两个基本单元就是多子漂移电流和少子扩散电流。

4.5.2 多子和少子电流

多子漂移电流

只要有电场 $\mathscr{E}$ 存在,就有多子漂移电流。

以 p 型均匀半导体为例,在热平衡态上施加电场 $\mathscr{E}$ 后必定会产生漂移电流。它的结论我们已经知道,为:

$$J=q p \mu_{\mathrm{p}} \mathscr{E}+q n \mu_{\mathrm{n}} \mathscr{E} \qquad (4\text{-}114)$$

p 型半导体中空穴是多子,$p \gg n$,常态下两者相差十多个数量级,所以上式可继续简化为:

$$J \approx q p \mu_{\mathrm{p}} \mathscr{E} \qquad (4\text{-}115)$$

这说明半导体中有多子时漂移电流只由多子承担,故称为多子漂移电流。

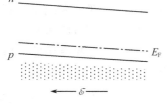

图 4-34 多子漂移
电流的 $E\text{-}x$ 能带图

如图 4-34 所示,半导体中的具体结论都可以在 $E\text{-}x$ 图上直观表示。电场 $\mathscr{E}$ 形成的电势 φ 按 $-q\varphi$ 提高各处能带位置。而费米能级相对能带的位置 $E_{\mathrm{F}}+q\varphi$ 不随 x 变化。所以粒数势 E_{F} 梯度直接由电势梯度即电场决定。它就像高度差作用于水流一样作用于载流子,使电子朝着能带图能量低的方向流动,空穴朝着对电子能量高的地方流动。电场越大,倾斜越强,漂移速度就越快,漂移电流越大。

多子漂移流更重要的意义在于它提供了与热平衡态一样的基准状态。把 $n(x)$ 均布的漂移电流项代入连续性方程就能发现,它对连续性方程没有任何影响。因此把该项作为基准去除后,剩下的 $n(x)$ 分布变化才是方程求解的主要目标。

少子扩散电流

去除多子漂移流后,剩下的部分必定是扩散电流。扩散电流基本是非平衡载流子的运动,可用非平衡载流子写出其连续性方程为:

$$\frac{\partial \Delta n}{\partial t}+\mu \frac{\partial(\Delta n \mathscr{E})}{\partial x}-D \frac{\partial^{2} \Delta n}{\partial x^{2}}=g-\frac{\Delta n}{\tau} \qquad (4\text{-}116)$$

可见扩散电流才是连续性方程开始真正发挥用处的地方。

与多子漂移电流不同,扩散电流中各处的浓度分布不同,不能自动满足电中性条件。所以还要把它分成两种载流子的扩散电流,再与泊松方程联立后才能构成完整的运动方程组。这样一来就使求解变得很复杂,没有普适方法。常常需要借助其他物理的分析,找到足够充分和合理的简化,才能得出实用的结论。

以 p 型均匀半导体为例,假设外界作用在边界 $x=0$ 处注入了浓度 Δn 稳定的非平衡少子电子。因为浓度差异,它会沿着 x 轴开始扩散,一路改变 $n(x)$ 分布。

电子浓度一改变,就会按泊松方程改变电荷密度 Q,产生内建电荷、电场和电势。该内建电场立刻就会引起以多子空穴为主的漂移流,试图中和净电荷,回到电中性状态。多子的弛豫速度极快,因此可忽略多子空穴漂移回到电中性的过程,认为它能紧随少子电子产生近似相同

的浓度分布,时刻维持电中性:

$$\Delta p \approx \Delta n \tag{4-117}$$

一旦多子和少子建立起相同的非均匀浓度分布,就又会引入多子的扩散电流,其目的是抹平这种分布。一旦扩散使多子分布变化,必定又会破坏电中性,回到上一个过程。就这样多子扩散电流和漂移电流通过内建电场在短期内反复较量,结果多子仍保持与少子近似相同的浓度分布,但该浓度分布引起的多子扩散电流与内建电场 $\mathcal{E}$ 引起的多子漂移电流几乎平衡,使得多子电流几乎为零:

$$J_{\mathrm{Dp}} + J_{\mu\mathrm{p}} = -qD_{\mathrm{p}}\frac{\mathrm{d}p}{\mathrm{d}x} + qp\mu_{\mathrm{p}}\mathcal{E} \approx 0 \text{ 由此推得} \longrightarrow \mathcal{E} \approx \frac{D_{\mathrm{p}}}{\mu_{\mathrm{p}}}\frac{\mathrm{d}p}{p\,\mathrm{d}x} = \frac{kT}{q}\frac{\mathrm{d}p}{p\,\mathrm{d}x} \tag{4-118}$$

说几乎为零是因为它并不真的为零,稍后再述。

这个内建电场 $\mathcal{E}$ 既然能产生反向的多子漂移电流,阻碍多子扩散,必定同时也会产生正向的少子漂移电流,变相推动少子扩散。利用 $\Delta p \approx \Delta n$ 和爱因斯坦关系可得到:

$$J_{\mathrm{Dn}} + J_{\mu\mathrm{n}} = -qD_{\mathrm{n}}\frac{\mathrm{d}n}{\mathrm{d}x} + qn\mu_{\mathrm{n}}\mathcal{E}$$

$$\approx -qD_{\mathrm{n}}\frac{\mathrm{d}n}{\mathrm{d}x} + qn\mu_{\mathrm{n}}\frac{kT}{q}\frac{\mathrm{d}p}{p\,\mathrm{d}x} \approx -qD_{\mathrm{n}}\left(1 + \frac{n}{p}\right)\frac{\mathrm{d}n}{\mathrm{d}x} \tag{4-119}$$

说明该内建电场变相将少子扩散系数增大了 $\left(1 + \dfrac{n}{p}\right)$ 倍。当少子浓度 n 远小于多子浓度 p 时可忽略不计,认为少子扩散电流不受内建电场影响,忽略少子漂移电流影响。工程上把这类问题特称为**小注入**。但当非平衡少子注入量很大,同多子浓度可以比拟时,这种影响就不能再忽略,称为**大注入**。

这样的过程将伴随少子扩散过程一路产生。少子一边朝着更远处扩散,一边还在与空穴不断复合,不断转化为多子电流。该多子电流就是每处多子漂移电流和扩散电流平衡后剩下的那一小部分漂移电流,也就是式(4-118)中几乎为零的那部分电流。最终少子在扩散长度 $x = L$ 处复合殆尽,少子和多子的扩散电流一起消失,少子扩散电流全部转化为多子漂移电流。因为扩散区域内没有其他粒数源,$\mathrm{d}n/\mathrm{d}t = 0$,所以总电流是处处连续的,$\mathrm{d}J/\mathrm{d}x = 0$。所有电流都来自 $x = 0$ 处的少子扩散电流,到扩散长度 $x = L$ 处只剩下多子漂移流,在扩散区域的其他位置则由少子扩散电流和多子漂移电流两部分组成:

$$J = J_{\mathrm{Dn}}(0) = J_{\mu\mathrm{p}}(L) = J_{\mathrm{Dn}}(x) + J_{\mu\mathrm{p}}(x) \tag{4-120}$$

可见只要求出少子扩散电流,就可以推得多子漂移电流。

利用这些线索可以推断出能带图的主要特征。如图 4-35 所示,漂移和扩散流本质上都可视为粒数势 E_{F} 下的流动,表示为 $J = qn\mu\mathrm{d}E_{\mathrm{F}}/\mathrm{d}x$。从 E-x 图上看,电场使能带倾斜的 $-q\varphi$ 部分产生漂移流,E_{F} 相对能带倾斜的 $E_{\mathrm{F}} + q\varphi$ 部分产生扩散流。从这些斜率和浓度上可估量电流大小:

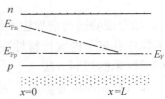

图 4-35 少子扩散电流的 E-x 能带图

$$\frac{J_{\mathrm{Dn}}}{J_{\mu\mathrm{p}}} = \frac{qn\mu_{\mathrm{n}}k_{\mathrm{D}}}{qp\mu_{\mathrm{p}}k_{\mu}}$$

$$k_{\mathrm{D}} = \frac{\mathrm{d}(E_{\mathrm{Fn}} + q\varphi)}{\mathrm{d}x} \tag{4-121}$$

$$k_{\mu} = \frac{\mathrm{d}(-q\varphi)}{\mathrm{d}x}$$

μ_n 和 μ_p 相差一般不多。因为少子电流是逐渐变为多子电流，所以大部分位置上 J_{Dn} 和 $J_{\mu p}$ 数量相仿。于是斜率 k_D 和 k_μ 的比例在数量级上近似于浓度 n 和 p 的比例，即

$$\frac{k_\mu}{k_D} \sim \frac{n}{p} \tag{4-122}$$

因为空穴是多子，$n \ll p$，所以 $k_\mu \ll k_D$，常态下两者差 10 多个数量级。因此能带结构几乎不倾斜，电子准费米能级 E_{Fn} 的倾斜全部由它相对能带结构的 $E_{Fn} + q\varphi$ 倾斜来承担。

这样一来，我们通过各种合理的辅助分析找到两种载流子 4 种电流密切耦合问题的简单结论，把它简化为以求解少子扩散电流为核心的问题。

只考虑扩散电流项后，电流稳定时少子连续方程变为：

$$D \frac{d^2 \Delta n}{dx^2} - \frac{\Delta n}{\tau} = 0 \tag{4-123}$$

该方程的通解为：

$$\Delta n(x) = A e^{-\frac{x}{L_n}} + B e^{-\frac{x}{L_n}}, \quad L_n = \sqrt{D_n \tau_n} \tag{4-124}$$

如果样品足够厚，非平衡载流子在体内已复合消失。则边界条件为：

$$\Delta n(0) = n_0, \qquad \Delta n(\infty) = 0 \tag{4-125}$$

于是得到非平衡少子分布 $\Delta n(x)$ 的特解：

$$\Delta n(x) = \Delta n_0 e^{-\frac{x}{L_n}} \tag{4-126}$$

所有少子的平均位置在：

$$\bar{x} = \frac{\int_0^\infty x e^{-\frac{x}{L_n}} dx}{\int_0^\infty e^{-\frac{x}{L_n}} dx} = L_n \tag{4-127}$$

说明如果它们平均只能存在于 $x = 0$ 到 $x = L_n$ 的范围内，于是 L_n 被称为**扩散长度**。非平衡少子的行为可被描述为，在寿命 τ 时间内走完扩散长度后，被复合干净。按 $L_n = \sqrt{D_n \tau_n}$ 的关系，扩散越快，寿命越长，扩散长度就越大，这再次说明少子扩散电流包含复合运动。如果少子是空穴，同样也有 $L_p = \sqrt{D_p \tau_p}$。

由 $\Delta n(x)$ 解得到少子的总电流密度，它同时也是 $x = 0$ 的最大扩散电流密度：

$$J_n = q D_n \frac{d \Delta n}{dx} \Big|_{x=0} = q D_n \frac{\Delta n_0}{L_n} \tag{4-128}$$

式 (4-128) 表明通过增加注入量 Δn，减小扩散长度 L_n，就能明显增大少子扩散电流。但 L_n 是由晶体中载流子的统计特性决定的，材料不变时，它很难发生剧烈变化。为此人们发现了另一种同样简单的控制方法。

如果样品厚度有限为 W，但是能够设法将到达 $x = W$ 处的非平衡少子全部抽取出来。那么边界条件变为：

$$\Delta n(0) = n_0 \qquad \Delta n(W) = 0 \tag{4-129}$$

此时特解为：

$$\Delta n(x) = \Delta n_0 \frac{\text{sh}[(W-x)/L_n]}{\text{sh}[(W)/L_n]} \tag{4-130}$$

当 $W \ll L_p$ 时，它可近似为

$$\Delta n(x) = \Delta n_0 \frac{(W-x)/L_n}{W/L_n} = \Delta n_0 \left(1 - \frac{x}{W}\right) \tag{4-131}$$

说明非平衡少子浓度呈近似线性分布，于是最大少子扩散流密度为：

$$J_{\mathrm{n}} = qD_{\mathrm{n}} \left. \frac{\mathrm{d}\Delta n}{\mathrm{d}x} \right|_{x=0} = qD_{\mathrm{n}} \frac{\Delta n_0}{W} \tag{4-132}$$

这样就可以通过尽量缩小 W 而显著增大少子扩散电流。

虽然少子本身的浓度很小,但却能通过很大的浓度梯度产生不弱于多子的电流。它们都是电子工程中重要的设计资源。

4.5.3 稳态综合运动

多子漂移和少子扩散问题使我们了解了半导体电流的基本分析思路。在此基础上可以分析更多问题。本节讨论稳态的各种情形。

非均匀半导体的热平衡态

以浅能级掺杂 n 型半导体为例,设施主浓度沿 x 方向呈 $N(x)$ 分布。当其全部电离为多子电子时,初始状态下电子浓度也呈 $n_0(x) = N(x)$ 分布。多子分布不均会产生多子扩散流,一旦扩散又会引入内建电场和多子漂移电流。与少子扩散模型不同的是,这里的多子浓度差异不是伴随少子注入产生的,而是直接由掺杂浓度分布产生的,它不能由少子扩散电流代为分析。因此必须要考虑泊松方程的影响:

$$-\frac{\mathrm{d}\mathscr{E}}{\mathrm{d}x} = \frac{\mathrm{d}^2\varphi}{\mathrm{d}x^2} = -\frac{Q}{\varepsilon} \approx -\frac{qN - qn}{\varepsilon} \tag{4-133}$$

连续性方程为:

$$D_{\mathrm{n}} \frac{\mathrm{d}^2 n}{\mathrm{d}x^2} + \mu_{\mathrm{n}} \frac{\mathrm{d}(n\mathscr{E})}{\mathrm{d}x} = 0 \qquad D_{\mathrm{p}} \frac{\mathrm{d}^2 p}{\mathrm{d}x^2} - \mu_{\mathrm{p}} \frac{\mathrm{d}(p\mathscr{E})}{\mathrm{d}x} = 0 \tag{4-134}$$

它仍然是个较复杂的问题,有几种常见情形可以简化求解。一种是 $Q = 0$ 的情形,在下文分析。还有一种是通过其他分析已知 Q 分布的情形,留到第 5 章 pn 结中介绍。

$Q = 0$ 说明处处没有净电荷,处处电中性。因此有:

$$n(x) = N(x) \qquad p(x) = \frac{n_{\mathrm{i}}^2}{N(x)} \tag{4-135}$$

这已经是浓度 n 的解。接下来再求解速度 v 和电流 J。

热平衡时多子扩散电流必定等于多子漂移电流,因此有:

$$J_{\mathrm{n}} = qD_{\mathrm{n}} \frac{\mathrm{d}n}{\mathrm{d}x} + qn\mu_{\mathrm{n}}\mathscr{E} = 0 \tag{4-136}$$

方程(4-136)实际上是未代入连续性方程前的受力运动方程,它是连续性方程成立的充分条件。将浓度 $n = N$ 代入即可求出内建电场 $\mathscr{E}$ 和电势 φ:

$$\mathscr{E} = -\frac{D_{\mathrm{n}}}{\mu_{\mathrm{n}}} \frac{\mathrm{d}n}{n\,\mathrm{d}x} = -\frac{kT}{q} \frac{\mathrm{d}N}{N\,\mathrm{d}x}, \qquad \varphi = \frac{kT}{q}\ln N + C \tag{4-137}$$

$Q = 0$ 的假设要求 $\mathrm{d}N/(N\mathrm{d}x)$ 为常数,它的通解即为指数级分布的 $N(x) \sim \mathrm{e}^x$。只有这种不均匀分布下才会呈现处处电中性的结果。其他形式的不均匀分布都会引入空间电荷和内建电场。

因为掺杂浓度趋于均匀时,内建电势 φ 被约定为 0。因此,用均匀半导体的多子浓度 n 公式可确定系数 C,求得内建电势分布:

$$\varphi = \frac{kT}{q}\ln \frac{N(x)}{N_{\mathrm{c}}} \tag{4-138}$$

当 $N(x)$ 按指数级分布时,它必定呈线性分布。

最后可以把这些结论表示在 E-x 能带图上（见图 4-36）。$N(x)$ 呈指数级分布时，体内无内建电荷 Q，内建电势 φ 线性分布，按 $-q\varphi$ 分布使能带倾斜。每处载流子在 $-q\varphi$ 梯度驱动下产生漂移运动，在 $E_F + q\varphi$ 梯度驱动下产生扩散运动，热平衡时两者相互抵消，E_F 齐平，体内无电流。

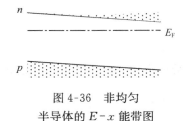

图 4-36　非均匀
半导体的 E-x 能带图

电场下小注入

电场下小注入可以包含很多具体情形。例如，非均匀半导体内建电场下的小注入，均匀半导体注入程度较大引起内建电场作用不可忽略时的小注入，外电场下的小注入，等等。

为了简化分析，这里假设内建电场已知且均匀分布，$\mathrm{d}\mathscr{E}/\mathrm{d}x = 0$，则 p 型半导体少子小注入的连续性方程为：

$$D_n \frac{\mathrm{d}^2 \Delta n}{\mathrm{d}x^2} + \mu_n \mathscr{E} \frac{\mathrm{d}\Delta n}{\mathrm{d}x} - \frac{\Delta n}{\tau_n} = 0 \tag{4-139}$$

在 $\Delta n(0) = \Delta n_0$ 边界条件下其特解为：

$$\Delta n(x) = \Delta n_0 \mathrm{e}^{-\frac{x}{L_n}}$$

$$L_n = \frac{2(\sqrt{D_n \tau_n})^2}{\sqrt{4(\sqrt{D_n \tau_n})^2 + (\mu_n \mathscr{E} \tau_n)^2} - \mu_n \mathscr{E} \tau_n} \tag{4-140}$$

式中 $\mu_n \mathscr{E} \tau_n$ 为电子在平均寿命内漂移的距离，常称为**牵引长度**。

当电场弱时，$\mu_n \mathscr{E} \tau_n \ll \sqrt{D_n \tau_n}$，$L_n \approx \sqrt{D_n \tau_n}$，与前文结论一致。

当电场较强且其漂移电流与扩散电流同向时，利用小量近似有：

$$L_n \approx \mu_n \mathscr{E} \tau_n \gg \sqrt{D_n \tau_n} \tag{4-141}$$

式（4-146）说明此时电场会显著增大有效扩散长度，削弱扩散电流。由该式推知少子总电流为：

$$J_n \big|_{x=0} \approx q D_n \frac{\Delta n_0}{L_n} + q(n + \Delta n_0)\mu_n \mathscr{E} \sim C_1 \frac{1}{\mathscr{E}} + C_2 \mathscr{E} \tag{4-142}$$

可以看出，当同向电场按倒数关系削弱扩散电流时，它引起的漂移电流却在线性增强。这使得少子总电流最终还是会随着电场增大。如果仍把此时总电流不严格地看作少子扩散电流，那么同向电场会变相增强少子扩散作用。

当电场较强且其漂移电流与扩散电流反向时：

$$L_n \approx \frac{D_n}{\mu_n |\mathscr{E}|} = \frac{kT}{q |\mathscr{E}|} \tag{4-143}$$

说明此时电场会显著减小有效扩散长度，增强扩散电流。但此时少子总电流为：

$$J_n \big|_{x=0} \approx q D_n \frac{\Delta n_0}{L_n} + q(n + \Delta n_0)\mu_n \mathscr{E}$$

$$\approx q D_n \Delta n_0 \frac{q |\mathscr{E}|}{kT} - q(n + \Delta n_0)\mu_n |\mathscr{E}| = -q n \mu_n |\mathscr{E}| \tag{4-144}$$

说明反向电场在增强扩散电流的同时，它引起的漂移电流却在反方向按变得更强，直至完全抵消非平衡少子的扩散电流，只剩下多子漂移电流。因此反向电场会阻碍少子扩散作用。

在了解了这些原理后，人们开始有意识地在半导体工艺中引入非均匀掺杂，用掺杂浓度梯度控制内建电场，再用内建电场加强或阻碍少子的扩散电流。例如，在 npn 双极结型晶体管中，在 n 型衬底表面掺入受主杂质，形成补偿掺杂后的 p 型基区，然后在 p 型基区表面再掺入施主杂质，形成二次补偿后的 n 型发射区，如图 4-37 所示。掺杂工艺使各区载流子浓度分布不均匀，引起内建电场。基区载流子以扩散电流为主，它的内建电场会显著加速少子电子的扩散，提高器件的工作频率。

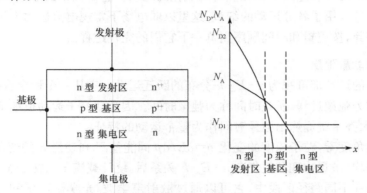

图 4-37　双极结型晶体管中由非均匀掺杂引起的内建电场

大注入

大注入时，非平衡少子浓度很高，与多子浓度相仿。这时候区分少子和多子已经没有意义，两种载流子的 4 种电流在外加电场 $\mathscr{E}_0$、内建电场 $\mathscr{E}$、浓度梯度 $\mathrm{d}n/\mathrm{d}x$ 的综合作用下形成错综复杂的运动。以一维情况为例，电流稳定连续时，完整的运动方程组为：

$$D_\mathrm{n}\frac{\mathrm{d}^2\Delta n}{\mathrm{d}x^2}+\mu_\mathrm{n}(\mathscr{E}_0+\mathscr{E})\frac{\mathrm{d}\Delta n}{\mathrm{d}x}+\mu_\mathrm{n}\Delta n\frac{\mathrm{d}(\mathscr{E}_0+\mathscr{E})}{\mathrm{d}x}-\frac{\Delta n}{\tau_\mathrm{n}}=0$$

$$D_\mathrm{p}\frac{\mathrm{d}^2\Delta p}{\mathrm{d}x^2}-\mu_\mathrm{p}(\mathscr{E}_0+\mathscr{E})\frac{\mathrm{d}\Delta p}{\mathrm{d}x}-\mu_\mathrm{p}\Delta p\frac{\mathrm{d}(\mathscr{E}_0+\mathscr{E})}{\mathrm{d}x}-\frac{\Delta p}{\tau_\mathrm{p}}=0$$

$$-\frac{\mathrm{d}\mathscr{E}}{\mathrm{d}x}=\frac{\mathrm{d}^2\varphi}{\mathrm{d}x^2}=-\frac{qp+qN_\mathrm{D}-qn-qN_\mathrm{A}}{\varepsilon} \tag{4-145}$$

理论上给出两种载流子 4 个边界条件，以及一个零电场边界条件后就能求出方程组(4-145)的解。但其普遍解过于复杂且不具代表性，故不进行讨论。

只是定性地看，连续性方程从形式上可简化为一种方程：

$$D\frac{\mathrm{d}^2\Delta n}{\mathrm{d}x^2}\pm\mu\mathscr{E}\frac{\mathrm{d}\Delta n}{\mathrm{d}x}-\frac{\Delta n}{\tau}=0 \tag{4-146}$$

这正是前文讨论的电场下注入模型，因此结论形式也一样。随着注入浓度的增大，总电场也会随着非平衡载流子浓度的梯度而增大。它会不断削弱少子的扩散电流，增强其漂移电流和总电流，减小少子与多子准费米能级间的斜率差距。直到最后少子也变为多子，少子扩散电流全都变为漂移电流，准费米能级与能带结构斜率相同，两种载流子浓度稳定均匀分布，只剩下两种载流子的漂移流为止，如图 4-38 所示。

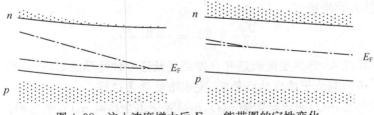

图 4-38　注入浓度增大后 E-x 能带图的定性变化

4.5.4　瞬态综合运动

瞬态运动是浓度 n 和速度 v 都在随时间变化的运动。它是真正的电流"运动"。

前文已在多处介绍了各分运动的细节,这里以弱电场下常规电流运动为例,把两种载流子的运动结合在一起,按逻辑和时间顺序浏览一下它们的完整过程。

动量弛豫和能量弛豫

载流子所有的运动都可视为 $n-E-k$ 分布的跃迁运动。它从一个稳定状态到另一个稳定状态的过程就称为弛豫过程,所花时间称为弛豫时间。因为载流子运动很细微,所以从宏观角度考虑问题时,大都希望提炼出弛豫时间作为整个运动的特征。

从宏观经典角度看,粒子速度的变化 $v=dE/dp$ 同能量 E 和动量 p 的变化对应。

考虑统计平均、微观物理和更复杂 $n-E-k$ 关系后,统计载流子从初始态变到目标态时有许多路径可走。在不同路径区段中,它可以通过散射声学波/光学波声子和光子,使 $E-k$ 态发生不同变化,从而使其能量 E 和动量 p 经历不同的变化过程。因此,完整的弛豫过程被分为能量 E 的弛豫过程和动量 p 的弛豫过程,分别花费能量弛豫时间和动量弛豫时间。这两种时间差异显著时会带来非经典的效应。例如,动量弛豫时间较短时载流子会先改变动量,使它在这段时间内的平均速度 $v=dE/dp$ 会比等到能量弛豫时间结束后的 dE/dp 更大,产生速度过冲效应。

速度弛豫

近经典载流子仍然符合经典结论,所以它的能量-动量弛豫过程可由速度弛豫过程统一反映。

给定温度 T 下施加弱电场后,它在很短的带内跃迁时间内改变载流子的速度 v,使其产生漂移电流。因为从加电场 $\mathscr{E}$ 到速度 v 达到稳定的弛豫过程很快,所以 μ 也被看作常量,载流子速度变化 $v(t)$ 只由 $\mathscr{E}(t)$ 决定:

$$J_\mu(t)=qnv(t)=qn\mu\mathscr{E}(t) \tag{4-147}$$

该形式既是稳态结论也是瞬态结论。

如果半导体结构不均匀和/或电场不均匀,那么不同位置浓度 $n(x)$ 分布也会不均匀。它也会在很短的带内跃迁时间内改变载流子速度,使其产生稳定扩散电流:

$$J_D=-qD\frac{\partial n(t)}{\partial x}=qn\mu\left[\frac{-kT}{qn(t)}\frac{\partial n(t)}{\partial x}\right] \tag{4-148}$$

同理,可忽略很短的 $D(t)$ 弛豫过程,认为 D 是常量,载流子速度变化只由 $n(t)$ 决定。

浓度弛豫

除了能量-动量和速度外,粒子的总粒数 N/浓度 n 也会发生变化,体现为浓度的弛豫过程,由粒数连续性方程来描述:

$$\frac{\partial n}{\partial t}+\frac{\partial(nv)}{\partial x}=g-\frac{n-n_0}{\tau} \tag{4-149}$$

浓度弛豫受到外界注入,外界受激跃迁和自发回复跃迁三种运动的影响,分别体现为方程中的后三项。三者平衡后载流子浓度达到稳定,完成浓度弛豫过程。

从上述各式可见,$n(t)$ 变化会影响 $v(t)$,$v(t)$ 变化也会影响 $n(t)$,两者相互影响,最终都达到稳定时才算弛豫结束。因此连续性方程和受力运动方程共同描述了统计粒子普遍遵循的瞬态弛豫过程。

多子介电弛豫

介电弛豫是荷电粒子特有的弛豫过程。电磁场使荷电粒子运动获得速度 v,电荷运动又会产生电磁场,两者相互作用变化到两者状态都稳定的过程就是介电弛豫过程,所花时间为介电弛豫时间。

它的完整运动规律由电磁场方程描述。但因为下文将要叙述的原因,它常常可简化为只考虑静电场的泊松方程,即

$$-\frac{\partial \mathscr{E}}{\partial x}=\frac{\partial^2 \varphi}{\partial x^2}=-\frac{Q}{\varepsilon}=-\frac{qp+qN_{\mathrm{D}}-qn-qN_{\mathrm{A}}}{\varepsilon}=-\frac{q\Delta p-q\Delta n}{\varepsilon} \qquad (4\text{-}150)$$

因为电荷密度的稳定等同于载流子浓度 n 的稳定,电磁场的稳定等同于载流子浓度 n 和速度 v 的稳定,所以电磁场方程/泊松方程是另一组影响 $n(t)$ 与 $v(t)$ 耦合关系的运动方程。具体来说,就是 $n(t)$ 变化引起净电荷密度 $Q(t)$ 变化,$Q(t)$ 变化引起内建电场 $\mathscr{E}(t)$ 变化,$\mathscr{E}(t)$ 变化引起速度 $v(t)$ 变化,$v(t)$ 变化后又引起 $n(t)$ 变化。

以电中性为判据可以定性评估介电弛豫的弛豫时间。设载流子浓度 n 不变,只靠内建电场 $\mathscr{E}$ 引入的速度 v 来中和单位截面 $\mathrm{d}x$ 范围内浓度为 Q 的净电荷,则需要花费时间:

$$\tau=\frac{Q\mathrm{d}x}{\mathrm{d}J}=\frac{Q\mathrm{d}x}{qn\mathrm{d}v}=\frac{Q\mathrm{d}x}{qn\mu\mathrm{d}\mathscr{E}}=\frac{\varepsilon}{qn\mu} \qquad (4\text{-}151)$$

介电常数 ε 和迁移率 μ 都是常量,因此介电弛豫时间只与载流子浓度 n 相关。多子浓度常比少子高十几个数量级,因此多子介电弛豫时间极短,而少子介电弛豫时间很长。这意味着以达成电中性为目的的介电弛豫运动必定是由多子而不是少子来完成的,而且该过程可视为瞬间完成。这就是少子扩散电流模型中用到的假设。

多子在瞬间达成电中性起到了诸多的效果。第一,少子不用考虑介电弛豫。第二,小注入下多子浓度总是紧随少子浓度变化。第三,除了最平凡的多子漂移电流外,其他所有场合下多子的普通 n-v 弛豫和介电弛豫一定是并生的,可合称为多子介电弛豫。第四,因为多子弛豫时间很短,所以在这段时间内实际发生的各种瞬态的电荷-电流-电场-磁场耦合运动都可以不予关注,这样净电荷密度 Q 只由不动的空间电荷和变化速度缓慢的少子浓度来改变,电磁场方程可化简为准静态的泊松方程。

在此认识基础上可以更清楚地理解少子小注入的动态过程。

以少子空穴注入为例。空穴注入后立刻破坏电中性,出现空间净正电荷。它同时可能从两个方面吸引电子过来中和它。体现在图 4-39 中,一种是价带电子向左移动,它等效于少子空穴的介电弛豫;另一种是吸引导带电子向左移动,这就是多子介电弛豫。因为多子的介电弛豫时间远小于少子,所以实际的中和过程总是由导带电子来完成。无论价带空穴分布怎么变

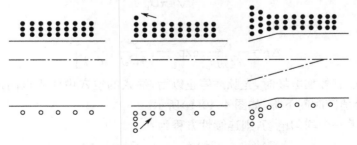

图 4-39　电中性影响载流子分布的示例

化,多子电子总是能紧随其建立相同浓度分布,以近似维持电中性。多子一旦浓度不均就会自发扩散,一扩散又破坏电中性。但因为多子介电弛豫很快,所以它立刻建立起内建电场,用向左的漂移电流补充向右的扩散电流,使各处既保持电中性,又能维持住和少子相同的浓度分布。少子和多子一路保持相同分布,一路扩散和复合,少子扩散流不断转化为多子漂移流。外界稳定注入少子时,在扩散区最终能形成稳定电流,在扩散区末以多子漂移流流出。

少子弛豫

既然多子总是伴随少子而运动,少子弛豫才是电流运动的真正的主角。

多子行为单一,行动迅速,它的过程太平凡太短被移除。少子行为丰富,行动缓慢,围绕它有很多运动细节可以分析。想象一瓶水倒入大海,海平面会瞬间齐平。但如果把它倒在水平的干地上,水流淌开来就要花时间,这是少子电流消逝时间。倒在倾斜的地面上,水从一侧流到另一个侧需要时间,这是少子渡越时间。持续地倒在平地上,水形成稳定流动需要时间,这是少子弛豫时间。

这里以少子电流消逝时间为例展示少子弛豫的分析过程。

在一块均匀的 N 型半导体材料中,用很短暂的外场,例如光或电脉冲信号,引入一定量的非平衡少子空穴,脉冲停止后考察这部分空穴的运动情况。此时连续性方程为:

$$\frac{\partial \Delta p}{\partial t} = D_p \frac{\partial^2 \Delta p}{\partial x^2} - \frac{\Delta p}{\tau_p} \tag{4-152}$$

假设这个方程的解具有如下形式

$$\Delta p = f(x,t) e^{-\frac{t}{\tau_p}} \tag{4-153}$$

将它代入连续性方程,得到

$$\frac{\partial f(x,t)}{\partial t} = D_p \frac{\partial^2 f(x,t)}{\partial x^2} \tag{4-154}$$

这是一维热传导方程的标准形式。若 $t=0$ 时,过剩空穴只局限于 $x=0$ 附近的很窄的区域内,则解为

$$f(x,t) = \frac{B}{\sqrt{t}} e^{-\frac{x^2}{4D_p t}} \tag{4-155}$$

式中 B 是常数。将上式代入式(4-153),得到

$$\Delta p = \frac{B}{\sqrt{t}} \exp\left[-\left(\frac{x^2}{4D_p t} + \frac{t}{\tau_p} \right) \right] \tag{4-156}$$

上式对 x 从 $-\infty$ 到 ∞ 积分后,再令 $t=0$,就得到单位面积上产生的空穴数 N_p,因此有

$$B = \frac{N_p}{\sqrt{4\pi D_p}} \tag{4-157}$$

最后得到

$$\Delta p = \frac{N_p}{\sqrt{4\pi D_p t}} \exp\left[-\left(\frac{x^2}{4D_p t} + \frac{t}{\tau_p} \right) \right] \tag{4-158}$$

式(4-158)表明,没有外加电场时,光脉冲停止以后,注入的空穴由注入点向两边扩散,同时不断发生复合,其峰值随时间下降,如图 4-40(b)所示。

如果样品加上一个均匀电场,则连续性方程为:

$$\frac{\partial \Delta p}{\partial t} = D_p \frac{\partial^2 \Delta p}{\partial x^2} - \mu_p |\mathscr{E}| \frac{\partial \Delta p}{\partial x} - \frac{\Delta p}{\tau_p} \tag{4-159}$$

令 $x'=x-\mu_p|\mathscr{E}|t$,并假设 $\Delta p=f(x',t)e^{-\frac{t}{\tau_p}}$,把它代入上式,左边等于

$$\left[\frac{\partial f(x',t)}{\partial t}-|\mathscr{E}|\mu_p\frac{\partial f(x',t)}{\partial x'}\right]e^{-\frac{t}{\tau_p}}-\frac{1}{\tau_p}f(x',t)e^{-\frac{t}{\tau_p}} \tag{4-160}$$

于是得到

$$\frac{\partial f(x',t)}{\partial t}=D_p\frac{\partial^2 f(x',t)}{\partial x'^2} \tag{4-161}$$

这说明 $f(x',t)$ 也服从同样的方程。因此其解与 $f(x,t)$ 形式上完全相同。因而可以得到

$$\Delta p=\frac{N_p}{\sqrt{4\pi D_p t}}\exp\left[-\frac{(x-\mu_p|\mathscr{E}|t^2)}{4D_p t}-\frac{t}{\tau_p}\right] \tag{4-162}$$

式(4-162)表明,加上外电场时,光脉冲停止后,整个非平衡载流子的"包"以漂移速度 $\mu_p|\mathscr{E}|$ 向样品的负端运动。同时,也像不加电场时一样,非平衡载流子要向外扩散并进行复合。这种情形如图 4-40(c)所示。

这个例子的实用价值在于,它通过一次实验,引起产生、复合、漂移、扩散等各种运动,使其运动形式与迁移率 μ、扩散系数 D,少子寿命 τ,扩散长度 L 等各种重要的物理参数都有直接联系,为这些物理量的测量提供基础。利用图 4-40(a)所示的实验装置,只要测出扫描脉冲和被测脉冲之间的时间间隔,就可以通过外加电场 $\mathscr{E}$ 和半导体长度算出迁移率 μ。而通过观察被测脉冲的波形展开情况,还可以了解到少子寿命的信息。

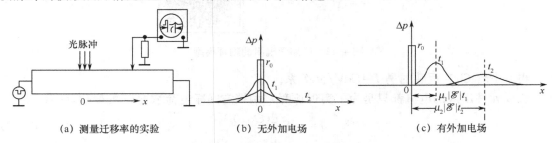

(a) 测量迁移率的实验　　(b) 无外加电场　　(c) 有外加电场

图 4-40　非平衡载流子的脉冲光注入

电路学电流

在给定电场 $\mathscr{E}$ 下,浓度 n 和速度 v 的瞬态运动最终都体现为电流密度 $J=qnv$、电流 $I=SJ$ 的瞬态运动。以电流 I 和电势 φ 的变化为宏观观测对象,就形成我们熟知的电路学理论。

以 $V\text{-}R\text{-}L\text{-}C$ 电路为例,电路学理论有以下几个前提假设:

(1) 电路学中的电势 φ 只计算静电场 $\mathscr{E}$ 的电势,不包含无序部分的 $\varphi_F-\varphi$,习惯将电势 φ 称作电压 V。

(2) 电路学电流方向与物理电流是相反的。正 x 向电压 V 下,负 x 向流入的电流才是电路学的正向电流 I。

(3) 器件两端电流 I 相等。对于无源器件,从连续性方程上看无源项时 $dn/dt=-dJ/dx=0$,因此电流不随 x 变化。有源器件很难相等,例如上例中光照下的少子电流就不是处处相等,但此时它的源项 dn/dt 会被等效为电压源或者电流源器件,使电路中所有器件端口电流总是相等。我们看到电路的 x 空间结构时很容易认为电流 I 也在 x 空间分布,实际上它只随 t 变化,不随 x 变化。

在此基础上就能分析每种经典电路概念的物理来源。以下都以等截面 S 内均匀分布的电流来简化分析。

先看电阻 R,它反映 $V=RI$ 的关系。

如果外加电压 V 只引起多子漂移流变化,或者说只关注它变化中的多子漂移流部分,那么按上述符号约定,它应满足:

$$\frac{I}{S}=J=-qnv=qn\mu\frac{\mathrm{d}V}{\mathrm{d}x} \tag{4-163}$$

因此有:

$$\mathrm{d}V=I\mathrm{d}R \qquad \mathrm{d}R=\rho\frac{\mathrm{d}x}{S} \qquad \rho=\frac{1}{\sigma} \qquad \sigma=qn\mu \tag{4-164}$$

这就是电路学的欧姆定律。式(4-164)微观上解释了电阻 R,电导率 σ 和电阻率 ρ 的机制。电导率 σ 形式上与 n 和 μ 正相关,比较常用。它落实到电子和空穴上后变为:

$$\sigma=qn\mu_{\mathrm{n}}+qp\mu_{\mathrm{p}} \tag{4-165}$$

因为电路学中电压 V 只是静电势 φ,所以当把无序部分 $\varphi_{\mathrm{F}}-\varphi$ 的影响也考虑进去后,它会将原来按变相改变元件电阻的状况改变。φ_{F} 是随浓度 n 变化的量,没有简单的普适规律。因此,电子器件如果不是被特别设计为电阻,一般不用恒定电阻 R 的概念,而用 I-V 关系来描述,如图 4-41 所示。

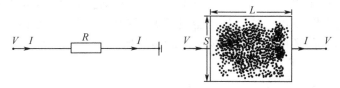

图 4-41 电路学电阻的物理模型

再看电容 C,它反映的是 $I=C\mathrm{d}V/\mathrm{d}t$ 关系。

假设元件出入的电流都只是为了实现长度 L 两端空间净电荷浓度 Q 的变化,就有:

$$I=-S\frac{\mathrm{d}(Q\mathrm{d}x)}{\mathrm{d}t} \tag{4-166}$$

按泊松方程这些净电荷密度 Q 的变化会使电场 $\mathscr{E}$ 和电压 V 变化:

$$-\frac{\mathrm{d}V}{L}=\mathrm{d}\mathscr{E}=\frac{Q\mathrm{d}x}{\varepsilon} \tag{4-167}$$

如果初始状态时空间没有净电荷,那么这些电荷必定全部是由外电压 V 引起的,从而得到:

$$I=C\frac{\mathrm{d}V}{\mathrm{d}t} \qquad C=\frac{\varepsilon S}{L} \tag{4-168}$$

这就是电容 C 的定义,这个模型也是我们熟悉的平板电容器模型。

用电容和电导率的定义来看介电弛豫时间,发现它可等效为:

$$\tau=\frac{\varepsilon}{qn\mu}=\frac{S}{S}\frac{\mathrm{d}x}{\mathrm{d}x}\frac{\varepsilon}{qn\mu}=\frac{\varepsilon S\rho}{\mathrm{d}x}\frac{\mathrm{d}x}{S}\sim RC \tag{4-169}$$

这正是把空间净电荷视为等待充/放电电容上的电荷的充/放电时间,说明介电弛豫过程可以视为以消除净电荷为目的的充放电过程。

电路学电容的物理模型如图 4-42 所示。当电容器在初始状态就已经积累起净电荷时,不用外加电压,它们就已经建立起内电场和内电势 φ。这就是电源的模型。当电源与外界连通时,在两端电势差驱动下,载流子从一端通过外界回路流到另一端,直至电势差抹平。如果电源电容 C 很大,初始时积累净电荷很多,而外界电阻 R 又不够小,那么流至电势差抹平的弛豫时间 $\tau=RC$ 就很大,对电池来说这就是它的工作寿命。短路可以提供很小的 R 和 τ,很快把电势差抹平。给电源加同向电压可为其充电,继续增加净电荷的浓度。

除了电势 φ 外，统计粒数势 $\varphi_F - \varphi$ 也有对应的电容。但它不反映净电荷变化，而只反映载流子浓度的变化。载流子浓度变化本质上也是电荷量的变化，只不过它不体现为净电荷。为了改变载流子浓度分布的差异需要额外的载流子，它们的出入运动就形成该电容的充放电电流。只要器件工作时有浓度分布变化就会产生这类电容，因而它在器件理论中十分普遍，具体参见第 5 章的介绍。

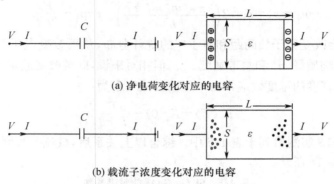

(a) 净电荷变化对应的电容

(b) 载流子浓度变化对应的电容

图 4-42　电路学电容的物理模型

再看电感 L，它反映 $V = L dI/dt$ 的关系。

从广义上说，因为 $I = -Sqnv$，所以 dI/dt 必定体现为 vdn/t 和/或 ndv/dt。所有与这些速率线性相关的外界作用都可能体现为电感。狭义上的电感特指载流子运动引入的电磁感应作用。从宏观上说，外电场使载流子变速运动后，变化的电流会产生变化的磁场，变化的磁场反过来产生反向变化的电场和电势，来阻碍电流的变化。

从微观上说，载流子变速运动后会与更多的光子/声子发生碰撞和相互作用，改变平均自由时间 τ，从而改变迁移率 μ，电阻率 ρ 和速度 v。如果仍认为载流子气电阻率不变，那么被改变的速度 v 可变相地视为一种额外电势作用下的结果，这就是自感应电势，用自感 L 按 $\Delta V = L d\Delta I/dt$ 关系可描述它的强度。所有电流变化本质上都会产生自感，但把导线绕成圈后，因为每个微元上的电磁感应结果可以同向叠加，所以会体现得特别明显。电路学电感的物理模型如图 4-43 所示。

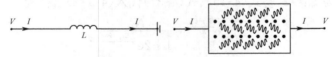

图 4-43　电路学电感的物理模型

载流子的运动规律是由微观互作用机制决定的，有着许多经典情形下难以想象的运动方式。它们不仅能体现为电阻 R，电容 C 和电感 L，还能呈现更多更细节的 $I\text{-}V$ 关系。但其中与每个载流子最基本的运动规律有关，能以大量载流子同相位叠加方式得以增强为宏观行为的只有上述三种方式。这也是只用等效 $R\text{-}L\text{-}C$ 就能描述大多数元件的 $I\text{-}V$ 关系并建立电路学的原因。

4.5.5　温度和强电场效应

前文分析的一直是给定温度和弱电场假设时的情形，接下来将讨论温度变化和强电场时的情形，它们在实际工作中的应用也很普遍。

n - T 关系

温度 T 能从多个角度显著影响载流子的浓度 n。

首先,它能显著改变热平衡时的最概然费-狄分布 $f(E)$,从而按式(4-15)、式(4-16)和式(4-27)关系决定本征半导体的 n - T 关系,即

$$n_0 = p_0 = n_i = 2\left(\frac{2\pi \sqrt{m_n^* m_p^*}\, kT}{h^2}\right)^{3/2} \exp\left(-\frac{E_g}{2kT}\right) \tag{4-170}$$

其次,温度也会改变原子核间距和声子气的统计分布,从而改变电子气的能带结构,即态密度 $g(E)$,从而影响质量 m^* 和禁带宽度 E_g。但相对来说,此类改变通常不太显著,可以经验公式表示。如禁带宽度的温度效应常由半经验公式表示为:

$$E_g(T) = E_g(0) - \frac{\alpha T^2}{T + \beta} \tag{4-171}$$

Si、Ge、GaAs 的 α 和 β 实测值列于表 4-5 中。综合以上关系后,载流子浓度 n 与温度 T 基本呈倒指数关系,如图 4-14 所示。

表 4-5 Si、Ge、GaAs 的禁带参数

参　　数	Si	Ge	GaAs
α	4.73×10^{-4} eV/K	4.774×10^{-4} eV/K	5.405×10^{-4} eV/K
β	636K	235K	204K
$E_g(0)$	1.17 eV	0.74 eV	1.52 eV
$E_g(T=300K)$	1.12 eV	0.66 eV	1.42 eV

对掺杂半导体而言,温度还能通过影响杂质电离程度来显著改变载流子浓度。4.2.2 节仅讨论了常温强电离假设下的情形,此时载流子浓度 n 只由掺杂浓度 N 决定,与温度无关。但某些情形却非如此。

极低温时,杂质电子无法获得足够热能强电离,称作低温弱电离,$n_D^+ \ll N_D$。本征热激发的载流子极少,可以忽略,$n_0 \approx n_D^+$,$p_0 \approx 0$。因此约束条件可写作:

$$n_0 = n_D^+ \qquad p_0 = 0 \tag{4-172}$$

取杂质能级简并度为 $g_D = 2$,将式(4-15)、式(4-37)代入(4-172)后得到:

$$N_c e^{\frac{E_c - E_F}{kT}} = \frac{N_D}{1 + 2e^{-\frac{E_D - E_F}{kT}}} \tag{4-173}$$

因为 $n_D^+ \ll N_D$,此时必有 $E_F - E_D \gg kT$,所以上式右边分母可简化为 2,由此得到:

$$E_F = \frac{1}{2}(E_c + E_D) + \frac{1}{2}kT\ln\left(\frac{N_D}{2N_c}\right) \tag{4-174}$$

代入式(4-15),推出:

$$n_0 = \sqrt{\frac{N_c N_D}{2}}\, e^{-\frac{\Delta E_D}{2kT}} \tag{4-175}$$

较低温时,仍然弱电离,但本征热激发载流子不可忽略。约束条件写作:

$$n_0 = p_0 + n_D^+ \tag{4-176}$$

展开为:

$$N_c e^{\frac{E_c - E_F}{kT}} = N_V e^{-\frac{E_F - E_v}{kT}} \frac{N_D}{1 + 2e^{-\frac{E_D - E_F}{kT}}} \tag{4-177}$$

从中可求得费米能级 E_F 及载流子浓度 n_0 和 p_0。情况不够简化时没有简单的解析解。

较高温时，杂质强电离，$n_D^+ \approx N_D$，本征热激发的载流子明显增多，相对杂质电离的载流子来说不可忽略。此时约束条件为：

$$n_0 = p_0 + N_D \tag{4-178}$$

联立式(4-30)的热平衡载流子浓度积，可求得：

$$n_0 = \frac{N_D + (N_D^2 + 4n_i^2)^{1/2}}{2} = \frac{N_D}{2}\left[1 + \left(1 + \frac{4n_i^2}{N_D^2}\right)^{1/2}\right]$$

$$p_0 = \frac{n_i^2}{n_0} = \frac{2n_i^2}{N_D}\Big/\left[1 + \left(1 + \frac{4n_i^2}{N_D^2}\right)^{1/2}\right] \tag{4-179}$$

因为 N_D 已知，所以这里能用浓度积简化求解。低温时 n_D^+ 未知，没法这么做。

高温时，本征热激发载流子剧增，远远多于杂质电离载流子，$n_D^+ \gg N_D$，于是又回到本征热激发情形。掺杂浓度越低越容易回到本征热激发。按图 4-14，杂质浓度为 $10^{10}/\mathrm{cm}^3$ 的 n 型 Si 只需室温就能使本征热激发占据主导地位。而对杂质浓度为 $10^{16}/\mathrm{cm}^3$ 的 n 型 Si 则需 800K 以上。

将上述结果画在一起就得到掺杂半导体完整温度范围内的 n-T 关系，如图 4-44 所示。图中的饱和区就是前文所说的日常情形，饱和指载流子浓度 n 几乎不随温度 T 变化。因为该区能最精确地控制载流子浓度，所以我们希望半导体工作这个区域。但半导体尤其功率半导体很容易因为发热而进入本征区。由于禁带宽度越大，本征载流子越少，进入本征区所需温度越高，因此功率器件常选择宽禁带半导体作器件材料。

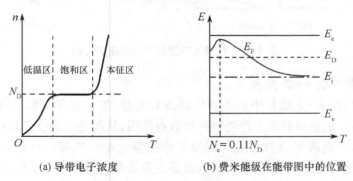

(a) 导带电子浓度　　　　(b) 费米能级在能带图中的位置

图 4-44　不同温度下 N 型 Si 中的电子浓度和费米能级

晶格振动散射下的 τ-T 关系

温度 T 还会显著影响单元物理的两个全域量，即自由时间 τ 和热速度 v_T。温度 T 对热速度 v_T 的影响已在前文中说明，这里专述对自由时间 τ 的影响。

因为电子气与光子气/声子气是耦合互补的，所以温度 T 是同时施加在这所有统计体上的，它的完整作用要从这些统计体的相互作用角度来理解。先看最普遍的影响。

绝对零度时，光子和声子数量为零，电子已经排到费米能级 E_F 位置。温度 T 上升后，声子和光子数逐渐增加，电子通过与它们相互作用而改变其统计分布。但从图 4-45 的 E-k 图上看，光子 k 小 E 大，电子吸/辐/散射光子几乎只能垂直跃迁，对电流贡献很小。声子分布的 E-k 范围大，电子吸/辐/散射声子后能跃迁到的态更广泛，它们尤其覆盖了电子显著改变 k 产生漂移速度 v 的那些运动。因此声子对电子的散射是最普遍的作用，它决定了电子气完整的 n-E-k 分布。因为声子就是晶格振动波的波粒，所以这种散射常被称为晶格振动散射。

在这种机制下,温度越高,声子数越多,激励电子在相同 E 不同 k 之间跃迁的跃迁时间越短,自由时间 τ 越短。其中较简单的一种情形是温度 T 较高时的金属。金属的电子数几乎不随温度变化。但温度较高时,按玻-爱分布,热平衡态低频声学波声子和光子数与温度近似呈正比,它们叠加而成的势场强度也随温度线性变化。电子往返跃迁的主要部分就是这种由低频势场引起的 (E,k) 态附近的低能量带间跃迁。按受激跃迁模型势场强度线性影响跃迁速率。因此在热平衡态附近,体积不变,自由程不变,电子数不变,势场随温度线性变化的前提下,电子的往返跃迁时间也即自由时间 τ 必定也随温度 T 线性变化:

$$\frac{1}{\tau} \propto T \tag{4-180}$$

其他情形下自由时间 τ 与温度 T 的关系会受到不同温度区段电子数,声子/光子数和能带结构与温度关系的综合影响,没有简单普适的结论。但总体上自由时间 τ 与温度 T 反相关,随温度升高而降低。

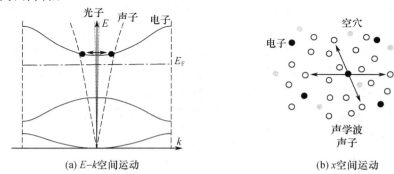

图 4-45　晶格振动散射下的载流子运动

电离杂质散射下的 τ–T 关系

掺杂半导体会在 E–k 能带中引入额外的杂质能态,在 x 空间的原子核周期势场中引入额外的杂质离子,它们会对载流子产生额外的散射作用,从而进一步改变其自由时间。

从 x 空间看,杂质离子会对经过的载流子产生静电吸引或排斥作用,改变其运动方向。这种散射不是本征的晶格振动势场引起的,而是由杂质电离后静态离子势场引起的,常称之为电离杂质散射。从常识上看,电离杂质浓度 N 越大,数量越多,散射越强。但如果温度 T 够高,载流子热速度够大,就能很快掠过杂质,相对少受影响。因此可预料散射强度与杂质浓度 N 和温度 T 有关。

从 n–E–k 分布上看,多出杂质能态后,会增加载流子留在杂质能态的可能。热平衡时载流子除了发生普通的带内跃迁外,还可能发生杂质能态之间,杂质能态与导带底/价带顶之间的往返跃迁,分别对应 x 空间中围绕离子的运动和从离子附近到自由空间的往返运动如图 4-46 所示。为进行区分,我们将原先不经过杂质离子的那些由声子散射引起的跃迁称为本征运动。

以 n 型施主杂质为例,热平衡态时,设杂质能态上的电子浓度为 n_D,导带电子平均浓度为 n_0,电子做杂质散射运动的自由时间为 τ_D,导带底电子本征运动自由时间为 τ_0,则电子的总平均自由时间满足:

$$\frac{1}{\tau} = \omega = \frac{n_0}{n_0 + n_D} \frac{1}{\tau_0} + \frac{n_D}{n_0 + n_D} \frac{1}{\tau_D} \tag{4-181}$$

式中第二项就是由电离杂质散射额外引入的。低温时,按 4.2.2 节 $n_D \gg n_0$,$\tau \approx \tau_D$。τ_D 只由杂

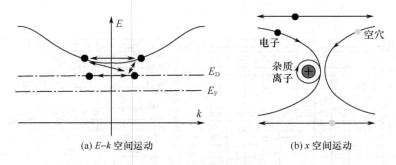

(a) E-k 空间运动   (b) x 空间运动

图 4-46　电离杂质散射下的载流子运动,粗线为杂质电离散射引入的额外运动

质能态的电离能 ΔE 决定,是确定的值。按受激跃迁模型,τ_D 由杂质离子的势场强度决定。杂质浓度 N 越大,势场越强,τ_D 越短。随着温度 T 升高,n_D 与掺杂浓度 N 呈固定比例不变,但 n_0 的比例却会不断增加,直至 $n_D \ll n_0$。因此杂质电离的影响会不断削弱,直至 $\tau \approx \tau_0$。这些结论同上文从 x 空间分析得到的结论是一致的。

光学波声子散射下的 τ-T 关系

除了杂质离子外,电子还可能受到额外的光学波声子的散射。

按 2.3.3 节,离子晶体的晶格振动能引起空间电偶,它能直接吸收电磁场能量,产生谐振。这等效于引入光子和声子的作用,在相同温度 T 下改变声子气的 $f(E)$ 和 $n-E-k$ 分布,显著增加光学波声子数量。由于光学波声子的 E 值和 k 值都比较大,因此当光学波声子增加后,电子受激吸收/辐射/散射光学波声子出现在更多高能 E-k 态的数量也会显著增加,从而改变电子气的 $f(E)$ 和 $n-E-k$ 分布(如图 4-47 所示)。因为散射电子的声子总数量增加,总势场增强,所以自由时间 τ 会进一步降低。

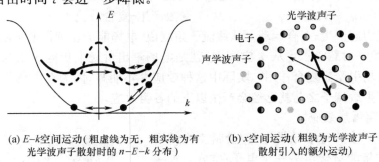

(a) E-k空间运动(粗虚线为无,粗实线为有　　　　(b) x空间运动(粗线为光学波声子
光学波声子散射时的 $n-E-k$ 分布)　　　　　　散射引入的额外运动)

图 4-47　光学波声子散射下的载流子运动

迁移率和电导率的温度效应

综合上述分析就能解释掺杂半导体的载流子迁移率 μ 和电阻率 ρ 的温度效应。

先看迁移率。如图 4-48 所示,载流子只在导带底/价带顶附近运动时,其有效质量随温度 T 变化不大,μ-T 关系主要由 τ-T 关系决定。受晶格振动散射的普遍影响,自由时间 τ 随温度 T 降低,因此总体上迁移率 μ 随温度减小。但低温时电离杂质散射占主导地位,它使低温区的 τ 和 μ 接近常数,杂质浓度越大影响越明显。随着温度升高它的影响逐渐减弱,使温度曲线恢复普遍特征。

而掺杂半导体电阻率 ρ 随温度 T 的关系为:

$$\rho(T) = \frac{1}{qn(T)\mu(T)} = \frac{m}{q^2 n(T)\tau(T)} \tag{4-182}$$

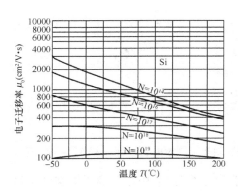
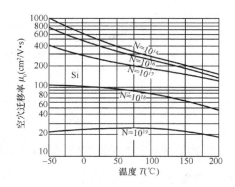

图 4-48　Si 中电子和空穴迁移率与杂质浓度和温度的关系

低温区 n 随 T 剧烈增加,受电离杂质散射影响 τ 变化不大,电阻率 ρ 随 T 升高而下降。中温区 n-T 关系进入饱和区,n 几乎不变,而 τ-T 关系回到晶格振动散射模式上,τ 随 T 增大而

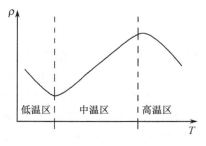

图 4-49　半导体电阻率随
温度变化的一般关系

减小,使电阻率 ρ 随 T 升高而增大。高温区 n-T 关系进入本征区,呈指数级增长,而 τ-T 则仍按 $1/T$ 降低,使电阻率随 T 升高而减小,如图 4-49 所示。

强电场效应

电场强度增大后弱电场漂移假设被打破,生出各种非常规运动。狭义强电场效应专指载流子迁移率 μ 偏离常量的行为。广义强电场效应泛指所有与弱电场漂移理论不符的物理行为。

(1) 受激产生-复合载流子。

强电场也能引起产生-复合运动。从载流子角度说,电场能加速价带电子使其获得足够能量跃入导带,产生一对载流子。从 x 空间看,就是电场牵出价键上价电子成为自由电子。同理反向挪移时电场引受激复合作用。实际中这种效应并不明显,因为在电场强度还没大到按这种方式显著产生载流子之前就已经会产生以下的各类效应。

(2) 碰撞电离雪崩效应。

强电场下净产生的每个导带电子/价带空穴都可能通过碰撞方式将能量传给另一个电子/空穴。如果它碰撞的是另一个价带电子/导带空穴,碰撞后它自己仍然留在导带/价带,那么就有可能使那个被碰撞的价带电子/导带空穴跃入导带/价带,从而净产生一对载流子。从 x 空间看,就是价自由电子把价键上的价电子碰撞出了原位,成为自由电子,同时自己仍然保持自由,常称之为碰撞电离(如图 4-50 所示)。这一新一旧两个载流子在各自能带中又会重复相同的运动,净产生两对、4 对、8 对……更多的载流子。这种连锁效应能在很短时间内产生海量的载流子,称为碰撞电离雪崩效应,简称雪崩效应。雪崩效应把半导体中尽量多的价带电子都调动起来用于导电,在电子器件中有重要应用。

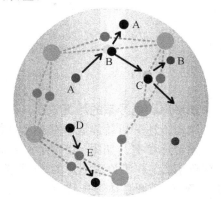

图 4-50　碰撞电离雪崩效应,A-B-C 的
碰撞能引起雪崩,D-E 的碰撞不能

（3）热载流子效应。

热载流子就是在强电场情况下，动能 kT_e 高于平均热运动能量（$\sim kT$）的载流子。由于热载流子所造成的一些影响，就称为热载流子效应。因为导带底电子有效质量小，$E-k$ 曲率大，投影挪移相同 k 后平均能量 E 增大的更多，所以热电子常比热空穴温度高，热电子效应更常见。

具体来说，热电子能量高，能散射更多光子和光学波声子，使其自由时间 τ 缩短，迁移率 μ 降低，速度与电场关系逐渐饱和。热电子速度大，动能大，更容易穿越势垒，破坏势垒阻隔电流的绝缘作用。热电子更容易通过碰撞电离和俄歇效应将能量交换给价带电子，使其带间跃迁产生二次载流子，等等。这些效应对实际工作都有着重要的影响，在电子器件理论中会有专述，这里只定性介绍到这里。

（4）非经典 $n-E-k$ 分布变化及其效应。

随着电场增大，载流子将工作在更多 $n-E-k$ 分布区域，$E-k$ 关系可能逐渐偏离能谷附近的抛物线关系，$n-E$ 分布可能逐渐偏离 $n\sim e^{-E/kT}$ 的经典分布，近经典假设会被打破，产生各种非经典行为。从图 4-4 的能带图上不难看到，除了抛物线关系以外，$E-k$ 结构还有很多复杂形状。其中较具有代表性的是 GaAs 的负微分电导效应。如图 4-51 所示，GaAs 的 $E-k$ 结构在 k 较大时会经历先升后降的变化，产生额外的势垒和能谷。电场增强后，能量最高的那部分载流子首先会越过势垒，放出高能光子或光学波声子，落入新的能谷。相比较 $k=0$ 处的导带底能谷来说，这里的 $E-k$ 曲率更小，有效质量更大。因此电子落入该能谷后，不仅将损失速度，还会增加有效质量，降低迁移率。这些都会使该范围内的导带电子电流随外加电压增

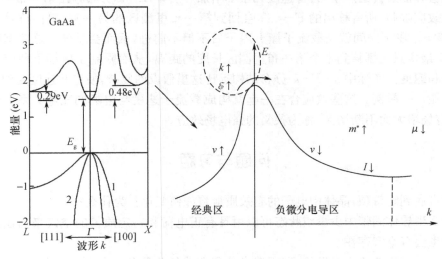

图 4-51　GaAs 的负微分电导效应

大而减小，表现出违反常规的**负电导效应**。特别是在 $E-k$ 曲线持续下降的那段不短的区域上，交流微分电导 $\dfrac{\mathrm{d}J}{\mathrm{d}\varepsilon}$ 始终为负，如图 4-52 所示，当电场达到 $3\times10^3\,\mathrm{V/cm}$ 后，GaAs 的 $v-\varepsilon$ 曲线呈现 $\dfrac{\mathrm{d}v}{\mathrm{d}\varepsilon}=\dfrac{1}{nq}\dfrac{\mathrm{d}J}{\mathrm{d}\varepsilon}<0$ 的图像。负微分电导效应为高频振荡器件设计提供稳定重要的素材。这种 $E-k$ 结构还会使一个 E 对应多个 k，从而改变常规的 $g(E)$ 和 $n(E)$ 分布。

除了因为电子气的 $E-k$ 非常能带结构引起的非经典效应外，电子、声子和光子之间除了简

单散射外,其他微观作用也会改变载流子的经典行为。例如前文多次介绍的离子晶体中光学波声子与光子的耦合,以及霍耳效应、超导等。本书只普及常规电流运动,这部分内容不再展开。

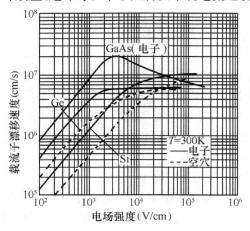

图 4-52　漂移速度与电场强度关系的实测结果

（5）速度饱和效应。

当工作区 n-E-k 分布进入第一布里渊区边界附近或某 E-k 能峰附近时,E-k 关系常会由能谷附近的正有效质量转为能峰附近的负有效质量,使载流子受力后不再像经典运动那样加速,速度增幅显著降低。从 x 空间来看,就是载流子受强电场作用力后立刻撞上光学波声子,把动量和能量传给声子,自身速度几乎不增加。当 n-E-k 分布移出第一布里渊区边界时,受同波效应限制,所有移出的 E-k 态会回到第一布里渊区的另一侧,提供符号相反的波矢 k 和速度 v。在 x 空间就是载流子撞上声子后不但不前进,反而会反弹。这些都使得载流子的波矢 k 最多只能挪移到半个第一布里渊区长度的距离,从而限制了电场下载流子速度的上限,即饱和速度。实际中 n-E-k 分布结构远比这里假设的复杂,使饱和速度受到更多因素的限制,不能一一举例。这些效应合在一起就构成载流子速度与电场的完整关系。载流子速度不能随电场增大而不断增大,称为狭义的强电场效应。

问题与习题

4-1　从能带底到能带顶,晶体中电子的有效质量将如何变化？为什么？

4-2　为什么半导体满带中少量空状态可以用具有正电荷和一定质量的空穴来描述？金属中是否也会有空穴存在？

4-3　当 $E-E_F$ 分别为 kT、$4kT$、$7kT$,用费米分布和玻尔兹曼分布分别计算分布概率,并对结果进行讨论。

4-4　设晶格常数为 a 的一维晶格,导带极小值附近的能量 $E_c(k)$ 和价带极大值附近的能量 $E_n(k)$ 分别为

$$E_c(k)=\frac{\hbar^2 k^2}{3m}+\frac{\hbar^2 (k-k_1)^2}{m}, \qquad E_v(k)=\frac{\hbar^2 k_1^2}{6m}-\frac{3\hbar^2 k^2}{m}$$

式中 m 为电子惯性质量,$k_1=\pi/a$,$a=3.14\text{Å}$,试求出：

① 禁带宽度；

② 导带底电子的有效质量；

③ 价带顶电子的有效质量；

④ 导带底的电子跃迁到价带顶时准动量的改变量。

4-5 $n(x)$ 和 $n(E,k)$ 都表示粒子分布，请说明各自的意义及两者的关系。

4-6 热平衡时，电子和空穴浓度可以用本征载流子浓度表示，如本章中式(4-28)所示，请推导之。

4-7 什么是浅能级杂质？什么是深能级杂质？将它们掺入半导体材料中各自起什么作用？举例说明。

4-8 何谓非简并半导体和简并半导体？在简并半导体中杂质能带将发生怎样的变化，何故？

4-9 什么是自发产生？受激产生？自发复合？受激复合？请分别举一例进一步说明受激产生和自发复合的概念。

4-10 从式(4-76)出发，证明非平衡载流子间接复合的净复合率 Δr 在 $E_t = E_F$ 时最大，即位于禁带中央的深能级是最有效的复合中心。

4-11 一块补偿硅材料，已知掺入受主杂质浓度 $N_A = 1 \times 10^{15}\,cm^{-3}$，室温下测得其费米能级位置恰好与施主能级重合，并测得热平衡时电子浓度 $n_0 = 5 \times 10^{15}\,cm^{-3}$。已知室温下本征载流子浓度 $n_i = 1.5 \times 10^{10}\,cm^{-3}$，试问：

① 平衡时空穴浓度为多少？

② 掺入材料中施主杂质浓度为多少？

③ 电离杂质中心浓度为多少？

④ 中性杂质散射中心浓度为多少？

4-12 一个半导体棒，光照前处于热平衡态，光照后处于稳定态的条件，分别由题图 4-1 给出的能带图来描述。设室温(300K)时的本征载流子浓度 $n_i = 10^{10}\,cm^{-3}$，试根据已知的数据确定：

① 热平衡态的电子和空穴浓度 n_0 和 p_0；

② 稳定态的空穴浓度 p；

③ 当棒被光照射时，"小注入"条件成立吗？试说明理由。

4-13 假设 n 型半导体中的复合中心位于禁带的上半部，试根据 4.2.3 中间接复合的理论分析半导体由低温至高温时非平衡少数载流子寿命随温度的变化，解释题图 4-2 中的曲线。

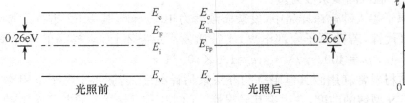

题图 4-1 光照前后的能带图

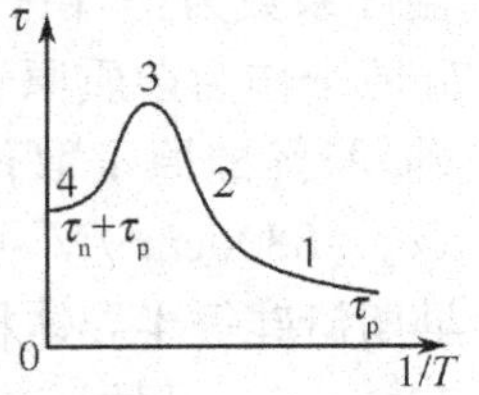

题图 4-2 n 型半导体中少子寿命随温度的变化曲线

4-14 光照一均匀掺杂的 n 型硅样品，$t = 0$ 时光照开始并被样品均匀吸收，非平衡载流子的产生率为 G，空穴的寿命为 τ，忽略电场的作用。

① 写出光照条件下非平衡载流子所满足的方程；

② 光照达到稳定状态时的非平衡载流子浓度；

③ 如果产生率为 $10^{20}\,cm^{-3}\,s^{-1}$，寿命为 $5 \times 10^{-19}\,s$，求样品的附加电导率。

4-15 若稳定光照射在一块均匀掺杂的 N 型半导体中均匀产生非平衡载流子,产生率为 G_{op},如题图 4-3 所示。假设样品左侧存在表面复合,那么少数载流子如何分布呢?

4-16 设一无限大均匀 p 型半导体无外场作用。假设对一维晶体,非平衡少子电子只在 $x=0$ 处以 g_n 产生率产生,也即小注入,如题图 4-4 所示。显然少子电子将分别向正负 x 方向扩散,求解稳态时的非平衡少数载流子。(假设 $T=300K$ 时 p 型半导体,掺杂浓度为 $N_A=5\times10^{16}\,cm^{-3}$,$\tau_n=5\times10^{-7}\,s$,$D_n=25cm^2/s$,$\Delta n(0)=10^{15}\,cm^{-3}$)

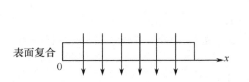 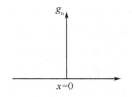

题图 4-3 光均匀照射半导体样品 题图 4-4 $x=0$ 处少子电子注入下的 p 型半导体

4-17 如题图 4-5 所示,一个无限大的掺杂均匀的 p 型半导体样品,无外加电场。假设对于一维晶体,其中心附近长度为 $2a$ 的范围内被一稳定光照射,产生的载流子分别向 $+x$ 和 $-x$ 方向扩散。假定光均匀的穿透样品,电子-空穴对的产生率为 G。

① 根据少子的连续性方程,分别写出样品 $x<-a$,$-a<x<a$,$x>a$ 三个区域中的少数载流子方程表达式;

② 分别求出三个区域中的载流子 $n(x)$ 的表达式。

题图 4-5 光照半导体样品局部区域

4-18 半导体 Si、Ge 和 GaAs,哪一种最适合制作高温器件,为什么?

4-19 在杂质半导体中,对载流子的散射机构主要有哪两种? 它们对温度的依赖特性有何不同,为什么?

4-20 从能带理论出发,简述半导体能带的基本特征,利用能带论分析讨论为什么金属和半导体电导率具有不同的温度依赖性。

4-21 为什么在高掺杂情况下,载流子的迁移率随温度的变化是比较小的,而且在低温区其温度系数为正,在高温区温度系数为负?

4-22 硅原子作为杂质原子掺入砷化镓样品中,设杂质浓度为 $10^{10}/cm^3$,其中 5% 硅原子取代砷,95% 硅原子取代镓,若硅原子全部电离,本征激发可忽略不计,求样品的电导率。($\mu_n=8800cm^2/V\cdot s$,$\mu_p=400cm^2/V\cdot s$,$q=1.6\times10^{-19}C$)

4-23 早期锗硅等半导体材料常利用测其电阻率的办法来估计纯度,若测得室温下电阻率为 $10\Omega\cdot cm$,试估计 N 型锗的纯度,并讨论其局限性。(300K 较纯锗样品的电子迁移率 $\mu_n=3900cm^2V^{-1}s^{-1}$,锗原子密度 $d=4.42\times10^{22}cm^{-3}$,电子电荷量 $e=1.6\times10^{-19}A\cdot s$)

4-24 试证明半导体中当 $\mu_n\neq\mu_p$ 且电子浓度 $n=n_i\sqrt{\mu_p/\mu_n}$;空穴浓度 $p=n_i\sqrt{\mu_n/\mu_p}$ 时,材料的电导率 σ 最小,并求 σ_{min} 的表达式。试问当 n_0 和 p_0(除了 $n_0=p_0=n_i$ 以外)为何值时,该晶体的电导率等于本征电导率?并分别求出 n_0 和 p_0。(已知 $n_i=2.5\times10^{13}/cm^3$,$\mu_p=1900cm^2/V\cdot s$,$\mu_n=3800cm^2/V\cdot s$)

4-25 什么是饱和速度? 引起饱和的原因是什么?

4-26 请根据 GaAs 的能带结构定性解释 GaAs 电子平均漂移速度与电场强度的关系。

第5章　半导体结构理论

有了泥土就能烧出锅碗,有了矿石就炼成刀剑。半导体是电子工程的泥土和矿石,各种不同的半导体结构具有不同的功能,能够实现不同的应用。

5.1　材料

对电子而言,材料本身就已经是结构。

学过前4章就能明白,所谓给定一种材料,就是给定它的 x 空间原子排列结构。有了它就有了倒易空间点阵结构和 $n-E-k$ 能带结构。在不同能带结构中,电子会按不同方式运动。导带和价带天生就构成两条流道,电子在其中的"产生–复合–漂移–扩散"构成了丰富的电流运动。

既然如此,只从材料上就有非常多的方法能控制电流的特性。材料不仅是承载电子气的结构,也是承载光子气,声子气的结构。控制材料不仅对导电性有用,而且对介电性,压电性,铁电性,乃至磁、光、声、力、热、核各门各类都非常有用。有关材料的制造、表征、物理和应用的学问形成了各行业相当独立的材料学。这里只想从原理上谈谈,对于搭建电路传递信号而言,会用到怎样的半导体材料。

5.1.1　无机体材料

按传统化学观点,半导体材料可以分出如表5-1所示的类别。

表5-1　半导体材料类型

	元　素	Si、Ge、B、Te Se
无机晶态半导体	化　合　物	III-V 族,GaAs、GaN 等; II-VI 族,ZnSe、HgS 等;IV-IV 族,如 SiC 等;氧化物半导体晶体(如 ZnO)等
	固　溶　体	$Si_{1-x}Ge_x$、$Ga_{1-x}Al_x$、$AsGa_{1-x}In_xAs_{1-y}P_y$ $(0<x<1,\ 0<y<1)$ 等二元、三元、四元、多元
无机非晶态半导体	硫系玻璃	As-Se、As-S、As-Te-Ge-Si
	四面体键	α-Si、α-Ge、α-GaAs 等
	氧　化　物	GeO_2、BaO、TiO_2、SnO_2、Ta_2O_3 等
有机半导体	有机小分子化合物	并五苯、三苯基胺、富勒烯、酞菁、花衍生物和花菁等
	有机高分子化合物(聚合物)	聚乙炔型、聚芳环型、共聚物型

无机晶态半导体

无机晶态半导体晶格确定,精细可控。

传统的无机晶态半导体是以单晶 Si 和 Ge 为代表的元素半导体,常被称为第一代半导体。它由单一元素制成。纵然单方面性能未必是最佳,但是在制备和掺杂改性方面它们却比其他材料容易得多。Si 更是其中行伍出身终成大器的精兵。只要有沙有石(硅酸盐)的地方就能炼出 Si,化学上它稳定不易氧化还原,物理上它坚韧不易断折,良好的导热性也满足了常规集成电路散热的需求。尽管晶态半导体已数次换代,Si 始终稳居工程半导体材料榜的首位,用量能达到 90% 以上。

用第一代半导体开发出集成电路以后,人们从其结构更小、速度更快的需求出发,意识到半导体材料中隐藏的性能提升空间,开始有目的地采用化学手段来制造更复杂的化合物晶态材料,开发出以 GaAs 和 InP 为代表的第二代半导体。拿 GaAs 来说,它的能带包含直接带隙,能不依赖声子直接收发光子,不仅能导电还适于发光感光,拓宽了光速传输与电传输转换时的瓶颈。它的禁带宽度比 Si 更大,不掺杂时绝缘度高,更耐高温高压。掺杂后,GaAs 主能谷中的电子有效质量更小,迁移率比 Si 大近一个数量级,尺度缩小后能继续提高速度的过冲效应,次能谷的存在还提供了适于制造振荡电路的负电导微分效应。GaAs 和导电性最佳的金属 Au 也存在着加工方法和能带结构上的匹配性。把这些优点集中在一起,我们看到一个在导电性和光电转换能力上俱佳的 GaAs 电路,正是它引领着光电子技术取得质的突破,开启了 20 世纪 90 年代后的高速信息时代。但质地优良的另一面往往就是脆弱娇贵。GaAs 圆片很脆,它的制备工艺毒性强,设备贵。制备纯度只能达到小数点后 6 位,而 Si 的纯度能到 12 位。绝缘 GaAs 往往不是由纯度高、杂质少的材料获得,而是由杂质和缺陷互相补偿来获得。说到掺杂就又触到 GaAs 的痛处。Si 只有两种点缺陷形式,即替位和间隙。但是作为 III-V 族材料的 GaAs 有 6 种点缺陷,两种替位、两种间隙、两种反位,把杂质-缺陷络合物算进去就更多。这种固有的弱点大大增加了低缺陷密度 GaAs 的制备难度,使其电路成本高昂,只能在关键部位和特殊场合使用。

第三代半导体材料严格来说并没有材料结构上的更新换代,只是把第二代材料朝着性能更强、功能更多的领域继续推进。典型的如以 GaN 和 SiC 为代表的宽禁带半导体。顾名思义,宽禁带半导体的首要特征就是禁带宽,但不至于宽到只能作绝缘体使用。这常常是原子键长且结构排列不如金刚石和闪锌矿结构那么对称的结果,例如 GaN 常呈现图 5-1 的六方纤锌矿结构,Ga 原子六方密堆,N 原子填充在半数的四面体空隙中,配位数均为 4。宽禁带直接带来耐高压、耐高温、抗辐射、低损耗、收发电磁波/光频率范围更广的优点,因为允带不易交叠杂化,容易控制,常常又间接带来载流子迁移率高、饱和速度高、热导率大、直接带隙的优点,拓宽了它们在高速、高频、功率、全彩、高亮度、高辐射等更多军民领域的应用。另一类半导体材料则走上了面向低频红外领域的窄禁带

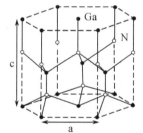

图 5-1　GaN 的纤锌矿结构

路线,如 PbSe 和 CdS,可用于高效地采集和应用太阳能。

不过,要说起满足生活需求,更实用的做法是由化合物半导体混合而成的固溶体半导体,又称为混晶半导体或合金半导体。简单地说,它是多个同晶格化合物按合适的比例有序混合的结果。较严格地说,它是同点阵类型的溶质原子溶入溶剂晶格中而仍保持溶剂类型的合金相。根据溶质质点在溶剂中的位置可分为置换式和间隙式,如图 5-2 所示。金属键晶格和小溶质原子容易形成间隙式。强键晶格和大小相仿的原子容易在保留晶格的前提下形成置换式,这在应用中很常见。如 SiGe 半导体,它可算是 Si 升级到第二代的改良版。它并非严格 1:1 比例的 SiGe,而是二元固溶体 $Si_{1-x}Ge_x$。AlAs 和 GaAs 能混合形成三元固溶体 $Ga_{1-x}Al_xAs$,AlN、InN 和 GaN 能混成四元固溶体 $Al_xIn_yGa_{1-x-y}N$,等等。

混合以后,x 空间的晶格常数 a 会发生显著改变,服从维加德(Vegard)定律,如:

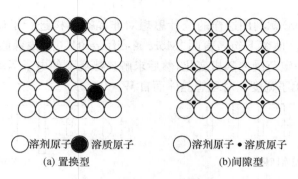

○ 溶剂原子 ● 溶质原子　　○ 溶剂原子 · 溶质原子

(a) 置换型　　　　　　(b)间隙型

图 5-2　置换式和间隙式固溶体晶格示意图

$$a_{(Si_{1-x}Ge_x)} = (1-x)a_{Si} + xa_{Ge} \tag{5-1}$$

$$a_{(Ga_{1-x}Al_xAs)} = xa_{AlAs} + (1-x)a_{GaAs} \tag{5-2}$$

$$a_{(Al_xIn_yGa_{1-x-y}N)} = xa_{AlN} + ya_{InN} + (1-x-y)a_{GaN} \tag{5-3}$$

x 空间结构一变,能带结构和所有性能都跟随改变。人们尤为看重的是禁带宽度的变化,这对拓宽和调节各类电磁波收发范围来说至关重要。固溶体的禁带宽度近似为组分的线性函数:

$$E_g^{AB} = xE_g^A + (1-x)E_g^B \tag{5-4}$$

$$E_g^{ABC} = xE_g^A + (1-x)E_g^B + (1-x-y)E_g^C \tag{5-5}$$

也有一些固溶体半导体禁带宽度与组分的关系偏离线性关系,可表示为:

$$E_g = ax + bx + cx^2 \tag{5-6}$$

因此,调节 SiGe 能拓宽红外光收发范围,可提高太阳能利用效率。调节 GaAs 能拓宽可见光收发范围,产生和接收五颜六色的光。混晶的另一个好处是在同一套加工流程中自然提供更多晶格兼容的半导体材料素材,从而能集成制造出更多更精细的半导体结构,这一点随着下文展开就能明白。20 世纪末开发成熟的物理和化学气相淀积技术为混晶技术提供了关键的支持。通过调节反应气源来生成合金。这种方法既合乎工序利于设计,又能显著减少异质材料的界面缺陷。它使无机晶格材料的微加工技术达到了新的水平。

无机非晶态半导体

混晶半导体仍然保留了晶格整体上的有序特征。当这种特征也被打乱以后,半导体就变为非晶半导体。它宏观尺度上的原子排列是混乱无序的,键长键角不规则,常有悬挂键,错位键,即长程无序,但在原子尺度上仍保留相邻原子稳定成键的本性,即短程有序(如图 5-3 所示)。就像大量粒子充分地无序运动反而能展现稳定的统计性一样,大量短程有序的键长程充分无序地排列也会呈现出稳定特性,这足以使非晶半导体作为一种可控的工程材料参与实际应用。

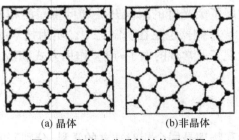

(a) 晶体　　　　　　(b)非晶体

图 5-3　晶体和非晶体结构示意图

安德森(Andersion)就利用这样的统计思想对非晶态结构进行了研究,并因此荣获1977年的诺贝尔物理学奖。他留下句名言叫"More is different"。安德森假设原子位置保持在格点上,但势阱深度在一定范围内随机变化,然后求解该势场下的电子运动,如图5-4所示,其中B为能带宽度,W为无序宽度。对理想晶体而言$W=0$。

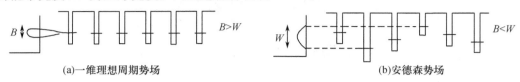

(a)一维理想周期势场　　　　　　　　　　　　(b)安德森势场

图5-4　势场示意图

有序分布只是无序分布的一种极端特例,后者必定包含前者。同理可知,非晶的能带结构同晶体虽然有差别,但它也有导带、价带和禁带。深势阱中的势场排列,其无序部分可简单看作叠加在周期上的随机分布的杂质势场,它们会在禁带中引入无序分布的杂质能级,使导带和价带边缘出现不同程度的带尾。足够无序后这些带尾就能呈现稳定分布,如图5-5所示。

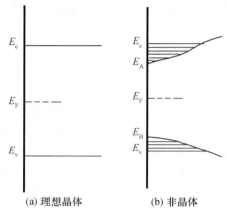

(a) 理想晶体　　(b) 非晶体

图5-5　半导体E-x能带示意图

转念一想,如果该分布能稳定下来,它不是和混晶技术一样,也在提供一种可靠的能带调节方法吗?顺着这个的思路,人们开始有目的地研究和开发非晶技术。非晶的一大优点是它造起来容易。玻璃就是一种典型的非晶。正因为它制作方法简单,所以才替代石英这样昂贵的晶体材料,成为平民百姓能消费得起的日用品和装饰品。非晶半导体常用熔融态直接冷却就可制得。等到各类淀积技术成熟后,在足够低温的衬底上淀积薄膜,因为原子相互作用不够活跃,成起键来任性随意,也能呈现出非晶态。但想把非晶用起来却没那么容易,原因也是出在无序上。非晶的"杂质"本身就很多很乱,掺杂它是起不到多大效果的,这使它不容易改性。杂质一多,电子运动时遇到的杂质散射就多,自由时间就短,结果漂移速度又低得可怜。这些因素至少在相当长的时期内都阻碍了非晶半导体在电子器件中的应用。

但它的制造和成本优势实在是诱人,不能当模拟器件用,那就当数字开关用,不善于导电,就拿来感光,没多久各类实用技术就相继问世。非晶硫系玻璃因其感光特性和形成大面积薄膜的能力,早已在复印机的硒鼓硒粉上得到广泛应用。As-Te-Ge-Si系玻璃半导体电开关制作的电可改写主读存储器已有商品生产。利用电的开关与存储效应以及非晶硫系玻璃晶态与非晶态之间的转换特性,发展了荧光灯的瞬间开关和可重写的相变型DVD光盘。利用光脉冲使Te薄膜玻璃化制作的光存储器也正在研制之中。实用技术的开发也使人们摸索出更多非晶中电子的运动规律,发现了非常规的电子-声子作用方式和隧穿式导电机制,促进了固体物理的发展。

5.1.2　有机体材料

在量子时代之前,化学和物理是两个相对独立的学科,分别研究温度作用下的分解化合运动和力作用下的平动转动波动,无机化学和有机化学是两门相对独立的化学,分别研究没生命的化合物和"与生命有关"的化合物。等到原子层面上的微观粒子行迹都被摸透以后,所有(核外)物质本质上就只有电子,声子(或原子核)和光子组织结构上的区别。

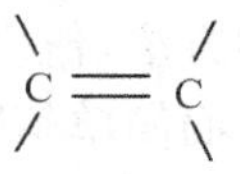

图 5-6 C＝C 双键结构

但这时候回过头来再看那些"与生命有关"的化合物时,却发现它们还是有一些特别。生命似乎不那么喜欢死板规整的化合方法,因此它合成有机体时不是以千篇一律的晶体原胞为单位的,而是以元素相同形式各异的分子结构为基本单位的。有机半导体材料的分子中,一般含有碳—碳双键(C＝C)结构(见图 5-6),通常还有 H、O、S、N、P 等元素,而且分子键很弱,随意性很强,这些分子间继续形成的结构也是千差万别,琳琅满目。常见的小分子类有机半导体包括五苯、三苯基胺、富勒烯、酞菁、苝衍生物和菁菁等,如图 5-7 所示。它们继续向上构成种种看似随意却逐渐展现出稳定功能的高分子结构,常见的高分子有机半导体主要包括聚乙炔型、聚芳环型和共聚物型几大类,如图 5-8 所示。再向上直至这些结构的功能性和生命性越来越强,呈现出病毒、细胞、组织、器官和生命的形态。如果把无机晶体比作材料界的军队,那么有机材料就是繁衍生息的百姓黎民。

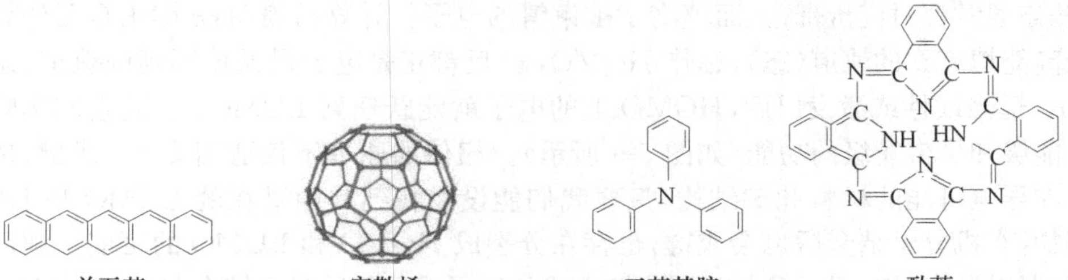

| 并五苯 | 富勒烯 | 三苯基胺 | 酞菁 |

图 5-7 几种小分子类有机半导体

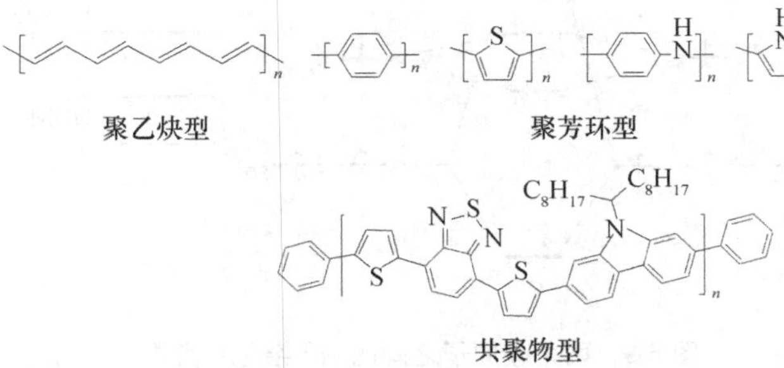

| 聚乙炔型 | 聚芳环型 |

共聚物型

图 5-8 几种高分子有机半导体

这种分子内有序,分子外无序的特征足以使有机材料学仍然能作为一门相对独立的学科而存在。因为分子外无序,所以前文所有与晶体宏观特性相关的内容就不再适用,但继续深入到分子内部以后,原子层面的物理规律依然不变,仍然遵守薛定谔方程成键,微观上仍然是电子声子(或原子核)和光子相互作用,宏观上还会呈现电、磁、光、声、力、热特性,也同样有许多有机分子是半导体。以下仅就有机的半导体材料来介绍一些常识。

拿有机体来导电,就如同拿苹果来发电,拿人体来挡箭一样,是硬把有机体充作无机体来使用的做法,论效率远不如无机物高。但用多了就发现它们在导电以外的种种好处。有机材料来源丰富,易于制备,结构柔顺,兼容生态,和人体很相宜。早期的有机产品要么是取自生物的燃料和调料,要么是制法简单价格低廉的塑料,都很简单实用。等到电子工程技术普及以后,人们想起来要挖掘它们潜藏的导电本能。三位化学家首先从聚乙炔上发现它改性成为良导体的方法,他们因此获得 2000 年的诺贝尔化学奖。

下面简单解释有机材料导电原理。有机体中有许多 C 原子,C 要想成键就要动用最外层 $2s^2 2p^6$ 8 个电子。成键时这些电子态会被微扰杂化成各种形态,杂化后常形成 4 团(种)电子云(态),每团可简并两个自旋态。这些电子云通常都有各向异性,能以不同结构方式稳定成键。我们在金刚石结构中看到的是最对称的 sp^3 杂化,每团电子云形状相同,就像 σ 形的单头球棒,棒头四面伸出。它们或者彼此棒头直对形成 C—C 键,称作 σ 键,或者同其他原子成键,例如以氢键形成 CH_4。但 C 也能 sp^2 杂化,此时有三团能量较低的电子云仍然是单头球棒,但 $2p_z$ 态上的电子云却未参与同 2s 态的杂化,保留了原有较高的能量和较弱的各向异性,当它们彼此成键时就不像 σ 形而像 π 形,严格来说应该是像“Ⅱ”形。因为电子云交叠带来的简并微扰,构成 σ 键或 π 键的两个简并态一定还会继续分裂成两个非简并态,一个是能量略低的 σ 键或 π 键(态),另一个是能量略高的 $σ^*$ 或 $π^*$ 反键(态)。因为 π 键的交叠不像 σ 键那么多,所以不像 σ 和 $σ^*$ 键分裂得那么严重,键能相差不大,而能量略低的 π 键已经接近 sp^2 杂化态的能量,这些态通常都对应价带,上面填满了被束缚的电子。计算后表明,π 键正是无外界作用时电子最高能填充到的轨道(态),称作 HOMO,$π^*$ 反键正是电子最低填不到的轨道(态),称作 LUMO。适当改性或激发以后,HOMO 上的电子就能跃迁到 LUMO 上,使它们实际上表现出价带能级和导带能级的功能(如图 5-9 所示)。相似的原理不仅适用 C—C 成键,也适用于所有存在导电可能的材料和键结构,只要我们能设法找到其中潜在的 LUMO 和 HOMO 就行。例如,有机分子结合后也会成键,也存在分裂成 HOMO 和 LUMO 的可能。利用前文紧束缚模型的推论可知,只要参与相同成键方式的原子或分子数量足够多,键上的态就会不断解除简并,从单个能级一直分裂成最后的能带。

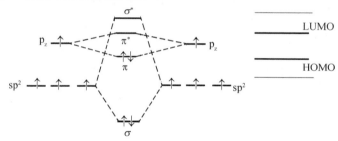

图 5-9　两个碳原子之间的 sp^2 杂化示意图

然而,因为有机体结构松散易变,周期性差,所以键上的简并度远没有晶体中那么高,形成能带以承载大量载流子的能力并不容易得到充分的施展。结果有机体中的载流子往往不能像近经典粒子那样通过准连续能级间的连续跃迁(即连续变速)形成电流,而常常是绕道载流子的波动性,借助量子隧穿越过分立能态间较窄的势垒来形成电流。这与非晶体的导电机制一样,都是把周期性不强的势场等效看作杂质后引起额外杂质散射的后果。结构松散的另一个坏处就是陷阱增多,尤其是电子的陷阱增多。到处都是渴望获得电子的悬挂键、极性键和氢键,它们只要不是 HOMO 态,本质上就可能构成陷阱,HOMO 上电子没跑多远就会被它们抢走,更不用说 LOMO 上的电子了。要想冲出虎口,只能指望 HOMO 态与这些陷阱态之间势垒够窄,有机会能隧穿。结果有机物即使能导电,也常常是用空穴来导电,或者更确切地说,以价带和陷阱轮番争夺电子的方式来导电。

综上所述,抛开那些少数结构简单排列紧密到已经逼近无机晶体定义的有机聚合物特例不谈,正统意义上的有机体导电是不会以超越无机物为目标的,而仍会发挥自己平易近人的特长。有机物的制备工艺可以算是所有电子材料工艺中最简单低廉的,传统上不是用微观的生长和淀积的方法,而是用宏观的挤压和涂抹的方法,制造规模几乎没有限制,这与造纸、刷漆差不了多少。要想制备越好的有机半导体,就越会向制造无机晶体的方法靠近,极致时也会用上气相淀积。虽然不能依靠它精益求精地控制电子和电流,但是在制作那些集成低、结构少、用量大、可穿戴、易磨损、一次性、卖相好的日用消费品,如玩具饰品,屏幕电池内存元件天线时,因为省下的成本可以投到外观技术上,而有机物恰恰又柔韧易塑,所以优势就立刻显现出来。发光,吸收光(用补色变相发光)和感光也是有机物擅长的领域。因为有机分子结构多样,潜在的活跃能态很多,其中有许多能级间隔都接近可见光范围,还没有毒性,所以人类自远古以来长期使用的染料几乎全都是有机物。看的和玩的都已经用上了,穿的和吃的还会远吗? 由此来看,有机物导电的远景不像是要创建一个精雕细琢的系统,倒更像是在还原一个有血有肉的生命。

5.1.3 低维材料

无机晶体,非晶与有机材料之所以不同,主要是在原子或分子尺度以上的宏观有序性上有差异。但是,如果材料的一个或多个维度上的结构尺度都已经小到原子级别,这种差异就无从谈起了。此时它们全都变成一类材料,就是低维材料。低维材料也可称其为纳米材料,但这个词语也常用来表示在微观尺度上经过改性或重构但仍保留宏观尺度的材料,涵盖范围过于广泛,容易引起混用。

只有一个维度缩小,变得薄过纸片,常称为二维材料、薄膜材料。薄膜材料是目前最为常见的。两个维度上都缩小,变得细过发丝,可称为一维材料、纳米/量子线材料。三个维度都缩小成点,可称为零维材料、纳米/量子点材料。称量子是因为尺度小到如此地步后一定会展现出微观粒子的物理。再小下去就缩成一个原子了。与之相反,三个维度上全都是宏观尺度的材料,就称其为体材料,前两小节的节名就由此而来。人肉眼所能分辨的、哪怕是再薄再细的材料都是体材料,纸和发丝在所有维度上都能高于 $100\,\mu m$ 量级,远远超过了纳米尺度。

x 空间的尺度缩小会带来诸多影响。从周期性边界条件上看,它会使 k 空间的准连续状态向着不连续的状态过渡。由式(2-44)和式(3-15)可知,周期性边界条件下相邻波数间距 Δk 与结构线度 $L=Na$ 成反比,a 为晶格常数,N 为原胞数。由于宏观体积中 L 很大,N 很大,所以 Δk 很小,可视为准连续。当某维度上尺度不断缩小后,N 减小,波数间隔 Δk 相对线度 L 显著增大,准连续就逐渐变为不连续甚至明显分立,每个 k 对应的能量 E 也随之分立,能带变为孤立能级,态密度 $g(E)$ 呈现出图 5-10 所示的变化。更重要的是,小尺寸会使材料的比表面积增

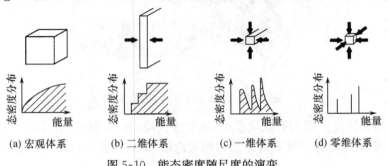

(a) 宏观体系   (b) 二维体系   (c) 一维体系   (d) 零维体系

图 5-10 能态密度随尺度的演变

加,并使单个杂质和缺陷的作用变得显著,表面、杂质和缺陷固有的强烈定域作用将得到充分显现。从原子核角度说,表面附近原子成键受到的体束缚少,外界作用多,排列结构会显著偏离内部晶格,甚至改变晶体相,固体相。从电子和声子角度说,定域性的势阱束缚或势垒排斥作用会显著增强,全域性的共有化特征被会显著削弱。这些全都会导致低维材料的特性迥异于宏观体材料。

二维材料

二维材料的典型代表是石墨烯。石墨烯是 C 的同素异形体。它外层的电子呈现 sp^2 杂化,三团相同的 sp^2 态电子云在层内相互交叠成键,构成稳定对称的六角蜂窝结构。剩下的电子云在层外成键连接各层蜂窝结构,构成石墨。但如果只有一层,它们就不发挥作用,石墨就变成石墨烯。层数不多时也可视为石墨烯。这种结构在制备出来以前一直被认为是热力学不稳定的。但是在 2004 年被成功制备后,人们发现它具有非常好的结构稳定性。它的强度是如此之高,以至于可以用机械剥离的方法把它从石墨上一层层剥出来。图 5-11(a)给出石墨烯的结构图;图 5-11(b)给出了使用机械剥离的方法制备出的石墨烯结构覆盖在硅/二氧化硅(200nm)衬底上的光学显微照片。

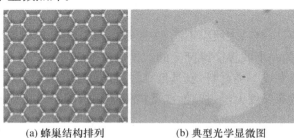

(a) 蜂巢结构排列　　　　　(b) 典型光学显微图

图 5-11　石墨烯结构示意图

石墨烯材料的电学性能也很优异,甚至可算是怪异。如图 5-12 所示,从能带结构来看,它具有零带隙的能带结构,常态下是导体。在布里渊区中心点附近会呈现出近似锥形能带形状,称为**狄拉克锥**,锥顶端的电子理论上有效质量趋近于 0,因此它常态下能达到很高的迁移率。$E\text{-}k$ 关系在很大范围内呈现出与光子一样的线性关系,而不是电子的抛物线关系,因此电子的速度稳定,波包不会色散。因为行为接近光子,石墨烯电子很少发生同声子的晶格振动散射,只受制于杂质散射,这又进一步提高了它的迁移率上限,而且还摆脱了晶格振动散射固有的温度效应问题。最终石墨烯的电子迁移率可达到硅的 100 倍以上。

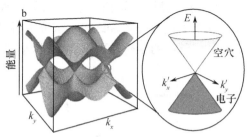

图 5-12　石墨烯结构的能带结构图

更有趣的还在后面。因为有效质量小,运动速度高,石墨烯电子在常态下就可能展现相对论效应。克莱因(Klein)曾用薛定谔方程的相对论版,即狄拉克方程研究了相对论电子在势垒问题中的运动状态,预言它可能在势垒中引起一种特殊的电子—空穴耦合态,并借助它以100％的概率穿出常速电子无法隧穿的极宽势垒,称为**克莱因隧穿**。石墨烯电子很好地验证了这个预言。因为电子更像是借助耦合态"变"过去的,而不是硬穿过去的,所以克莱因隧穿更像是瞬移而非隧穿,电子更像是载荷子而非载流子。这会给石墨烯器件结构留下了更自由的设计空间,对传统的设计思维方式发起了不小的挑战。

种种神奇的特性引起了人们极大的研究兴趣,从全世界范围内掀起了一股石墨烯技术的研发热潮。虽然本征石墨烯是导体,但是通过掺杂,外加电场,化学势场等方法可以调节能隙,使其改性为半导体,制作电子器件。高电子迁移率大大提高了石墨烯纳米电子器件的开关速度,使器件理论运行速度可由硅工艺下的吉赫兹(GHz)提高为太赫兹(THz)。人们期待着有朝一日能用石墨烯替代硅来制造超微型晶体管,生产未来的超级计算机。到了那一天,以石墨烯为代表的纳米电子材料可能引发一场全新的产业技术革命,像有些学者预言的那样"彻底改变 21 世纪"。

一维材料

一维材料的典型代表是碳纳米管,它也是 C 的同素异形体。碳纳米管是由单层或多层石墨烯片绕中心按一定角度卷曲而成的中空无缝管状结构,如图 5-13 所示。其管壁大多由六边形碳原子网格组成,直径只有几个或几十纳米。电子在碳纳米管中,一般只能沿轴向运动,径向运动受到很大限制。碳纳米管也兼具结构稳定、机械强度高、导热性好、导电性优异的诸多优点,载流子可沿轴向、在一个自由度长度范围内进行弹道输运。作为石墨烯的嫡系同胞,我们对这一点已经不感到惊奇。

碳纳米管的结构可以用手性指数(m,n)来表示,根据碳六边形沿轴向的不同取向分成三种。如图 5-14 所示,当 $n＝0$ 时为锯齿形(zigzag)碳纳米管;当 $m＝n$ 时为扶手椅形(armchair)碳纳米管;其他情况下一般称为手性碳纳米管。碳纳米管的光电特性与其结构相关,满足 $m-n＝3q$,呈现金属性(简记为 M),$m-n≠3q$ 呈现半导体性(简记为 S)。两种组合可以有 MM、MS 和 SS 三种分子结。制作半导体器件时,金属性碳纳米管可以用作连接导线,而半导体性碳纳米管用作功能元件,理论上仅靠碳纳米管就能构建"全碳"电路。这反而是身为二维结构的石墨烯(在现有电路设计思维下)难以做到的。从现有硅电路遇到的技术瓶颈出发,人们期待着高迁移率的碳电路能胜任更高频、更大电流和大注入的工作环境。碳纳米管优良的机械性和热特性也展现出它在纳米机械、电极材料、储能等领域的应用前景。

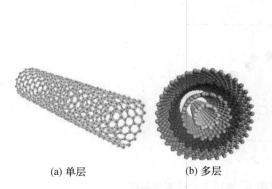

(a) 单层　　　　　　(b) 多层

图 5-13　碳纳米管结构

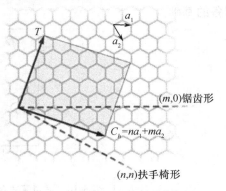

T　a_1　a_2

$(m,0)$锯齿形

$C_h＝na_1+ma_2$

(n,n)扶手椅形

图 5-14　碳纳米管的结构指数确定方法

零维材料

零维材料从宏观上看就是一个点,微观上仍然有稳定具体的结构。它的典型代表仍是一个 C 的同素异形体,即 C_{60},也称富勒烯。如图 5-15 所示,富勒烯中所有的原子都是表面原子,

它们共同围出一个近似球形的领域。因为长得像一个足球,俗称足球烯。富勒烯材料的新颖性主要在于其结构非常特殊和稳定,其中五元环的存在是其成为球状的重要原因。在石墨烯的平面结构中,五元环的出现通常导致其产生面外的扭曲形变,而富勒烯反而是因为其结构中具有的多个五元环结构稳定了其球状结构。C_{60} 并不是唯一的具有球状结构的碳材料,这一系列球状结构的形成机理目前仍然受到广泛的研究。

图 5-15　富勒烯(C_{60})的
结构示意图

更多的元素或化合物不能像 C 这样形成这么多标致的低维材料,但当它们的尺寸减小到只包含几个原子或几十个原子以后,或者说当宏观的晶体和非晶的长程排列被彻底拆散,碎成一粒粒微晶以后,材料的性能的确与宏观时大不相同。有相当多的材料可以在特定环境中稳定地保持这种微型的结构,它们在越来越实用的微观技术中常常能发挥微型工人的重要作用。于是它们就被称为**量子点材料**,或**准零维材料**,成为另一个研究热点。

量子点材料中有很多也是半导体,较典型的有半导体单质量子点,III-VI 和 II-VI 化合物量子点。以 Si 量子点为例,体 Si 材料的能带结构是非垂直带隙,发光效率低,而且偏离可见光范围。把 Si 做成量子点以后,因为全域周期性减弱,参与解除简并的原子数减少,杂化态叠的程度减弱,禁带宽度会呈现随着尺寸缩小而不断展宽,能带朝着能级逐渐靠拢,如图 5-16 所示。当量子点的尺寸小至载流子的玻尔半径(常为 5nm)时,这一效应开始变得十分明显。

除了禁带宽度变宽到可见光范围外,周期性削弱后布里渊区的形状和结构也会变化,从而移动 $E-k$ 能谷的位置,使非垂直带隙变为垂直带隙。这样硅量子点在光电领域就真正找到了用武之地。硅量子点中可以观察到非常强的发光现象,并且可以通过调节其尺寸的方法来调节其发光位置。尺寸缩小后的硅量子点的发光峰位置发生明显的蓝移。通过调控硅量子点的尺寸调节波长,这为宽光谱范围内的低成本、高性能的光电子集成器件提供了可能。

在改变能带结构以外,量子点还能发挥它比表面积大,容易与外界作用的特点,有意地去吸附或反应不同性质的离子和官能团,达到改变量子点物理化学特性的目的,这是人工可调材料制备的基础。

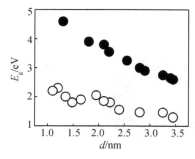

图 5-16　硅量子点的带隙 E_g 随尺寸 d 的变化曲线
(空心点表示表面清洁硅量子点的情况;实心点表示表面有氢原子吸附后的情况。)

晶体尺寸在微米尺度的无机晶体就是微晶。有机非晶材料本来就没有晶格,拆碎以后还是大大小小的分子。有机分子大小不一,结构庞杂,可以是二维、一维、零维的,更可以是三维的,比如著名的双螺旋形 DNA 分子。上文叙述的三个同素异形体原则上也都可视为分子材料。总有许多有机分子,它们天生似乎就应该是这样的结构,拆分得更细以后就会丧失了它原有的功能。因为我们尚不清楚分子结构除了物理组织方式以外还隐藏着什么秘密,所以也无法在这样小的尺度下对它们做出更合理的划分。下面就实际工作举个例子,介绍一种与无机量子点不同的研究角度。

图 5-17(a)显示了一个分子桥器件结构,其中一个单分子连通了两个极端靠近的电极。电极通常都用淀积—光刻—刻蚀的方法从无机的 Si 和金属材料中刻出。但这个分子却是有机分子,结构为 2″—氨基—4—乙炔苯基—4′—乙炔苯基—5′硝基—1′—苯—硫醇,采用化合合成的方法制得,利用其官能团的化学特性以自组装的形式"爬"到两个电极之间。哪怕分子式再长一点,作为一个单分子,它的尺度也不过是在纳米量级,刚好够上刻出的电极间距。这个器件本身只是用于被动地测量该有机分子的特性,但同样的制备原理和结构却正在推广到更多主动式工作的微型生化和医疗器件中。

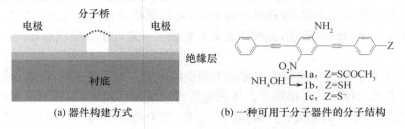

（a）器件构建方式　　　　　（b）一种可用于分子器件的分子结构

图 5-17　一种常见的分子器件原型示意图

低温下用该结构测试该分子的性能,发现其具有负阻效应,对应图 5-18 中曲线的下降部分。这里的负阻效应也是由载流子获得足够能量后隧穿到达更低有效质量能谷引起的。负阻效应与常规电阻区结合在一起,构成一种双态电阻的器件特性,分子可以在不同电压下展现出两个不同的电阻,差异大到 10^3 量级。这种性质指向了它在存储器件等领域的潜在应用。除了这种测试结构外,还可以用更多的方法探测它的性能,如用原子力显微

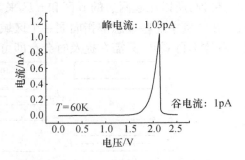

图 5-18　分子器件中的负阻行为

镜的导电针尖尖端和分子接触后,在针尖和承载分子的导电衬底三者之间形成单分子接触,然后根据需要施加外界作用。

5.2　pn 结

把不同形状的绝缘体,半导体和导体材料组合在一起,就形成绝缘体—半导体—导体结构。因为半导体是其中唯一能调节电流的区域,所以也简称为半导体结构。它可以简单理解为,电流的流道结构。

pn 结是最经典的半导体结构,由同质的 p 型半导体和 n 型半导体直接组合而成。

5.2.1 基本结构

在一块 n 型(或 p 型)半导体单晶上,用适当的工艺技术(如合金、扩散和离子注入等)可以把 p 型(或 n 型)杂质掺入其中,使这块单晶的不同区域分别具有 p 型(或 n 型)导电类型,在两者交界面处就能形成 pn 结。理想情况下,每边半导体的杂质均匀分布,杂质浓度在结处发生突变,称为**突变结**。但现实技术常常只能形成不均匀分布的杂质,杂质浓度在结区附近逐渐变化,称为**缓变结**。

先以突变结为例了解 pn 结的形成过程。如图 5-19(a)所示,接触前,p 型和 n 型半导体具有相同的能带结构,但费米能级不同,分别记为 E_{Fp} 和 E_{Fn}。接触后,按照 3.2.2 节介绍的原理,费米能级差会使载流子发生扩散运动,导带电子将从电子费米级能高的 n 区流向 p 区,价带空穴将从空穴费米能级高的 p 区流向 n 区。扩散的结果是,p 区界面区域内留下空间负电荷,n 区留下空间正电荷。按照 4.5.1 节介绍的泊松方程,空间净电荷会引起**内建电场**和电势。电场从正电荷区指向负电荷区,即从 n 到 p。电势则是 p 区高,n 区低,形成电势差,常称为**接触电势差**。内建电场引起了电子和空穴的漂移流,流动方向和扩散流相反,削弱了两者的扩散运动。随着内建电场增强,接触电势差增大,最终漂移流强到完全抵消扩散流,载流子不再流动。按 4.4.3 节介绍的原理,此时两边费米能级也一定处于齐平状态,所有物理量也都达成稳定分布。

pn 结的核心部分就是中间那段能带结构剧变的区域。为了便于叙述,先介绍一些常用概念。这个区最普通的称呼就是接触区。从它构成特定结构的角度,也称结区。从阻碍载流子运动角度,常把能带不平的部分称作势垒区。电势/电势能的不均匀分布是由净电荷造成的,围绕该处有净电荷的特征,又可称之为空间电荷区。因为电子和空穴流失,费米能级远离导带和价带顶,所以比起两边的 p 区和 n 区来,该区的载流子处于耗尽状态,按此特征可称为耗尽区。在本例中这些概念都指向同一个区域,但因为定义方式不同,其他情形下可能会有细微区别,具体不再展开,只需在提及时会意即可。

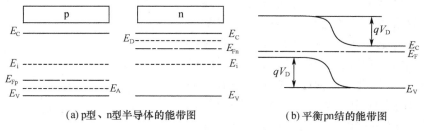

(a) p型、n型半导体的能带图 (b) 平衡pn结的能带图

图 5-19   pn 结接触前、后的能带图

求解稳态分布所需的所有理论都已经在 4.5.3 节介绍,而且 pn 结实际上可简单看作是一个杂质浓度分布极端不均匀的非均匀半导体。但因为它在工程应用中十分基础,所以仍有必要熟悉其完整结论。

先看接触电势差 V_D,它反映能带究竟弯曲了多少。我们前几章 φ 来表示电势,这更符合电磁场物理的习惯。但如 4.5.4 节所述,电路学中习惯用电压 V 代替电势 φ,因此本章我们就改用 V 来描述所有电势,顺应工程学的习惯。从 V_D 的物理意义上可知:

$$qV_D = E_{Fn} - E_{Fp} \tag{5-7}$$

根据费米能级的定义,有:

$$n_{n0}=n_i e^{\frac{E_{Fn}-E_i}{kT}}, \quad n_{p0}=n_i e^{\frac{E_{Fp}-E_i}{kT}} \tag{5-8}$$

式中，n_{n0} 和 p_{p0} 分别指 n 区和 p 区的多子浓度。由此得到：

$$V_D=\frac{kT}{q}\ln\frac{n_{n0}}{n_{p0}}=\frac{kT}{q}\ln\frac{n_{n0}\,p_{p0}}{n_i^2} \tag{5-9}$$

对于非简并半导体，多子浓度基本就是杂质的掺杂浓度，即 $n_n\approx N_D$，$p_p\approx N_A$，N_A 和 N_D 分别是 n 区的施主掺杂浓度和 p 区的受主掺杂浓度。因此上式变为：

$$V_D=\frac{kT}{q}\ln\frac{N_D N_A}{n_i^2} \tag{5-10}$$

可见 V_D 与 pn 结两侧掺杂浓度、温度、材料等参数有关。对于最重要的半导体材料硅，一般掺杂水平下，如 $N_A\approx10^{17}\,\mathrm{cm}^{-3}$，$N_D\approx10^{15}\,\mathrm{cm}^{-3}$ 时，接触电势差 V_D 约为 0.7V，对应 pn 结的势垒高度为 0.7eV。同样条件下，锗的 V_D 只有 0.32V。这是因为室温下硅的禁带宽度 $E_g=1.12\mathrm{eV}$ 比锗的 $E_g=0.67\mathrm{eV}$ 大，因而 n_i 更小的缘故。

再看电场和电势的分布。因为电离的载流子耗尽，剩下的净电荷全都是杂质离子，所以空间电荷区的电荷浓度就是两边半导体原有的杂质浓度，分别为 N_A 和 N_D。在此基础上应用式(4-109)的泊松方程，有：

$$\frac{d^2V_1(x)}{dx^2}=\frac{qN_A}{\varepsilon_r\varepsilon_0} \quad (-x_p<x<0)$$

$$\frac{d^2V_2(x)}{dx^2}=-\frac{qN_D}{\varepsilon_r\varepsilon_0}\,(0<x<x_n) \tag{5-11}$$

$\varepsilon_s=\varepsilon_r\varepsilon_0$ 为半导体的介电常数，因为两边同质，故假设为同一常数。电场的边界条件为：

$$\mathscr{E}(-x_p)=-\frac{dV_1(x)}{dx}\Big|_{x=x_p}=0$$

$$\mathscr{E}(x_n)=-\frac{dV_2(x)}{dx}\Big|_{x=x_D}=0 \tag{5-12}$$

由此可解出电场分布：

$$\mathscr{E}_1(x)=\frac{dV_1}{dx}=\frac{qN_A(x+x_p)}{\varepsilon_r\varepsilon_0}, \quad (x_p<x<0)$$

$$\mathscr{E}_2(x)=\frac{dV_2}{dx}=\frac{qN_D(x-x_n)}{\varepsilon_r\varepsilon_0}, \quad (0<x<x_n) \tag{5-13}$$

如图 5-20(c)所示。当 $x=0$ 时，电场取得最大值 $|\mathscr{E}_m|$

$$|\mathscr{E}_m|=\frac{qN_A x_p}{\varepsilon_r\varepsilon_0}=\frac{qN_D x_n}{\varepsilon_r\varepsilon_0}=\frac{Q}{\varepsilon_r\varepsilon_0} \tag{5-14}$$

由式(5-13)和式(5-14)描述的突变结势垒区内电场分布如图 5-20(c)所示。对式(5-13)积分，并注意到电势的自然边界条件为，$V_1(-x_p)=0$，$V_2(x_n)=V_D$，$V_1(0)=V_2(0)$，可求得势垒区的电势分布为：

$$V_1(x)=\frac{qN_A(x^2+x_p^2)}{2\varepsilon_r\varepsilon_0}+\frac{qN_A x x_p}{\varepsilon_r\varepsilon_0} \quad (-x_p<x<0)$$

$$V_2(x)=V_D-\frac{qN_D(x^2+x_n^2)}{2\varepsilon_r\varepsilon_0}+\frac{qN_D x x_n}{\varepsilon_r\varepsilon_0} \quad (0<x<x_n)$$

$$\tag{5-15}$$

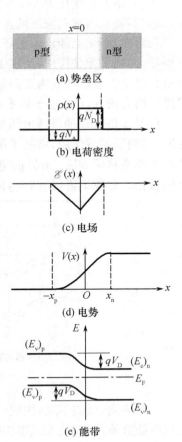

(a) 势垒区

(b) 电荷密度

(c) 电场

(d) 电势

(e) 能带

图 5-20　pn 结中电荷、电场、电势和能带的关系

具体如图 5-20(d)所示。

最后再看看势垒区的几何尺寸，即两边的势垒区宽度 x_p 和 x_n，以及势垒区总宽度 $W = x_n + x_p$。由 $V_1(0) = V_2(0)$ 及式(5-15)，得到突变结接触电势差 V_D 与势垒区宽度的关系为：

$$V_D = \frac{q(N_A x_p^2 + N_D x_n^2)}{2\varepsilon_r \varepsilon_0} \tag{5-16}$$

考虑到半导体的电中性，势垒区正负电荷总量相等，有：

$$q N_A x_p = q N_D x_D \tag{5-17}$$

因为 $W = x_n + x_p$，可得：

$$x_n = \frac{N_A W}{N_D + N_A}, \quad x_p = \frac{N_D W}{N_D + N_A} \tag{5-18}$$

代入式(5-16)，整理后得到势垒区的宽度：

$$W = \sqrt{V_D \frac{2\varepsilon_s}{q} \frac{N_A + N_D}{N_A N_D}} \tag{5-19}$$

同样的方法可得出缓变结中势垒区高度和宽度，不再展开。

5.2.2 常规特性

在 pn 结上加电压 V 后，因为两边势能的差异，载流子开始流动，形成电流 I。从电路学角度，我们不关心内部载流子的运动状态，只关注外部看到的 $I\text{-}V$ 特性。

先看在 pn 结上加正偏电压，即 p 正 n 负时的情形，如图 5-21(a)所示。正偏压缩小了接触电势差，抑制了漂移作用，增强了扩散作用，使更多电子涌向 p 区，空穴涌向 n 区，产生显著的电流。电路学上就称其为正向导通。形象地看，pn 结就是通过大陆架连接的大陆与深海，只需海底稍有抬升，n 区电子海水会涌向 p 区大陆。

再看 p 负 n 正的反偏电压情形。如图 5-21(b)所示，反偏压增大了势垒高度和内建电场强度，抑制了扩散作用，增强了漂移作用。但 p 区的电子本来就很少，场强再大，也找不到更多的电子能漂移回 n 区。n 区的空穴也是同理。因此反偏后几乎不能形成电流，电路学上称为反向截止。形象地说，抬高大陆地势以后，陆地上没有水可以流回大海。

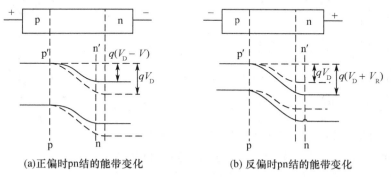

(a)正偏时pn结的能带变化　　　　　(b) 反偏时pn结的能带变化

图 5-21　pn结加压后的变化情况

正向导通，反向不通，构成电路学上的整流特性，是二极管的基本功能。它能把交流信号变成等幅直流信号，是无线电接收技术的重要环节，而一个简单的 pn 结就已经实现了这一功能，一个 pn 结就是一个二极管。但 pn 结的作用还远远不止于此。只要把 n 区看作海洋，p 区看作平陆或高山，就能明白 pn 结的电势能结构，实际上构成了引导电子流动的地势结构。水利工程中有多少种方法整治河道,电子工程就有多少种方法控制电流,而 pn 结只是其中最基本的结构单元。当人们领会了利用 pn 结单元控制电流电势的基本思想后,紧接着就发明出许许多多的新结构,如 p-n-p 结构,p-n-p-n 结构等。它们能精密地控制着电流的行止方向,产生形形色色的电子器件。具体会在器件类课程中专述。

下面按照第 4 章的理论推导 pn 结具体的 $I-V$ 特性。

不加电压时,扩散电流和漂移电流相互平衡。以电子电流密度 J_n 为例,写为:

$$J_n = nq\mu_n\varepsilon + qD_n\frac{\mathrm{d}n}{\mathrm{d}x} \tag{5-20}$$

式中,μ_n 是电子迁移率;D_n 是电子扩散系数。按 4.4.3 节理论它可改写为式(4-102)形式,即

$$J_n = n\mu_n\frac{\mathrm{d}E_F}{\mathrm{d}x} \tag{5-21}$$

说明电子费米能级的倾斜导致了电子的流动。空穴情况同理不述。

外加正偏电压后,两种载流子分别向对方区域灌注,构成粒数/浓度的注入运动。偏压不大时,注入浓度远小于对方的多子浓度,构成一个标准的少子扩散电流问题,这里可照搬 4.5.2 节的全套理论,简单复述如下:

注入的少子会一边复合转化为多子漂移电流,一边向扩散区的深处扩散,直到在扩散长度的位置上,所有少子都被复合殆尽,少子扩散电流完全转化为多子漂移电流。扩散区内费米能级分裂成两条。因为电流相仿而浓度差异巨大,所以少子的费米能级显著弯曲,如图 5-22(a),多子的费米能级几乎不弯曲。因为电流连续,只需求解扩散区起始位置上的扩散电流,它等于各处的稳态总电流。最终只需求出给定注入浓度时扩散区起始($p-p'$ 或 $n-n'$)处的少子扩散电流,就能推出其他所有位置上的电流解。

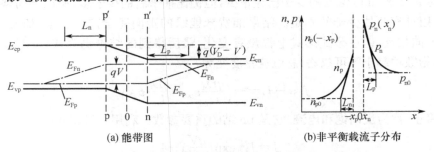

(a) 能带图   (b) 非平衡载流子分布

图 5-22 正偏时 pn 结的能带图及非平衡载流子分布情况

然而,和 4.5.2 节的问题比起来,现在还缺少一个条件:不知道扩散区起始处的少子注入浓度是多少。这里扩散区都紧邻着耗尽区,扩散区起始处就在耗尽区的边界位置。严格来说,有了 4.5.1 节的三个基本方程,只要给定所有约束的外界作用,一定能解出所有物理量。但对小注入问题来说,不用这样大费周章。仍与 4.5.2 节解释为何只有少子费米能级发生弯折时一样,可以用式(5-21)来进行简单的分析。各处电流大小相仿的情况下,费米能级的斜率与浓度呈反比关系。现在对同一种载流子(如电子)。它在 n 区、耗尽区和 p 型扩散区三个区域中,浓度最低的是扩散区,因为电子一路扩散-复合过来的,复合只会使它越来越少,到扩散长度位置上达到最少,等同于该区的少子浓度。耗尽区虽然名为耗尽,但指的是多子被耗尽,耗尽区的少子浓度比起扩散区来说还是要大很多。既然扩散区的电子浓度最少,为了保持电流连续性,扩散区的电子准费米能级斜率应该比其他各处都大。换句话说,费米能级在其他各区都保持齐平,一进扩散区就开始弯折。能带如何弯曲我们已经有答案,现在又分析出费米能级在其

他各区保持齐平的结论，两相对比就能得到扩散区始端费米能级和能带结构的距离，由此推得该处的少子浓度。

利用这样的思想，推出正偏下 p 型扩散区始端注入的（p–p'位置）少子电子浓度 n_{p1} 为

$$n_{p1} = n_{p0} \exp\left(\frac{qV}{kT}\right) \tag{5-22}$$

式中 n_{p0} 是 p 区深处电子浓度，如图 5-22(b) 所示。因此该处电子的净注入浓度 Δn_p 为：

$$\Delta n_p = n_{p0}\left[\exp\left(\frac{qV}{kT}\right) - 1\right] \tag{5-23}$$

套用少子扩散电流理论得到该处扩散电流密度为：

$$J_n = \frac{qD_n}{L_n}\Delta n_p = \frac{qD_n}{L_n}n_{p0}\left[\exp\left(\frac{qV}{kT}\right) - 1\right] \tag{5-24}$$

它同时也等于 p 型扩散区其他各处由少子注入扩散引起的总电流，也就是电子扩散电流和它复合后转化成的多子漂移电流的和。同理可以得到 n 区势垒区边缘处的空穴扩散电流密度为：

$$J_p = \frac{qD_p}{L_p}p_{n0}\left[\exp\left(\frac{qV}{kT}\right) - 1\right] \tag{5-25}$$

它同时也等于 n 型扩散区其他各处其他各处由少子注入扩散引起的总电流。这两个电流加在一起就构成了整个 pn 结中的总电流密度：

$$J = J_n + J_p = \left(\frac{qD_n}{L_n}n_{p0} + \frac{qD_p}{L_p}p_{n0}\right)\left[\exp\left(\frac{qV}{kT}\right) - 1\right] \tag{5-26}$$

再看反偏电压的情况。此时势垒区边缘的少子不但没有补给，还会因为反向电场的抽取而枯竭。尽管 p 区、n 区深处的少子已经很少，但仍比抽干后的少子多，所以会向势垒区边界，反向扩散，以补充此处少子的不足。结果准费米能级的走向完全被反过来，如图 5-23 所示。虽然扩散方向相反，但在公式形式上都没有变化，最后得到的结论仍为式（5-26）。当反向电压较大时，指数项趋于零可忽略，总电流密度变为：

$$J \approx -J_s = -\left(\frac{qD_n}{L_n}n_{p0} + \frac{qD_p}{L_p}p_{n0}\right) \tag{5-27}$$

一般将 J_s 称为**反向饱和电流**，它是 pn 结的重要参数。利用它可将式（5-27）重写为

$$J = J_s\left[\exp\left(\frac{qV}{kT}\right) - 1\right] \tag{5-28}$$

用电流密度 J 的公式乘以 pn 结的横截面积 A 即得到电流 I。

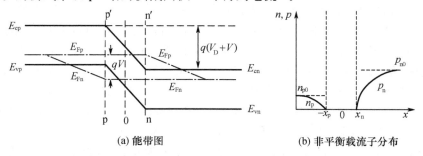

(a) 能带图   (b) 非平衡载流子分布

图 5-23　反偏时 pn 结的能带图及非平衡载流子公布情况

将上述计算结果绘成图，就得到 pn 结的 I–V 特性曲线，如图 5-24(a) 所示。随正偏电压增大，电流呈指数级增长。正偏电压增大到一定程度时，电流值会增至显著的数量级，可认为

pn 结正式导通。使 pn 结导通所需的正偏电压就称为阈值电压。对于硅 pn 结,阈值电压一般在 0.7V 左右。导通后的电流仍然沿指数级增长。综合上述特征,有时也将 pn 结的 I-V 曲线理想化成图 5-24(b),形成一条有阈值电压的整流特性曲线。pn 结的 I-V 特性与温度密切相关,由式(5-26)和式(5-28)可知,正、反向电流均随温度的升高而迅速增大,这点在实际应用中必须考虑。

实测的 I-V 特无性曲线往往与图 5-24 所示的理想曲线存在一定误差。小注入情况下的误差主要源于理想情况忽略了正/反向偏置的势垒区的复合/产生电流。

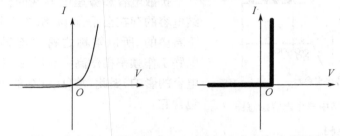

(a) pn结常规工作方式下的典型I-V曲线图　　(b) 理想化后的I-V曲线图

图 5-24　pn 结 I-V 曲线图

至此为止推导的都是稳态的解。当外加电压瞬态变化时,就必须用上 4.5.4 节的瞬态结论。严格求解瞬态解又是三个基本方程联立的问题。运动不复杂时,电路学上还是希望简化的分析方法,常采用 4.5.4 节的方法,把各种瞬态运动等效为电容和电感的形式。常态下电容行为来源更多、表现更显著,这里只介绍它的常用结论。

pn 结中的电容行为就是势垒区电荷的充放电运动。反偏增大时,更多载流子被抽走,净电荷增加,相当于充电。反偏减小时,则相反。正偏增大时,载流子流回增加,净电荷减少,相当于放电,反之相当于充电。用 Q 表示势垒区净电荷量,V 表示外加电压,可定义该电容为:

$$C = \frac{\mathrm{d}Q}{\mathrm{d}V} \tag{5-29}$$

这种由于势垒区电荷变化导致的 pn 结电容就称为**势垒电容**。势垒区电荷 Q 与电压 V 的关系在前文已有推导,可直接推论得到单位截面积上势垒电容 C_T 为:

$$C_T = \sqrt{\frac{\varepsilon_r \varepsilon_0 q N_A N_D}{2(N_A + N_D)(V_D - V)}} \tag{5-30}$$

反偏电压越大,势垒电容越小。常见 pn 结势垒电容的典型数值约在 10^{-10} F 量级。式(5-30)的推导利用了耗尽近似,因此对正偏情况不适用。正偏电容一般用经验公式 $G = 4C_T(0)$ 近似计算。

除了势垒区,扩散区的电荷量也会随着外加偏压而变化。但它属于 4.5.4 节所说的由统计粒数差 $\varphi_F - \varphi$ 引起的电容,即净电荷不变,但载流子浓度分布改变,为了填补分布改变需要额外的载流子,它们的出入运动就形成该电容的充放电电流。这种由于扩散区电荷变化导致的 pn 结电容就称为**扩散电容**。扩散区的少子总电荷可表示为:

$$Q_p = \int_{x_n}^{\infty} q \Delta p(x) \, \mathrm{d}x, \quad Q_n = \int_{-\infty}^{-x_p} q \Delta n(x) \, \mathrm{d}x \tag{5-31}$$

式中,

$$\Delta p(x) = p_n(x) - p_{n0} = p_{n0}\left[e^{\frac{qV}{kT}} - 1 \right] e^{\frac{x_n - x}{L_p}}$$

$$\Delta n(x) = n_p(x) - n_{p0} = n_{p0}\left[e^{\frac{qV}{kT}} - 1\right]e^{\frac{x_p+x}{L_n}}$$

由此可得扩散区单位截面积的扩散电容 C_D 为：

$$C_D = \left[q^2\frac{n_{p0}L_n + p_{n0}L_p}{kT}\right]\exp\left[\frac{qV}{kT}\right] \tag{5-32}$$

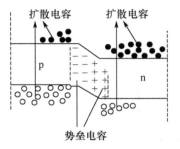

图 5-25　pn 结中寄生电容示意图

正偏电压越大，扩散电容越大。常见 pn 结扩散电容的典型数值约在 $10^2 \sim 10^3\,\text{fF}$ 量级。

扩散电容和势垒电容共同构成了 pn 结的电容。结电容的存在会干预 pn 结的正常功能，这是人们本不希望的，所以常称之**寄生电容**（如图 5-25 所示）。电路工作频率稍微高一点以后，就必须考虑这种寄生电容的影响，因此，常见 pn 结的等效电路模型中都会包含它。

5.2.3　异常特性

人们最开始使用 pn 结是用来实现整流特性的。图 5-24 所示的 pn 结 $I\text{-}V$ 特性也很好地实现了这一预期。但在使用过程中，人们发现这张图还不全，它只描绘了最中间一段工作区域的特性。随着正、反偏电压不断增大，曲线继续往左或往右延伸，这种特性的趋势是否能一直保持下去，图 5-26 给出了结论，两边都不能。以下我们将简要介绍这两个异常区域的工作特性。

先看正偏不断增大后的情况。此时图 5-26 曲线的斜率渐渐降低，表明表面随着正偏电压的增大，载流子的注入受到阻挡。特别是当注入的少子载流子浓度大到与该区的多子浓度可以相比拟后，这种趋势表现得尤为明显。在 4.5.3 节曾提过，这种注入称为**大注入**。从理论上说，注入的少子量已经接近多子，开始显著干预空间的电中性，因此在大注入了少子 ΔP_n 的区域，会吸引 Δn_n 的多子到来以维护 n 区的电中性，如图 5-27 所示，ΔP_n 和 Δn_n 分布相同。由于电子与

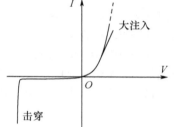

图 5-26　pn 结异常工作方式下的典型 $I\text{-}V$ 曲线

空页以不同速度向 n 区体内方向扩散，从而形成内建电场，阻碍与它同极性的载流子的进一步

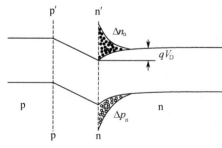

图 5-27　大注入时的 p^+n 结能带图

注入。表现在能带图上，扩散区的内建电场虽然加强了该区以后各处的少子扩散，但却抬高了扩散区始端的势垒，阻碍了少子的进一步注入。简化推导后可得到大注入后的近似特性为：

$$J_n \approx \left(\frac{q2D_n}{L_n}n_i\right)\exp\left(\frac{qV}{2k_0T}\right) \tag{5-33}$$

尽管扩散系数增加了，但是指数级增长速度却降低了一半，所以总的增长势头会显著放缓。大注入的极限情况就是少子和多子一样多，处处变成均匀的本征半导体，pn 结的特性完全消失。

再看负向偏压不断增大的情况。从图 5-26 可以看到，反偏增加到某一阈值时，反向电流会急剧增大。表现的与高压击穿绝缘体的现象类似，因此称为**pn 结击穿**。本来这不算是什么

好现象,但从图中曲线可以看到,击穿后的电流上升速度远比正向大注入区要迅速,$I-V$ 曲线十分陡直。这带来两个很不错的推论:第一,击穿状态的 pn 结能提供很大的电流;第二,击穿状态的 pn 结更容易维持相对稳定的电压。这两个结论分别奠定了击穿效应在功率器件和稳压器件中的重要地位,使可控的击穿成为一种良性的效应,有着很多积极的器件应用。适当设计后的 pn 结常常刻意反/偏,用作稳压二极管,就属这类应用。

  pn 结反向击穿基于两种机理,一种就是**雪崩击穿**效应,在 4.5.5 节已进行分析。这里结合 pn 结的结构再简单说明。如图 5-28 所示,反向偏压很大时,势垒区的电场很强,势垒区内电子和空穴在很短的时间和距离内便能获得很大动能。以电子为例,高能导带电子会与价电子碰撞,使其跃迁进入导带。这样一个载流子在一次碰撞中产生了额外的两个载流子。新产生的载流子又会以同样方式继续碰撞,就像滚雪球一样,把价带足够多数量的电子调动起来参与导电。雪崩后的载流子在反向电场作用下立刻漂向两端。从极性上看,电子会漂入 n 区,空穴会漂入 p 区,都是各自区域的多子,因此立刻就融入到多子漂移电流中形成器件电流。因此整个雪崩过程几乎没有少子参与到其中的复合和扩散过程,少了慢腾腾的少子,所有过程都能干净利落地完成,因此击穿电流立刻就提升上去,即使在瞬态激励下也能保持良好的击穿特性。

  反向击穿的另一种机理是隧穿,也称**齐纳击穿**。如图 5-29 所示,反偏电压足够大时,能抬高 p 区价带达到 n 区导带的高度。如果 pn 结两端掺杂较重,构成 p^+n^+ 结,那么按式(5-19),势垒区就会较薄。这两个因素合在一起,就构成了 p 区价带电子(注意不是空穴)隧穿到 n 区导带的条件。隧穿也不用动用少子,也是响应速度非常快的机制。实际使用中,击穿和隧穿这两种机制可能会同时发生。一般来说,轻掺杂强反偏有利于雪崩击穿,重掺杂利于齐纳击穿。

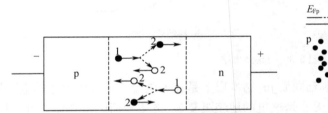

图 5-28 pn 结反偏时雪崩击穿的机理

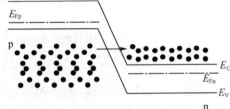

图 5-29 pn 结反偏时隧穿的机理

  除上述两种电击穿以外,pn 结还可能发生**热击穿**。它的原理很简单。通电会使 pn 结发热,而发热后又会进一步增加热激发的载流子数,按式(5-28)使电流变得更大,发热量更高。任由这样恶性循环下去,很快 pn 结就会被烧毁。上文介绍的两种反向击穿中都存在着因为电流过大滑向热击穿的隐患。热击穿一旦发生,结构的晶格就被永久地破坏,击穿就成为不可逆行为。这是我们想利用击穿时一定要避免发生的问题。因为该效应是 $I-V$ 特性固有的温度效应带来的,通常用加强散射的办法加以预防。但也因此衍生了各种从器件和电路结构上想出的办法,在后续课程中会有介绍。

5.3 异 质 结

  所谓**异质结**,就是两种不同半导体材料接触后形成的结构。精心设计后的异质结往往能比同质结提供更多、更巧妙的电势形貌,提供更好的电流控制手段。

5.3.1 基本结构

异质结的制备比较困难。它通常使用薄膜生长工艺进行制备。在一块(或一层)材料表面上利用物理或化学方法长出另一层材料。控制生长条件可以获得良好的接触质量。制备中常遇到的问题是,如果两种材料的晶格结构、晶格常数和热膨胀系数相差过大,界面处就会产生明显的界面态。这一问题在金属有机气相沉积法和分子束外延等工艺开发成功后得到缓解。工艺成熟后的异质结为器件设计者的想象力提供了充分的发挥空间,几乎成为高端电子器件结构的代名词。

根据形成异质结的两种不同材料的导电类型来分,异质结可以分成**同型异质结**(如 nn结、pp 结)和**异型异质结**(如 pn 结、np 结),习惯上将禁带宽度窄的材料写在前面。以图 5-30(a)的 pn 异型异质结为例,未接触前,两个半导体的导带位置、价带位置、禁带宽度、费米能级均不相同。接触后,因为电流为零,所以费米能级仍然要齐平,又因为材料没有变,所以每种材料内能带的相对结构不能改变,接触界面处的相对位置也不能变,结果热平衡态时就形成图 5-30(b)的结构。其他类型的异质结就留给读者自己分析。

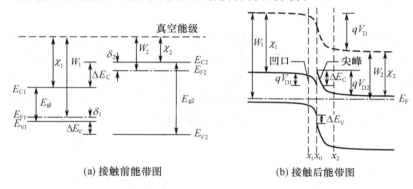

(a) 接触前能带图　　　　　　(b) 接触后能带图

图 5-30　pn 异质结

如果通过 5.2 节的阅读,能够理解到同质 pn 结本质上是在为电流流动提供合适的电势地貌,那么理解异质结就没什么困难了,无非是这里的地貌更复杂、更巧妙而已。在图 5-30 例子中,我们很快就能辨别出许多新的地貌特征,也不难猜到它们的潜在作用。图 5-30(b)中的能量凹口具有聚集电子的作用,它应该能使电子的浓度显著增高。图中的尖峰可以提供垂直纸面方向上电流的边界,足够窄时还可能使电子隧穿,打通平行纸面方向上电流的通道。p 区和n 区的导带底高度相距较近,而价带顶相距较远,意味着势垒区阻碍价带空穴漂移的作用比阻碍导带电子漂移的作用更加强烈。下面就针对这些能带特征的实际特性展开讨论。

5.3.2 优异特性

利用两边导带底和价带顶不一样高的特点,异质结可以获取很高的注入比,也就是正向偏压下 n 区向 p 区注入的电子电流与 p 区向 n 区注入的空穴电流之比。这常对强化优势电流有利。假设 p 区和 n 区的杂质全电离,D_n 和 D_p、L_n 和 L_p 相差不大,用 5.2.2 节的扩散电流模型能简化分析 pn 异质结的注入比。由式(5-24)和式(5-25)可知:

$$\frac{J_n}{J_p}=\frac{D_nL_p}{D_pL_n}\frac{n_{p0}}{p_{n0}}=\frac{D_nL_p}{D_pL_n}\frac{(n_i^2)_p}{(n_i^2)_n}\frac{n_{n0}}{p_{p0}}=\frac{D_nL_pN_D}{D_pL_nN_A}e^{\frac{\Delta E}{k_0T}} \tag{5-34}$$

式中,$\Delta E=\Delta E_C+\Delta E_V=(E_g)_n-(E_g)_p$ 对于同质结,$\Delta E=0$,提高注入比的唯一途径是增加 n

区的电子浓度。要想获得较大的注入比,往往要掺杂很高的浓度,既破坏了浓度与导电性呈线性的轻掺杂条件,也限制了结构的设计范围。但对于异质结,注入比主要由指数因子 $e^{\frac{\Delta E}{k_0 T}}$ 决定,即使 $N_D < N_A$,仍可获得很大的注入比,使异质结在依赖注入比工作的器件,例如,双极结型晶体管中能发挥重要作用。

能带中的凹口、尖峰和费米能级相互配合,能起到聚集某种载流子的特殊作用。以 pn 异质结为例,随着外加正向电压的增大,图 5-30 中的异质结势垒逐渐被拉平,n 区的电子不断向 p 区注入,这时 p 区的电子准费米能级将大幅度偏离热平衡时的费米能级,甚至抬高到与 n 区的电子准费米能级一致,如图 5-31 所示。由于 ΔE_C 的存在,此时有 $E_{C2} - E_{Fn} > E_{C1} - E_{Fn}$,因此 $n_1 > n_2$,出现注入到窄带材料中的少数载流子超过宽带材料中的多数载流子浓度的现象,常称为超注入效应。这种现象已在半导体激光器中得到证实和应用,实现了激光器所要求的粒子数翻转这一必要条件。

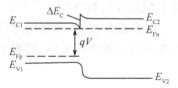

图 5-31　pn 异质结外加大
正向电压时的能带图

合适控制尺寸后,凹口处的载流子往往还能获得不同的运动特性。一个典型的例子就是二维电子气。下面以宽禁带重掺杂的 n 型 AlGaAs 与不掺杂的 GaAs[图 5-32(a)所示]构成的 GaAs/AlGaAs 突变调制掺杂异质结为例进行分析。调制掺杂异质结就是指一边重掺杂,另一边轻掺杂或者不掺杂的异质结。因为是突变结,导带底能量在界面处会有突变 ΔE_C,构造出陡峭的尖峰和凹口。宽带隙的 AlGaAs 掺杂浓度很高,电子从 AlGaAs 向 GaAs 注入,将进入 GaAs 一侧的凹口中,在 AlGaAs 一侧形成薄空间电荷层。图 5-32(b)所示中的"尖峰"也就是电子的势垒,"凹口"也就是电子的势阱。如果"凹口"势阱的深度足够大,则其中的电子就只能在势阱中紧贴着异质结界面运动,在垂直于异质结界面的方向势阱很窄,电子势场尺度被等效地低维化,使能量呈现出分立状态。这种情况下电子只能二维运动,故称为**二维电子气**,简写为 2DEG。又因为势阱中的二维电子气处在本征半导体一边,因此虽然有很高的电子浓度,但该区域电子在运动过程中受到电离杂质的散射作用却很小,因而迁移率可以很高。特别是在较低温度下,晶格振动减弱,迁移率更高。这样的调制掺杂异质结结构既满足了载流子浓度高和速度高的要求,对制造高速器件十分有利。此外,调制掺杂异质结中的二维电子气还具有在极低温度下不会复合消失的特质。这是因为浓度很高时电子同电离杂质的中心位置是分离开来的,温度降低后电子也无法回到杂质中心上去,从而在极低温度下它们也不会消失,能够正常工作。这就为低温电子学的研究与发展提供了器件基础。

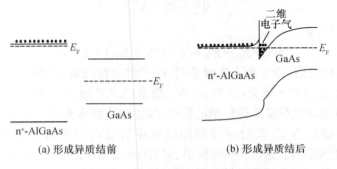

(a) 形成异质结前　　　　　　(b) 形成异质结后

图 5-32　GaAs/AlGaAs 异质结能带图

此外,在 AlGaN/GaN 异质结中也能形成二维电子气,且较其他半导体异质结的二维电子气面密度高近一个数量级,迁移率可高达 $2000\text{cm}^2/\text{V}\cdot\text{s}$,是制作微波器件的优选材料。AlGaN/GaN异质结界面处之所以能够产生如此高的面密度,与材料内部的极化效应密切相关。我们知道,III族氮化合物的晶体结构为纤锌矿结构,不具有中心对称性,其晶胞内的正负中心不重合,形成电偶极矩,故存在自发极化。由于晶格常数存在差异,AlGaN/GaN 形成异质结结构时还会产生压电极化效应。很强的自发极化和压电极化在异质结界面附近感生出极高密度的界面电荷,强烈调制了异质结的能带结构,加强了对 2DEG 的二维空间限制,从而提高了 2DEG 的面密度。

综合这些优点,异质结尽管制备不易,还是在各种高端电子器件中得到广泛应用。它的设计潜力远远超出同质结,只要发挥想象力还可能其中发现更多更新的电子控制途径。

5.4　金属-半导体结构

历史上最早出现的半导体结构不是 pn 结,而是**金属-半导体结构**,简称金-半结构。最早的时候,电子器件都由金属和简单的半导体拼成,很容易就发现这种结构。第一个金-半结构是矿石二极管,人们发现用通电的金属探针点触黄铁矿石的某些部位时会产生整流特性。当时不知道是什么原理,只是拿来应用了,直到能带结构理论成熟以后才揭开了它的工作原理。

5.4.1　基本结构

金属通常也是晶体,也有能带结构,因为它的允带常常贯通为一个导带,所以金属只要考虑导带和导带电子。金属的电子浓度很高,费米能级 E_{Fm} 位于导带之中。而半导体可以分 p 型和 n 型,有两种载流子,费米能级 E_{Fs} 常位于禁带中。它们接触以后会构成不同的结特性,下面依次介绍。

首先分析 n 型半导体与金属接触,且半导体的功函数小于金属的情形。在两者还没有接触之前,各自的能带图如图 5-33(a)所示。这时它们各自是独立的系统,相互不发生能量交换。图中,半导体费米能级与导带的距离用符号 E_n 表示。费米能级到真空能级的距离称为(逸出)**功函数**,常用符号 W 表示,它表示整体水平上电子要从固体中挣脱成为完全自由的电子所需吸收的能量。导带底到真空能级的距离称为(电子)**亲和能**,常用符号 χ 表示。它表示原子保护导带(即最外层)电子不被其他原子获取的能力。这个概念在化学反应中用得更多。根据这些定义,可以写出金属功函数 W_m 为

$$W_m = E_0 - E_{Fm} \tag{5-35}$$

n 型半导体功函数 W_s 为

$$W_s = E_0 - E_{Fs} = \chi + (E_C - E_{Fs}) = \chi + E_n \tag{5-36}$$

半导体和金属一旦接触后,由于费米能级不同,电子就会在两者之间产生流动。在图 5-33(a)中,金属的功函数比 n 型半导体大,即 $W_m > W_s$,费米能级较低,因此电子将从半导体向金属扩散,产生并受到内建电场的反向漂移作用的阻碍,最终两边费米能级齐平为止,扩散流和漂移流平衡。既要使费米能级齐平,又要保持两边能带相对结构和界面处相对位置,最终就形成图 5-33(b)所示的能带结构。这些机制与同质、异质结都是相同的。不同的地方在于金属没有掺杂浓度之说,它几乎能源源地不断提供电子,所以金属一侧不会有杂质电离后剩下的净电荷,因而不会产生电场。结果内建电场全部都被分布在半导体一侧,它同时也对应能带结构弯曲的部分。

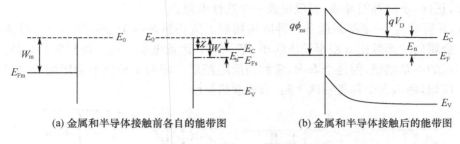

(a) 金属和半导体接触前各自的能带图　　　(b) 金属和半导体接触后的能带图

图 5-33　金属和半导体接触前、后平衡时的能带图

5.4.2　肖特基接触

根据能带图的特征很容易看出金-半结的 I - V 工作特性。

不加电压时,如图 5-34(a)所示,金属侧能带平坦,而半导体侧能带起伏。两者接触电势差正好是费米能级差,或功函数差:

$$qV_D = W_m - W_s \tag{5-37}$$

加正偏电压时,如图 5-34(b)所示,半导体侧的能带被抬高,电势差缩小,漂移作用削弱,更多半导体电子流向金属,形成正向电流。

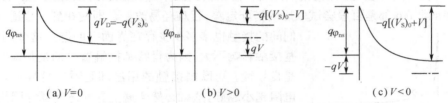

(a) $V=0$　　　　　　(b) $V>0$　　　　　　(c) $V<0$

图 5-34　外加电场下金-半接触整流特性的能带机理

加反偏压电压时,金属一侧能带抬高。按理它能带抬高以后,金属中电子也会朝着半导体侧注入。可从半导体进入金属时,能带是渐变的,界面靠右的电子已经站在山头附近,只要稍加努力就能越过山头落入左边的电子海洋中。可从金属中进入半导体时,能带是突变的,界面靠左的电子一上来都是待在海平面上的,它们必须先翻过界面处陡直的峭壁势垒才能进入半导体。这个峭壁常称为阻挡层,它的能量高度是由金属和半导体的导带底部的能级差决定的,记为 $q\varphi_{ns}$,根据前面的物理量定义有

$$q\varphi_{ns} = W_m - \chi \tag{5-38}$$

不管外加电压如何变化,界面处的相对位置都不变,所以从金属侧看去,该势垒的高度始终不变。常态下金属电子无法获得足够能量越过这个势垒,因此反偏时不能产生电流。

于是我们又得到正向导通,反向不通的整流特性。历史上这类理论首先由肖特基解释清楚的,因此具有整流特性的金-半接触常称为**肖特基接触**。它是金-半接触的一种典型方式。虽然肖特基接触和 pn 结都有整流特性,但从此例中可以看到,肖特基接触中两边的电子总是多子,无论导通还是截止,过程速度都很快。而 pn 结则恰好相反,它的导通和截止都是靠少子慢慢流过或流回势垒和扩散区来实现的。因此肖特基接触的突出优势就是速度快,在高速开关器件中有着广泛应用。

5.4.3　欧姆接触

金-半接触的另一种典型方式是**欧姆接触**。所谓欧姆接触,就是接触体的电流—电压符合

欧姆定律,正向、反向都能导通,表现得像一个线性电阻。

图 5-35 所示的金-半接触就是一种欧姆接触。这仍然是一个金属和 n 型半导体的接触,但在这里金属的功函数比 n 型半导体的小,$W_m < W_s$,因此电子会从金属流向半导体。结果在接触区形成的不是峭壁,而是个海沟,常称为反阻挡层。海沟本身就不会阻碍流动,所以无论正偏还是反偏,两边多子都是畅通无阻,形成欧姆接触。

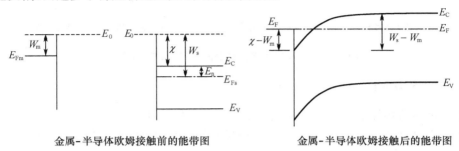

金属-半导体欧姆接触前的能带图　　　　金属-半导体欧姆接触后的能带图

图 5-35　金属-半导体欧姆接触前、后的能带图

然而,现实中却并不是用这样的方法来实现金-半欧姆接触的。主要原因是,实际中半导体和金属材料的选择会受到很多因素限制,很难找到图中那样理想的配对,Si 配 Al、Au 和多晶硅,GaAs 配 Au 都是百般尝试以后的搭配定势,很难轻易改变。即使找到了合适的配对,它

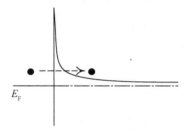

图 5-36　利用隧穿效应实现
金属-半导体欧姆接触

们间的接触也多多少少存在界面态问题。这个问题对肖特基接触影响不大,因为肖特基接触看中的是整流特性,而不是良导性。可欧姆接触的用法却是看中良导性,希望接触电阻越小越好,这就必然会遇上界面态问题的困扰。

因此,常用的欧姆接触是采用另一种方法做到的,如图 5-36所示。如果半导体是重掺杂,电子流走后的空间电荷密度也会很高,阻挡层宽度就会显著减小,这样势垒不仅陡而且薄。两边的导带电子将直接隧穿势垒,变肖特基接触为欧姆接触。为了达成这种结构,工艺中都会对半导体的接触区进行重掺杂,然后再将它与金属导线或导体接触,形成接触电阻很小的欧姆接触。

以上介绍了金属与 n 型半导体接触后的几种情况。金属与 p 型半导体接触后的分析方法同理,结论类似,就留给读者自己尝试。

5.5　MOS 结构

绝缘体的禁带宽度比半导体更大,常态下不能导电。不能导电的物质对于电子的控制有什么作用呢? 它能构成电流的堤坝,引导和控制电流按照想要的方法流动。MOS 结构很好地体现了绝缘体的这种功能。

5.5.1　基本结构

所有的电势势垒都构成电流的堤坝。前面两节已经看到不少,如金-半接触的能量峭壁,以及 pn 结的势垒区等。但比起绝缘体来,这些堤坝的高度、宽度和稳定性都是不够的,因此它们往往不能有效地隔绝电子的流动。图 5-37 给出了一种经典的 MOS 结构能带图。MOS

结构的全称是金属(Metal)-氧化物(Oxide)-半导体(Semiconductor)结构,叫这个名字只是源于历史习惯,它不太能概括这类结构的特点。更严格的名称应该是绝缘栅结构。在图 5-37 中,势垒就对应绝缘体,它可以是任何绝缘体,不必非得是氧化物;它的右边是半导体,左边就是金属。左边没画出能带结构,是因为这个结构的重点不在于左边的材料是什么——它只要有导电性就行,金属或半导体都可以,重点在于绝缘体和右边半导体的特性。理想

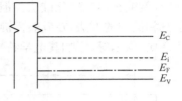

图 5-37　MOS 结构

的绝缘体可看作完全没有载流子,禁带非常宽,所以多数时候它的能带结构也不用画出,因为能带图上能看到的部分都没跑出它的禁带。图中绝缘区的顶部就对应禁带的顶部,但也仅仅是一个示意。绝缘体的费米能级也不用画出,因为理想绝缘体中没有电流通过,费米能级不起什么作用。但是读者应该明白,实际上这些略去不画出的部分全都是存在的。如果这个绝缘体的禁带不是那么的宽,那么画出来的就会是一个异质结能带图。

以一个绝缘体和 p 型半导体的结构为例,简介它的工作特性。

沿绝缘体-半导体方向外加正偏电压时,如图 5-38 所示,绝缘体侧(电子)电势能降低,或者说半导体侧被抬高。电子本该朝着绝缘体方向流动,但遇到绝缘体无法流动,只能聚集在两者界面附近。电子从其他位置聚集到这里,其他位置上的电子就流失,露出空间正电荷,产生反向内建电场。由于电势差和漂移作用,阻碍了电子继续聚集。最终费米能级齐平,两种运动平衡,内部无电流。这些又是和前文相同的原理。不同之处在于,p 型半导体中电子本来是少子,可随着正偏电压不断增大,内建电场和电势差会增加,能带弯曲程度会增大,热平衡时费米能级导带顶距离会减小,界面附近的电子浓度会增加,少子电子会越聚越多。总有一个时刻,在界面附近,费米能级会更靠近导带而非价带,电子会从少子变成多子,半导体的极性会从 p 型变成 n 型。这种情形就称为**反型**,它是 MOS 结构的核心工作机制。反型后的电子仍然不能在图中的面内方向上形成电流,但是却可以用它们在面外方向上形成电流。通过控制绝缘体侧加的电压,可以使面外电流从无变有,从小变大,绝缘体就像一个水闸一样控制面外电流的通断,这就是 MOS 结构的基本工作原理,也是它称为绝缘栅结构的原因。这还意味着,要想把 MOS 结构用起来,至少需形成二维(面内面外)的电流分布,所以有关 MOS 的完整结构理论比前几种半导体结构更复杂,具体内容留到器件类课程中介绍。

加反偏电压时,界面处的少子电子会驱赶至更少,多子空穴反而会积累至更多,如图 5-39 所示。利用多子空穴的浓度变化也可以产生某些特定用处,但不是最主要的工作机理,不再多述。

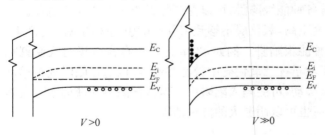

图 5-38　正偏时绝缘体-半导体的能带图

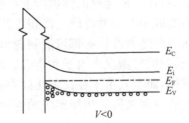

图 5-39　反偏时绝缘体-半导体的能带图

5.5.2　介质电荷

既然绝缘体有着这样重要的作用,那么它的质量好坏就成为一个大问题。硅基半导体结

构中,最常见的绝缘体就是二氧化硅。二氧化硅和硅是非常匹配的材料。硅表面只要放在空气中,就能长出二氧化硅层。但它通常极薄,不易在实际中使用。所以一般热氧化或者采用化学汽相淀积的方法,在硅表面淀积出一层二氧化硅。但这样长出的二氧化硅有可能会混入一些杂质、缺陷等,影响其电学特性。总结起来,它会存在以下问题。

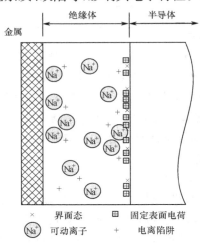

图 5-40 硅-二氧化硅
系统中的电荷和态

首先,二氧化硅中将容易混进可动离子(见图5-40)。可动离子有钠、钾、氢等,其中最主要且对器件稳定性影响最大的是钠离子。钠离子来源于所使用的化学试剂、玻璃器皿、高温器材以及人体污染等。用热氧化或化学气相淀积法长出的二氧化硅薄膜呈无定形结构,是一种近程有序的网络状结构,这种网络状结构的基本单元是一个由硅氧原子组成的四面体。钠的离子相对较小,以间隙式杂质存在于网络间隙之中,它很容易摄取二氧化硅中的氧原子,削弱或破坏了网状结构,使二氧化硅呈现多孔性,从而导致杂质原子更容易在其中迁移或扩散。保持加工环境的清洁是减少可动离子的有效途径。

其次,二氧化硅和硅的界面处存在着大量空间正电荷,称之为固定表面电荷。人们发现它的电荷密度相对稳定,位置相对固定,受氧化层厚度或硅中杂质类型及浓度的影响较小,且与晶体的取向有明显的关系。硅键密度最大的(111)面的固定电荷密度最大,而(100)面则最小。可以想象,这很可能是因为不同晶向硅晶体表面上生长二氧化硅后,(100)面留下的未被氧饱和的硅键最少,而(111)未饱和硅键最多所致。这种固定表面电荷不太容易用工艺方法消除,所以实际设计中通常总要考虑它的影响。

再次,二氧化硅和硅的界面处还存在快速界面态。所谓快速界面态,是指存在于硅-二氧化硅界面处且能值位于硅禁带中的一些分立的或连续的电子能态,可能是施主也可能是受主。因为它们与内部半导体的导带和价带邻近,可以迅速地与半导体导带或价带交换电荷。快速界面态的成因之一和固定电荷相似,都是界面位置硅键的不饱和所致。硅表面的晶格缺陷、损伤以及界面处杂质等也可能引入界面态。快界面态和固定电荷的最大区别在于,它会随着外加电压的变化而影响表面位置的载流子分布和浓度。高温退火使晶格重新组合匹配,可以有效地降低界面态密度。

最后,在二氧化硅的体内可能存在着各种能级陷阱,可以俘获热载流子形成空间电荷。这些陷阱的成因有多种可能。淀积工艺温度不高,氧化层不够致密都可能引起体内缺陷的产生。高电压和高能射线辐射都可能制造出各种能级陷阱。例如,当氧化层中存在电场时且受到辐射时,辐射同时激发出电子和空穴。由于电子在二氧化硅中较易移动,可以通过陷阱通道移动出半导体,而空穴由于在二氧化硅中很难移动,可能陷入陷阱中。这些被陷阱捕获的空穴就表现为正的空间电荷。辐照感应的空间电荷也可以用退火的方法消除。

5.5.3 表面态

除了与氧化物绝缘体接触会产生界面态外,即使是单纯的硅晶体表面置于真空中时也会出现界面态,我们称之为**表面态**。硅表面以外的地方通常就是近似绝缘的空气或自然氧化层,所以它和MOS结构的形成机理有不少类似之处,放在这里一起介绍。

表面态的概念可以从化学键方面来说明。以硅晶体为例，因晶格在表面处突然终止，在表面的最外层的每个硅原子将有一个未配对的电子，即有一个未饱和的键。这个键称为**悬挂键**（见图 5-41），与之对应的电子能态就是表面态。因每平方厘米表面有约 10^{15} 个原子，故相应的悬挂键数亦应为约 10^{15} 个。

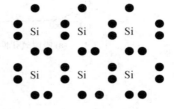

由于悬挂键的存在，表面可以与体内交换电子和空穴。例如，n 型硅，悬挂键可以从体内获得电子，使表面带负电。负的表面电荷可排斥表面层中电子使之成为耗尽层甚至变为 p 型反型层。悬挂键的存在破坏了晶格势场的周期性，在禁带中产生了附加能级。若表面态密度大于 $10^{13}\ \mathrm{cm^{-2}}$，则表面处的费米能级位于禁带的 1/3 处（相对价带顶），与界面态的密度无关，如图 5-42 所示。半导体材料表面的各种缺陷、杂质也会在半导

图 5-41　硅表面悬挂键示意图

体禁带中引入能级，产生施主或受主特性的表面能级。表面电荷的存在使得半导体表面附近形成电场，引起电荷的重新分布，导致能带的弯曲。由于表面态密度很大，所以表面能带弯曲可能很严重乃至反型。因此，半导体材料的表面可能存在双层结构，即最表面可能存在一层导电类型与体内不同的反型层。不过一般情况下，表面更多的是耗尽层或积累层。

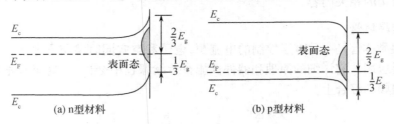

图 5-42　半导体的表面态

以上讨论的是半导体暴露在真空中的表面态。如果半导体暴露在一般气体中，那么气体分子可以通过物理吸附和化学吸附两种方式吸附在半导体材料的表面。如果是氧化性气体，如氧气，则半导体倾向于失去电子。如果吸附的是还原性气体，则倾向于得到电子。因此当气体分子与半导体表面接触时，会有电荷流动。当两种原子结合时，原子之间电荷的流动多少与两种原子的电负性强弱有关。如果两种原子的电负性相差大，则电荷流动就多，反之，若两种原子的电负性相差小，则电荷流动就少。假如气体分子（原子）对应的电负性为 χ_1，半导体材料原子对应的电负性为 χ_2，则根据泡利的电负性理论，两者之间一对原子间的电荷转移量为

$$\Delta Q = 1 - e^{\frac{(\chi_1 - \chi_2)}{4}} \tag{5-39}$$

例如氧原子的电负性为 3.5，硅原子的电负性为 1.8，当氧原子与硅原子接触时，可算出它们之间的电荷转移量为 0.48 个电子电荷，即有 0.48 个电子电荷从硅原子转移到氧原子上。

假定半导体是 n 型，真空时没有表面态和杂质缺陷能级，由于气体吸附，电荷在半导体和气体分子间转移，使表面附近出现空间电荷，形成内建电场，导致能带弯曲。由于气体在表面的吸附量大，密度高，所以半导体表面因吸附气体导致的势垒区可能很宽，能带弯曲可能很严重。对 n 型半导体，吸附了大量氧化性气体后可能使费米能级降至本征费米能级以下，使表面反型，如图 5-43(a) 所示。因此吸附气体后的半导体表面也可能存在双层结构，即最表面的反型层与较内部的耗尽层。吸附还原性气体的情形如图 5-43(b) 所示。

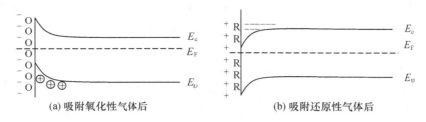

(a) 吸附氧化性气体后	(b) 吸附还原性气体后

图 5-43 半导体表面的能带

5.6 应用实例分析

到目前为止,我们已经学习了**半导体物理的基本概念、基本规律**,以及**组成半导体器件的基本结构单元**。这些知识是今后学习、理解和分析各种半导体器件的基础,且贯穿于始终。为了加深对已有知识的印象和理解,不妨在这里再看几个应用实例,一边看、一边重温从固体物理到半导体结构的相关内容。

双极结型晶体管

双极结型晶体管是一种电压控制的电流源,电子和空穴同时参与导电。作为放大、振荡、开关等被广泛应用。它详细的原理和器件性能在后续课程中会讨论,这里只把重点放在对前文知识点的回顾和综合上。

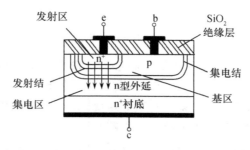

图 5-44 npn 型双极结型晶体管的平面结构示意图(显示了正向模式下电子的注入和收集)

欧姆接触 首先看一下 npn 双极结型晶体管的构成。图 5-44 显示了一个 npn 型双极结型晶体管的截面示意图,它包含有两个 pn 结,晶体管结构是如何实现的呢? 首先,衬底选用高掺杂的 n 型半导体材料(表示为 n^+),通常使用半导体 Si。高掺杂的目的是引出金属电极 c时,能够降低半导体的电阻,形成欧姆接触(原理参见 5.4.3 节)。

杂质补偿 接着在 n^+ 衬底上外延生长一层轻掺杂的 n 型半导体 Si 作为集电区。实际上整个双极结型晶体管电路就制作在这一外延层上。在外延层中注入受主杂质,如硼(B),且注入的受主杂质浓度高于 n 型外延层中原有的施主杂质浓度。由 4.2.3 节讲述的杂质补偿概念可知,通过扩散在外延层中可形成 p 型半导体区域,这个 p 型半导体区域称为基区。接着在 p型半导体的局部区域再注入高浓度的施主杂质磷(P)或砷(As),杂质再次补偿后,局部形成高掺杂的 n^+ 型半导体区域,被作为发射区。最后淀积 SiO_2 绝缘层,刻蚀出接触窗口,引出电极 e和 b,形成欧姆接触。这样,在 n 型外延层中,经过两次注入杂质,杂质补偿后形成了三个掺杂不同的区域(发射区、基区和集电区)和两个 pn 结(发射结和集电结)。通常,发射区、基区和集电区的典型掺杂浓度分别为 $10^{19}\,cm^{-3}$、$10^{17}\,cm^{-3}$ 和 $10^{15}\,cm^{-3}$。

载流子输运 在 5.2.1 节中,我们对 pn 结能带图进行过较详细的描述,因此这里很容易得到 npn 结构的能带图,进而了解载流子的输运规律。热平衡时,三个区域对应的能带图如图 5-45(a)所示。工作时,be 结正偏,bc 结反偏,能带图如图 5-45(b)所示。正向有源情况下,eb 势垒降低,发射区电子向基区扩散。注入到基区的电子,会越过基区扩散到 bc 结(集电结)的空间电荷区中,那里的电场会把电子扫到集电区中。通常我们希望发射区的电子尽可能多地到达集电区,那么电子在经过基区时最好没有损失。由 4.5.2 节中式(4-131)和式(4-132)可知,当基区的宽度与少子扩散长度 L_n 相比很小时,经过基区的电子基本不会与基区的空穴复合而损失。因此,双极结型晶体管的基区宽度必须很小。这样由发射区注入到基区的电子,小部分在基区与空穴复合成为基极电流 I_b,其余大部分均能扩散到集电结而被其电场收集到集电区,形成集电极电流 I_c。

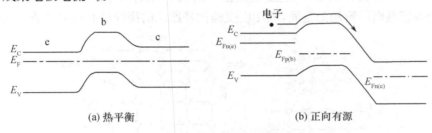

图 5-45　npn 双极结型晶体管的能带示意图

衬底晶向 注意到双极结型晶体管中的两个 pn 结是通过掺杂形成的,对于器件性能而言,结面平坦非常重要。它有利于提高结的击穿性能。尤其对基区,其宽度决定于两个 pn 结深度之差。为了保证基区宽度很小而又不穿通,其更需要结构平坦。如果掺杂工艺采用的是热扩散技术,那么要保证扩散结面平坦,就希望衬底片上原子的分布要均匀。对于 Si 晶体,在(111)晶面上的原子分布最均匀,每一个原子的周围都有 6 个原子,按照正六边形分布。所以 Si 双极型器件衬底常常是采用(111)晶面的衬底。当然,如果双极型器件中的 pn 结不是采用热扩散技术,而是离子注入或外延方法来实现的,那么衬底片就不一定需要采用(111)晶面。这时可以更加合理地考虑其他有关性能的要求来选取衬底晶面。因为(100)晶面的表面态密度最小,所以这时往往就采用(100)晶面的衬底片。

如果再进一步考虑实际器件的输入输出特性,一些非理想效应,如大注入效应、基区掺杂的非均匀性等更多的半导体物理概念将被涉及。此外,由 5.3 节可知,要提高 npn 双极结型晶体管发射极的发射效率,可以采用异质结结构提高电子电流和空穴电流的注入比。异质结结构的双极结型晶体管还能获取高电子迁移率。

以上分析表明,一个典型的双极结型晶体管的结构和基本工作原理,涉及我们之前讲过的绝大部分半导体物理概念。如晶体的各向异性、掺杂和杂质补偿原理、载流子的扩散运动和复合机制、pn 结的形成及少数载流子的注入理论、金-半结的欧姆接触、大注入效应、非均匀掺杂效应等。进一步的考虑还有异质结特性等。读者在后续课程的学习中,会进一步体会到半导体物理的理论和概念是半导体器件和集成电路的基础。

应变硅技术

迁移率直接影响到半导体器件和电路的导电特性及工作频率,设法提高半导体中载流子的迁移率是微电子研究领域中的热门课题。由第4章式(4-82)知,载流子的迁移率与遭受散射的概率及有效质量成反比。那么,只要采用能够减小散射概率和降低有效质量的措施,就都可以提高载流子的迁移率。应变硅技术即是其中的一种重要措施。

所谓应变硅技术是指通过在半导体中引入应变来改变能带结构的一种技术。其基本原理是:设法迫使硅原子的间距加大,以减小电子通行所受到的阻碍,也即减小有效质量和降低散射概率,使得载流子迁移率得以提高。那么如何使硅晶体的原子间距加大呢?幸运的是大自然中存在着另一种半导体材料,它与Si元素相似,但原子和原子间距均大于Si,这就是我们前面介绍过的半导体Ge。Si的晶格常数$a=5.4305\text{Å}$,原子半径$r=1.17\text{Å}$。Ge的晶格常数$a=5.6463\text{Å}$,原子半径$r=1.52\text{Å}$。于是,研究人员想到通过向Si原料中掺入Ge的方式扩大原子间距,开发出改进的半导体材料——硅锗(SiGe)。图5-46为SiGe晶体结构线性扩张的示意图。硅原子在锗原子原子间力的作用下发生了应变,扩张了原子间距,因而这种材料又称作"应变Si"。在半导体器件应用中,应变硅是指一层仅有几纳米厚度的超薄应变层,这段扩张出来的应变层就是电子流动的空间,利用应变硅代替原来的高纯硅制造晶体管内部的通道。

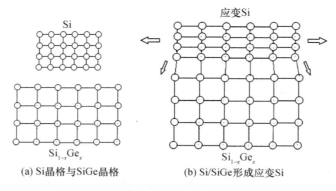

(a) Si晶格与SiGe晶格　　　　(b) Si/SiGe形成应变Si

图5-46　硅锗晶体结构线性扩张的示意图

应变Si的电子和空穴的迁移率明显高于无应变硅,这样一来发热量和能耗都会降低,而运行速度则得以提升。这可大大提高MOS器件的性能,非常有利于高频高速器件。据报道,理想条件下的测试表明电子在应变硅材料中的流动速度要比其在非应变硅中快70%。当然在实际使用中复杂程度要高得多,会有更多的因素来限制迁移率的提升,它们也可能会抹杀应变硅所带来的改进。

石墨烯光探测器

在5.1.4节我们对石墨烯材料的特点做了简单介绍,它的优良性能催生了许多高性能器件的发展。这里举个典型的例子,使用石墨烯可以制备宽谱响应的高速光探测器件。图5-47(a)显示了Thomas Mueller等人发表在《自然光子学》杂志上的一种典型的石墨烯光探测器件结构。器件的源和漏两极分别由金属钯、钛和石墨烯接触构成,石墨烯与衬底一侧的氧化硅薄膜紧贴。光照使得石墨烯中产生非平衡的载流子。这些载流子在接触势和外电场的驱动下发生定向移动产生电流,如图5-47(b)所示。衬底一侧的栅电压会影响几个势场的分布状况,从而对光电流的大小产生一定的调控作用。由于石墨烯中载流子具有非常高的迁移率,使用这一原理制备成的光探测器件具有非常高的工作频率。可以用于10Gb/s数据传输速率的光电子电路。

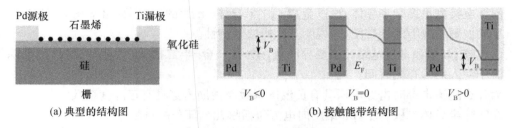

(a) 典型的结构图   (b) 接触能带结构图

图 5-47　石墨烯光探测器件原理图

碳纳米管场效应管

得益于碳纳米管中非常高的载流子迁移率,基于碳纳米管的器件可以实现载流子的弹道输运。亦即在这种状态下载流子可以无散射地通过碳纳米管沟道,实现高效率的载流子输运。器件的能量利用效率得以提高,功耗降低。因此,器件可以工作在更高频、大电流、大注入等极端环境下,并保持优良的器件性能。这一类器件通常使用类似于 Ali Javey 等人发表在《自然》杂志上的一篇论文中所提出的结构,如图 5-48(a)所示。由于金属钯可以与碳纳米管形成良好的欧姆接触,通常使用金属钯作为碳纳米管器件的电极接触材料。但是,由于金属钯与氢气的高反应活性,当钯金属电极经过氢气吸附后其与碳纳米管的接触从欧姆接触转变为肖特基接触,如图 5-48(b)所示。不论是何种接触状态下,载流子在碳纳米管沟道中都是以弹道疏运的方式迁移。通过这个例子也可以看到,与常规的宏观器件不同,碳纳米管器件中,影响器件性能的关键因素是碳管和金属的接触界面特性,而碳管材料本身实际上只起到一种高效输运载流子的通道。

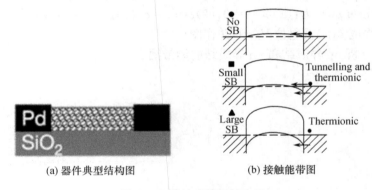

(a) 器件典型结构图   (b) 接触能带图

图 5-48　碳纳米管场效应管

问题与习题

5-1　试述 GaAs 与 Si 相比,在导电特性和光电转换特性方面有哪些优势? 但 Si 又有何明显的不可取代的优势?

5-2　第三代半导体材料有何优异属性?

5-3　低维材料包括哪些? 分别描述其定义,并举例说明。

5-4　请分析 p 型半导体与金属相接触时的接触特性,分别讨论半导体功函数大于或小于金属功函数的两种情况,并画出相应的能带图。

5-5　在半导体器件制造中,常遇到低掺杂半导体引线问题,一般采用在低掺杂上外延一层相同导电类型重掺杂半导体,请以金属-n^+半导体-n为例,分别画出平衡时、正向偏置和反向偏置情况下的能带图,并说明其欧姆接触特性。

5-6 试比较 pn 结和肖特基结的主要异同点。为什么金-半二极管(肖特基二极管)消除了载流子注入后的存储时间?

5-7 为什么隧道击穿时击穿电压具有负温度系数而雪崩击穿具有正温度系数?

5-8 在实际半导体二极管中,pn 结反向电流包括哪几个部分的贡献?

5-9 说明在小注入情形下 pn 结中注入基区的少子主要以扩散运动为主。

5-10 施主浓度为 $10^{17}\,cm^{-3}$ 的 n 型硅,室温下的功函数是多少? 如果不考虑表面态的影响,试画出它与金(Au)接触的能带图,并标出势垒高度和接触电势差的数值。已知硅的电子亲和势 $\chi = 4.05\,eV$,金的功函数为 $4.58\,eV$。

5-11 导出 pn 结的正向电流与 V/V_D 的函数关系,此处 V 为外加电压,并求 300K 时 pn 结的正向电流为 1A 时的外加电压值(设 $\mu_p = 200\,cm^2/V \cdot s$, $\mu_n = 500\,cm^2/V \cdot s$, $\tau_n = \tau_p = 1\mu s$, $N_A = 10^{18}\,cm^{-3}$, $N_D = 10^{16}\,cm^{-3}$)

5-12 在室温下($k_0 T = 0.026\,eV$),当反向偏置电压等于 0.13V 时,流过 pn 结二极管的电流为 $5\mu A$。试计算当二极管正向偏置同样大小的电压时,流过二极管的电流为多少 μA?

5-13 为什么 SiO_2 层下面的 p 型硅表面有自行变为 n 型的倾向?

5-14 证明 pn 结反向饱和电流公式可写为

$$J_s = \frac{b\sigma_i^2}{(1+b)^2}\frac{k_0 T}{q}\left(\frac{1}{\sigma_n L_n} + \frac{1}{\sigma_p L_p}\right)$$

式中,$b = \mu_n/\mu_p$,σ_n 和 σ_p 分别为 n 型和 p 型半导体电导率,σ_i 为本征半导体电导率。

5-15 已知电荷分布 $\rho(x)$ 为:(1)$\rho(x) = 0$;(2)$\rho(x) = c$;(3)$\rho(x) = q\alpha x$(x 在 0～d 之间)。分别求电场强度 $\mathscr{E}(x)$ 及电位 $V(x)$,并作图。

5-16 试画出并分析 np 异质结和 nn 异质结的能带图。

附录 A 常用物理参数

物 理 量	符 号	数 值
基本电荷	e	1.602×10^{-19} C
自由电子静止质量	m_0	9.108×10^{-31} kg
电子伏特	eV	1.602×10^{-19} J
玻尔兹曼常数	k	1.380×10^{-23} J/K
普朗克常数	h	6.626×10^{-34} J·s
约化普朗克常数 $\dfrac{h}{2\pi}$	$\hbar$	1.055×10^{-34} J·s
阿伏加德罗常数	N_A	6.022×10^{23} mol^{-1}
真空中光速	c	2.998×10^8 m/s
真空中介电常数	ε_0	8.854×10^{-12} F/m
硅介电常数	ε_{Si}	11.8
锗介电常数	ε_{Ge}	16.2
二氧化硅介电常数	ε_{SiO_2}	3.9
硅能带宽度(300K)	E_g	1.12eV
锗能带宽度(300K)	E_g	0.66eV
砷化镓能带宽度(300K)	E_g	1.42eV
二氧化硅能带宽度	E_g	$\sim$ 9eV
硅中电子迁移率	μ_n	1350cm^2/(V·s)
硅中空穴迁移率	μ_p	480cm^2/(V·s)
锗中电子迁移率	μ_n	3900cm^2/(V·s)
锗中空穴迁移率	μ_p	1900cm^2/(V·s)
砷化镓中电子迁移率	μ_n	8500cm^2/(V·s)
砷化镓中空穴迁移率	μ_p	400cm^2/(V·s)

注：表中载流子迁移率参数适合 300K,轻掺杂样品。

参 考 文 献

[1] B G Streetman，S K Banerjee. Solid State Electronic Devices. 6th edition. 北京：人民邮电出版社，2009.10.

[2] 李卫. 热力学与统计物理(修订版). 北京：北京理工大学出版社，1989.12.

[3] 梁绍荣，孙岳，彭芳麟，裴寿镛. 量子力学. 北京：北京师范大学出版社，1987.10.

[4] 曹天元. 上帝掷骰子吗：量子物理史话. 沈阳：辽宁教育出版社。2006.1.

[5] 王矜奉. 固体物理教程. 济南：山东大学出版社，2004.1.

[6] 顾秉林，王喜坤. 固体物理学. 北京：清华大学出版社，1989.1.

[7] 方俊鑫，陆栋. 固体物理学(上册). 上海：上海科学技术出版社，1993

[8] 吴代鸣. 固体物理基础. 高等教育出版社，2007.9.

[9] 刘恩科，朱秉升，罗晋生. 半导体物理(第7版). 北京：电子工业出版社，2011.3

[10] 黄昆，韩汝琦. 固体物理. 北京：高等教育出版社，2004.1.

[11] 黄昆、韩汝琦. 半导体物理基础，北京：科学出版社，1979.1.

[12] Betty Lise Anderson Richard L. Anclerson 著．半导体器件物理. 邓宁，田立林，任敏译. 北京：清华大学出版社，2008.3.

[13] 张跃，谷景华，尚家香，马岳. 计算材料学基础. 北京：北京航空航天大学出版社，2007.6.

[14] 季振国. 半导体物理. 杭州：浙江大学出版社，2005.9.

[15] 田敬民. 半导体物理问题与习题(第二版). 北京：国防工业出版社 2005.4.

[16] 施敏，伍国珏著．耿莉，张瑞智 译．半导体器件物理(美). 西安：西安交通大学出版社，2008.6.

[17] J Chen，M A Reed，A M Rawlett and J M Tour. Large On—Off Ratios and Negative Differential Resistance in a Molecular Electronic Device，Science 286，1550 (1999).

[18] A Javey，J Guo，Q Wang，M Lundstrom and H Dai. Ballistic carbon nanotube field-effect transistors，Nature 424，654 (2003).

[19] C-H Liu，Y-C. Chang，T B Norris and Z. Zhong. Graphene photodetectors with ultra-broadband and high responsivity at room temperature，Nature Nanotechnology 9，273 (2014).

[20] T Mueller，F Xia and P Avouris Graphene photodetectors for high-speed optical communications，Nature Photonics 4，297 (2010).